生活因阅读而精彩

生活因阅读而精彩

世界无界·心容则容

心宽如海

韦渡/编著

中国华侨出版社

图书在版编目(CIP)数据

心宽如海:世界无界,心容则容 / 韦渡编著.—北京:中国华侨出版社,2012.11(2021.4重印)

ISBN 978-7-5113-2147-3

Ⅰ.①心… Ⅱ.①韦… Ⅲ.①人生哲学-通俗读物 Ⅳ.①B821-49

中国版本图书馆 CIP 数据核字(2012)第 231764 号

心宽如海:世界无界,心容则容

编　　著 / 韦　渡
责任编辑 / 严晓慧
责任校对 / 孙　丽
经　　销 / 新华书店
开　　本 / 787×1092 毫米　1/16 开　印张/21　字数/250 千字
印　　刷 / 三河市嵩川印刷有限公司
版　　次 / 2012年12月第1版　2021年4月第2次印刷
书　　号 / ISBN 978-7-5113-2147-3
定　　价 / 49.80 元

中国华侨出版社　北京市朝阳区静安里 26 号通成达大厦 3 层　邮编:100028
法律顾问:陈鹰律师事务所
编辑部:(010)64443056　64443979
发行部:(010)64443051　传真:(010)64439708
网址:www.oveaschin.com
E-mail:oveaschin@sina.com

序

人生就像一个容器

一个年轻人天生懒惰,不愿劳作,却整天梦想着走好运、发大财。愿望无法实现,他就抱怨自己的出身不够高贵富有,抱怨大千世界不给他一个发财走运的机会,还整日咒骂财神偏心。

一天,年轻人听说西山有位大师,是个智者,便前去拜访,希望大师能指点自己一条迅速发财走运的明路。

大师听完他的愿望和抱怨后,只淡淡一笑说:"这个并不难。"年轻人大喜过望,急忙叩了两个响头,迫不及待地等着答案。

"只要你多付出一些辛苦,少一点懒惰;多一些感恩之心,少一些怨天尤人;多一些智慧,少一些贪婪……"

"等等,"不等大师说完年轻人就着了急,打断了大师的话,"我不要这些大道理,我只想知道最简单快速的致富方法,就是现在、马上,懂吗?"

"那好吧!虽然我没有快速发财致富的答案,但我倒是可以满足你一个愿望。"

年轻人喜出望外,大声说:"我要得到全天下所有的钱。"

话音刚落,只见大师念了句什么,大把大把的钱就从天而降,铺天盖地地向年轻人砸了去。

年轻人的愿望总算实现了,但数不尽的钱财也将他压得奄奄一息,临死之时,年轻人才感叹道:"想赚很多的钱,就得有一个能够装得下的容器。"

财富再多,也要有一个容器能装得下它,而这个容器只能是你广博的内心。

如果人生是一个容器的话,我们将拿什么来填充其中?金钱、事业、功名、地位……欲望无穷无尽,让人们趋之若鹜,欲罢不能。然而,个体生命在时间和空间上是有局限的,如果你的内心不够宽大,这些欲望只会成为你的负担,拖住你的脚步。

比如,想要成功辉煌的事业,你就得付出超过常人几倍甚至几十倍的时间和精力,甚至健康。与此同时,你将不会再有时间与家人享受天伦之乐,你也再不会有心情和精力去维护和保持心灵的洁净。如果你内心的容器不够宽大,装下太多的愁苦和畏惧,欢乐与勇气就少了;装下太多的功名和利禄,潇洒和轻松就少了;装下太多的傲慢和骄矜,恭谨与谦虚就少了……因此,你究竟要装些什么,就需要思之又思,虑之又虑了。

不如将内心变得广博一些,让自己心宽如海,装得下万事万物。心宽者有容量,因此能包容,懂得接纳,能自持,能内敛,这样,辉煌的事业和美满的家庭也将会不请自来。所以说,心宽则路宽,只有把心变宽,日子才会越过越有生机。

心宽者还有一颗平常心,因此能遇成败不骄不躁,遇不平不愠不恼,凡事不生气,不抱怨,不忧虑,不冲动,不纠结。

心宽者足够淡定,能看淡名和利,成和败,得与失,因此心胸将更加宽博,更能上升为一种境界。

心宽者本就有容人之量,因此不但有远见,更能比人看得透彻,当他们戒除一切骄躁,从容淡定地品尝生活时,就成为了智者。

是成为智者还是成为一个眼界狭隘的年轻人,这是人生的一道选择题。有些话其实不必说太多,说多了一些忠言箴语就会无处落脚。因此,不妨打开本书,亲自体验这次有意义的修身之旅,从而为自己的人生做出选择。

目录

 第一辑　心宽如海

"处处绿杨堪系马,家家有路到长安。"心宽如海,要宽厚待人,更要宽厚待己。如果一个人事事斤斤计较,患得患失,就会让自己很累,丝毫体会不到人生的乐趣。相反,如果一个人心宽似海,懂得包容,懂得接纳,能自持,能内敛,那么他一定会事业有成、家庭美满。要记住,心宽路就宽,心窄路就窄,只有把心变宽,日子才会越过越有生机。

第1章　心宽者有境界,能看远

雨果曾说过,世上最宽广的是海洋,比海洋更宽广的是天空,比天空更宽广的是人的胸怀。胸怀的宽广没有界限,所以能装下波澜壮阔,能看透风云变幻。心胸宽者拥有大境界,因此,拿得起更放得下,深谋远虑,决胜于千里。

心宽似海,就永远不会封冻 ································ 2
心宽不计较,人生便无所不能达 ························· 5
不学着忘记,就迈不开步伐 ································ 7
有远见的人不为一时一地所困 ··························· 10
想得深远一些,就不会放不开当前 ······················ 13
眼之所及,履之所至 ······································· 16

第2章　心宽者有度量,能包容

能装事,能容人,能消气;能容才,能容错;能容他人之短,也要能容他人之长;既要能容他人之过,也要能容他人之功;既要能听顺耳之言,也要能听逆耳之言。容得了委屈,吃得了亏,容得了不完美,你就能装得下天下。

心宽成就智者的胸襟,治疗不圆满之伤 ………………………………… 20

心宽一点,就能放下仇恨 ………………………………………………… 24

心宽不为难自己,眼里要容得进"沙子" …………………………………… 28

肚里要能撑得下船,察人之长,容人之短 ………………………………… 31

心宽孕育伟大,吃得了亏就能装下天下 …………………………………… 34

一颗博爱的心,让人生闪闪发光 …………………………………………… 37

第3章　心宽者有涵养,能自持

遇到不平忍得,遇到不公让得,遇到失意舍得。张弛有度,君子慎独,胜而不骄才是君子所为。心宽者拿得起也放得下,失意而不失性。不能自持非君子,正所谓身不修则德不立,德不立而能化成于家者盖寡矣,而况于天下。

心宽能忍耐,锤炼沉稳的气度 ……………………………………………… 39

心宽者遇不平,不愠不恼 …………………………………………………… 42

君子慎其独也,自持者必自修 ……………………………………………… 44

失意不失性,拿得起更要放得下 …………………………………………… 47

去浮戒躁,一张一弛涵养高 ………………………………………………… 50

心宽而不骄,做自己的主人就好 …………………………………………… 52

第4章　心宽者有锋芒,能内敛

有锋芒当然要露,但什么时候露,露多少是有讲究的。如果一个人年轻气盛,初来乍到就显尽锋芒就显得太没有城府了,而且大有可能成为众矢之的。所以,要做一个有锋芒但心胸宽广的人,能内敛,沉得住气,这样才能守得住锋芒。

不张扬,心宽方能藏得住锋芒 ·· 54
心宽似海,就需以"中庸之道"成就事业 ································· 57
低调是成就伟人的制胜法宝 ··· 60
虚荣是如梦繁花,灿烂绽放必然凄惨凋零 ······························ 62
低头方见水中天,退步原来是向前 ··· 65

 第二辑　心平如海

"秋有月,夏有凉风冬有雪,若无闲事挂心头,便是人间好时节。"这首佛家偈语看似平常,却一语道破了世俗之事,即告诫我们若有一颗平常心,那么一年四季时时都是好时节。所谓平常心,就是遇成败不骄不躁,遇不平不愠不恼,凡事不生气,不抱怨,不忧虑,不冲动,不纠结。做到了以上这些,你便能心平如海,达到一个非凡的境界。

第5章　心平者不生气,生气则乱

心不平,则气不顺,气不顺就要生出来,一旦生起气来,就不是能随便掌控的了,到了那时,伤了别人也害了自己。等到事后平心静气想来,又会埋怨自己,当时为什么要生气,以至于落得如此尴尬境地。其实,一切都只不过因为你心胸不够宽,心气不够平。

心宽一点,让迷失的心灵找到家 ··· 70
他强任他强,清风拂山岗 ·· 73
因为怒了,所以一切都乱了 ·· 76
不生气,活出一份潇洒 ··· 79
及时修剪,不让心灵净土杂草丛生 ··· 82

第6章　心平者不抱怨，抱怨则怨

如果一切不公平都要抱怨，那么你要抱怨的事情就多了。比如工作太辛苦，感情太平淡，日子太艰难，理想太遥远，现实太残酷……心里的抱怨太多了，就装不下幸福和快乐了，于是心难平，烦恼丛生，最后受苦的还是自己。

挣脱抱怨的心灵枷锁，你就解放了 ································ 86

你抱怨，因为舍不掉私欲偏情 ···································· 89

世间人人苦，悦纳一切苦尽甘来 ·································· 92

烦恼，请你一笑而过 ·· 95

容不下一切皆空，容得下样样皆有 ································ 98

第7章　心平者不忧虑，忧虑则伤

在如今五光十色的现代世界中，我们都应该记住这样一个真理：活得简单就是一种享受。每天给自己的心腾出一片空闲，感受春日的雨露，夏日的芬芳，秋日的凉爽，冬日的安详，平平淡淡地简单地活着，不多思，不忧虑，不纠结，成就一份如月的从容。

简单生活简单爱 ··· 101

思之越甚，伤之越深 ··· 105

如此忧虑，只为心中浮尘沙粒 ··································· 107

如月从容，心平则气静 ··· 110

别再纠缠于那些无谓的小事 ····································· 113

第8章　心平者不冲动，冲动则亡

心平者不冲动，因为冲动是魔鬼，除了能给人带来厄运外，别无它用。心平者表面风平浪静，其内心则包罗万象，能冷眼对沉浮，静观其变。正所谓，不动声色的越具智慧，遇事沉不住气，只会大呼小叫的往往不成气候。
不要在冲动的时候做任何决定 ………………………… 116
冷眼对沉浮,天凉好个秋 …………………………… 119
冲动不是魔鬼而能让你变成魔鬼 ……………………… 123
给自己一分钟,冷静下来 …………………………… 126
不动声色的智慧最具光芒 …………………………… 129

第9章　心平者不纠结,纠结则郁

　　"世上本无事,庸人自扰之",说的就是纠结抑郁者。人们往往抓住一些小事纠结不放,长此以往,心里的疙瘩越积越多,越塞越满,最终郁结于内,越来越不快乐。不如将心中的垃圾倒空,像山间小溪一样,唱一支欢快的歌。

不做自缚之蛹,心宽而体胖 …………………………… 134
唱一支快乐的歌,让心不复杂 ………………………… 138
放下小纠结,追求大境界 …………………………… 141
云飘水流过,挥一挥手向过去告别 ……………………… 144
闲言碎语耳边风,不留一片在心中 ……………………… 148

第10章　心平者不悲观,悲观则弃

　　我们时常觉得自己不幸,是因为看事情太过悲观。悲观者容易自卑,于是不敢去尝试,心中更没有希望,渐渐地,陷入自暴自弃的陷阱。把心打开,让乐观的阳光照射进来,试着换个角度想问题,你就不难发现,原来世界如此简单。

你并不是一无所有,只要你还拥有希望 …………………… 151
信念是打开命运之锁的钥匙 ………………………… 155
寻找一份平衡,你不是最不幸的人 ……………………… 158
换个角度,把精力放在好事上 ………………………… 162

第三辑　心淡如海

"智者乐山山如画,仁者乐水水无涯。从从容容一杯酒,平平淡淡一杯茶。"这是一首田园小诗,说的是智者从容淡定,因此装得下山明水秀,于是怡然自乐。淡定是一种人生境界,因此能够淡对名誉不争,淡对邪财不取;淡定更是一种勇气和力量,于是能够挺过困境挫折;淡定还是一种心胸的宽博,看淡成败,不计得失,最终大彻大悟,笑傲人生。

第11章　心淡者,淡对名誉不争

不追求名利,生活简单朴素,才能显示出自己的志趣;不追求热闹,心境安宁清静,才能达到远大目标。诸葛亮在《诫子书》中这样告诫儿子,也是在告诫那些为了功名碌碌一生的世人。其实,等到风云看淡之后,你会发现放下了功名才真正做到明志。

冷静淡定,目标明确奇迹就会出现 …………………………… 168
心不淡,只会为名利所累 …………………………… 171
淡然地去了解这个世界,才能心如大海 …………………………… 174
名声愈大,你的世界就愈小 …………………………… 177

第12章　心淡者,淡对邪财不取

有人说:"金钱是一种祝福,不过只有在离开它之后我们才能受益。"其实金钱本身并无善恶之分,只不过因人心而变。以一颗平淡、不争的心去接近它,它就会张扬善良,并为人类作出巨大贡献。我们要做的就是要管住自己的内心,看淡金钱,看淡一切,邪财不取。

去除身外之物,就驱除了一切邪佞 …………………………… 179

不要为一点点钱财,出卖了你洁净的心灵 …………… 183
清醒一点,睁开被欲望蒙蔽的双眼 …………………… 186
清心寡欲,保留本性的淳朴 …………………………… 189
不要把"财富"看得太狭隘 …………………………… 193

第13章 心淡者,淡对波折不恼

人生就好比一场旅程,必然要经受风雨无常,这个过程何其艰辛,于是人人都希望能守住一份安逸。然而,这种惰性会让我们忘记"居安思危"的道理,于是等到一切都看尽,会发现波折才是能让你真正成长起来的瑰宝。

不要祈求安逸,它是人生的陷阱 ……………………… 197
珍惜小小挫折,你的心胸将更加宽广 ………………… 200
安时处顺,生死都自在 ………………………………… 204
要想成功,就要容得下失败 …………………………… 207
万物皆有裂痕,那是光进来的地方 …………………… 210

第14章 心淡者,淡对成败不求

你是否曾经为成功而感到骄傲,为失败而感到懊恼呢?那么请一定要记住,人生没有定数,当你正经历成功时,就要想到今后的失败;当你面临失败之时,同样要想到未来的成功。这样,你便能从容对待成败而不惧不恼,淡定看待输赢而不骄不躁。

有求者皆苦,无欲则刚 ………………………………… 214
看淡输赢,对自己不必太苛求 ………………………… 217
失败永远不是终点,成功属于输得起的人 …………… 222
看淡成败,过程比结果更重要 ………………………… 226

第15章　心淡者,淡对得失不计

"逃避,不一定躲得过;面对,不一定最难过;孤独,不一定不快乐;得到,不一定能长久;失去,不一定不再拥有。"生活中每一件事对于身陷其中的我们来说,都是一种未知,但只有一点可以肯定,一件事如果你对它太过计较,那么失一定大于得。

看淡得失不计较,得大于失 …………………………………… 230

观色即是空,计得必然失 …………………………………… 233

看破时放下,认真时担起 …………………………………… 237

失意是人生的一种必然,把心放宽 ………………………… 240

福祸相依,谁说失去不是为得到埋下的伏笔 …………… 243

第四辑　心智如海

心宽者本就有容人之量,因此不但有远见,更能比别人看得透彻,当他们戒除一切骄躁,从容淡定地品尝生活时,就成为了智者。所谓智者,就是有识人之才却并不探尽;能洞察人心却并不言尽;当人犯错之时,能发现错误的根源,但并不急于指责刁难;心智者得人尊敬更敬人,但这种敬绝不是卑躬屈膝;心智者胸怀天下,有容人之量,于是步步退让,但这并不是退缩,而是前进的一种策略。

第16章　心智者当识人:识人不探尽

"君子之交淡如水",这个"淡"实则还有一层深意,即指君子识人不一定要探尽,探尽也不要坦言说明,这才是大智。友谊就是这样一种东西,近不得,远不得,只有距离把握得合适,给它一片空间,它才能茁壮成长。

留一点距离,保全一丝美丽 …………………………………… 248

识人不必太苛刻,珍惜擦肩而过的缘分 ·············· 251
包容对方的缺点,以"空"心容万物 ················ 254
疑人不必用,用人莫生疑 ·························· 257

第17章　心智者当知人：知人不言尽

人常说:"路遥知马力,日久见人心。"人心这种东西的确是难懂难猜的,因为它不喜欢被人摸索看透,于是被我们一层层隐藏着、呵护着。既然如此,你又何必傻傻地一定要将他人的心事一语戳破呢?

带着悟性生活,将心比心,不必言尽 ················ 262
纵然摸清里子,也要给人留点面子 ·················· 265
事不做绝,话不说满 ································ 268
管好自己的舌头 ···································· 271

第18章　心智者当责人：责人不苛尽

真理从来就不容易被人掌握,因此不要太相信你的眼睛,不要太急于指责他人的过错。在没有弄清事情原委的时候,你就容不下人,先把话说绝了,把事做尽了,那么这不只害得对方失败,更会陷自己于不义,这不是智者的做法。

不要把善恶看得太简单 ···························· 275
不用自己的标准要求他人 ·························· 279
宽容是变敌为友的最佳策略 ························ 282
常怀宽恕之心,责人以宽为本 ······················ 286
给他人留路,也是在给自己留余地 ·················· 289

第19章　心智者当敬人：敬人不卑微

孔子说:"三人行,必有我师。"这不单是让我们随时保持进步,更是让我们宣扬尊师敬人的精神。大智者若愚,因此能做到不耻下问,并甘愿居于人后。敬人是一种智慧,更是一种礼仪修养,但这并不是要你卑躬屈膝、奴颜婢膝,只有守住一份尊严,你才能真正做到敬人。

虚怀若谷,每个人都可以获得自己的精彩 …………… 293

屈己尊人,人皆举之 …………… 296

尊严非席,不可卷起 …………… 299

人不可有傲气,但不可无傲骨 …………… 302

第20章 心智者当让人:让人不退尽

"千里修书只为墙,让他三尺又何妨",当年六尺巷的故事被世人传作美谈,这正是在告诉我们,要大度做人,克己处世。然而,让人如果不是因为大度那就当做另一番解释了,让人不是退缩,不是一味妥协,而是一种智者的宽容,是退而求进的锦囊之策。

没有分享的生活是痛苦的 …………… 306

宽容忍让,退而求进,上上策 …………… 310

忍辱不争,一切从长计议 …………… 312

糊涂做人,厚道处世 …………… 315

第一辑
心宽如海

"处处绿杨堪系马,家家有路到长安。"心宽如海,要宽厚待人,更要宽厚待己。如果一个人事事斤斤计较,患得患失,就会让自己很累,丝毫体会不到人生的乐趣。相反,如果一个人心宽似海,懂得包容,懂得接纳,能自持,能内敛,那么他一定会事业有成、家庭美满。要记住,心宽路就宽,心窄路就窄,只有把心变宽,日子才会越过越有生机。

第1章　心宽者有境界，能看远

雨果曾说过，世上最宽广的是海洋，比海洋更宽广的是天空，比天空更宽广的是人的胸怀。胸怀的宽广没有界限，所以能装下波澜壮阔，能看透风云变幻。心胸宽者拥有大境界，因此，拿得起更放得下，深谋远虑，决胜于千里。

心宽似海，就永远不会封冻

当面向大海之时，每个人的内心都会有一番感慨，这时通常都会放下心中的烦扰来感受大海的广博，享受难得的宁静。杯子的容量仅是一杯，海却可纳百川，宇宙的浩瀚广博更是让我们无法观测其边界……由此可见，万物都有着自己的容量，人心亦是如此。界限不在于客观条件的限制，而在于我们心中的自我限制。

知识只有通过不断更新，才可以掌握更多更为先进、准确的信息，没有一位学者能够一劳永逸。即使是大海，它所收纳的百川都是在不断变化之中的,因为每年都会有新的河流注入,同时也会有河流枯竭。宇宙浩瀚无边,但它也逃不脱不断变化的事实。想要自己的心不会封冻,就要试着将心放宽,也唯有如此,才能接受更多,也才意味着得到更多。

在丽江古城之中,有一座不亚于古代王公贵胄的繁华宅邸,那就是有名的木府。在当地纳西人的心中,木府土司的统治一直占有着非常重要的地位,可以说为纳西族的发展作出了巨大的贡献。

木府有着一个不同于其他地方官宅的特点,那就是在这里没有将府邸围起来的城墙。这对于统治者的宅邸来说,未免特点太过突出了。因为无论是从领地,还是从权力或安全方面考虑,这样的做法都是明显的失策。

但是事实却非如此,因为这样的选择让木府的土司得到了民心以及发展。在历代的土司当中,十九世可以说是公认非常杰出的一位土司,他曾提到过,不设城墙是为了能和人民融入一体。经过事实的验证与历史的考验,也都表明了这种做法的正确性。虽然显示领地的城墙消失了,但是他所得到的领土却不仅仅是城墙能够圈起来的面积。木府的面积相较以前更加宽广,不可否认的事实还有一个,那就是土司的心比他的领土还要宽广。

对于一位统治者来说,高高的城墙象征着地位和权力,肯舍弃城墙的君主,必定心胸无比宽广。取消了象征着权势和地位的城墙之后,土司直接了解到了民心、民意以及民生,对自己的政策以及统治也都有了一个最为客观而直面的了解,这也使得木府的统治得以延续。

城墙虽只是一物而已,但是它所代表的意义却是一般人难以舍弃的。很多人患得患失,担心因为自己一时的不注意而失去所有的一切,于是为自己的心设了界限,划了范围。通过历史不难看出,一位心胸宽广的君主,他的统治也一定很牢固,所经历的朝代也必定是繁盛的。

众所周知,唐朝是我国古代历史的一个重要巅峰,因为那是一个开放的时代，各个民族之间也没有非常明显的界限。所以，在历史上呈现出了盛世繁华的景象。唐太宗、武则天也作为一代明君而名垂千古。晚清的君主担心自己的统治会因为通商贸易受到威胁，于是选择了闭关锁国，然而结果却不是保护了自己的一切，而是将当时的中国遗弃在了世界前进的途中。

高瞻才能远瞩，看得更远也就不会封冻起自己的内心。当心打开之后，能够装下的，即是世界。

佛的心胸无限宽广，所以能够到达常人难以触及的境界和领域。佛看到的是众生，而非自己。正因为放眼于世界，所以才能了悟世间百态，参透人生真谛。很多人也是因为打开了自己的胸怀，才见到了真理，看到了从未看过的美丽景色。

21岁，本该是生命盛放的时期，但是史铁生却在这个年龄瘫痪了。对于当时的他来说，打击不仅仅是肉体上的，更是对肉体和精神的双重折磨。即使是这样，他还是在重新认识自己、接受自己的过程当中，打开了心的设限，试着去接受肢体残缺的自己。在失去了行动能力之后，他转而开始思考自己，思考人生，思考一切。

失去了用双腿丈量大地的能力，他选择用笔来探寻自己的前路。因为他不再纠结于自己的身体残疾，而是用放宽了的心去思考人生和整个世界，所以他的无数优秀作品也出现在了大众的视野当中。

人们残缺的往往不是身体的某个部分，而是心灵的某个角落。在那个角落之中，人们为自己设定了活动范围，龟缩在其中，因此只能在这个范围中打转，永远也走不出自己设下的困局。事实上，只要试着打开这个角落，那么心的冰封也就自然能够解除了。

井底之蛙的故事无人不知，无人不晓。对于它来说，天只有井口一般大而已，其实限制它范围的无关于视野，而是它的心。它认定天只有那般大，自然不会去试想天空的辽阔无垠。如果它打开了自己的心，那么无边的天际自然就被纳入其心中。

如果只着眼于自我设限的世界,就只能在自己的困局当中挣扎。若想看得更远,懂得更多,唯有解除心中的设限。这样,便能保持心如大海一般不会封冻。

心宽不计较,人生便无所不能达

世上本无事,庸人自扰之。很多时候,事情往往没有那么复杂,但是很多时候,因为自己的各种猜疑或计较,使得事情越来越繁复,有时还会出现误会。于是,人们放不开这样那样的小事,如此一来,反倒忘记了最开始的自己,忘记了自己是为了什么而工作。这种时候通常也就失去了目标,不知道为了什么而前进,这样很容易止步不前。

对于现代人来说,温饱已经不再是幸福的标准。幸福对于很多人而言是一种内心的满足感,但是在很多时候,人们的幸福指数往往偏低。这也是因为人们太过于容易计较,因为眼前很小的得失,而忘记了自己要去的地方,也就迷失了应该前进的方向。

清代有一位叫做张英的大学士,他在朝为官,家人远在家乡。

有一天,他的家人给他捎来一封书信,信中说家乡的邻居要向外扩张院墙三尺,这样就侵占了老家的院子。因为这件事他家人感到非常气愤,决定无论如何都要守住自己的院子,于是双方对峙。他家人气不过就给他捎来书信希望他能够制止邻居,出一口恶气。本来对于已经身为大学士的他来说这件事易如反掌,但他没有用自己的权力去打压邻居,而是给家人回了一封书

信,信中写道:

千里家书只为墙,

让他三尺又何妨。

万里长城今尚在,

不见当年秦始皇。

看到张英的书信后,他的家人也觉得自己有些小题大做,太过于计较了。于是就放弃了原来和邻居争抢的打算,让出了三尺之地。邻居本来已经做好了争夺到底的准备,但是看到张英的家人让出了三尺地给自己,也知道了张英写信劝慰家人的事,为此深感惭愧,也取消了扩充院子的打算,还将院墙退后了三尺。

就这样,一条六尺宽的小巷出现在了两家当中,并被人称为"六尺巷"。而这个故事也像这条巷子一样流传下来,为后人传颂。

学泼皮无赖,或是和人争论打架非常容易,几乎人人都能做到,然而有几人能够像张英一样如此不计较呢?只因区区三尺之地,一定要争出一个结果。无论是哪一种结果,相信都会损害到其中一方的利益。为了保护自己的利益,于是人们计较到底。但是,即使如愿争抢到了权益,也无法获得心理上的满足。这件事情或许就会像一根鲠在自己喉间的鱼刺,一直影响着自己难以安心,时刻想起来都会让自己感到气愤。张英正是因为意识到了这一点,于是选择了不去计较。也正因为他和他的家人做到了心中释然,放宽了心,放下了争夺之心,所以留得美名为后人称颂。

世事皆是如此,只要放宽了心不去计较,那么烦恼也就失去了寄宿的基础。不计较眼前小节,才能心无旁骛地前进,想要的一切早晚有一天会来到自己的手中。

有一个大家都熟知的故事,就是廉颇和蔺相如的友谊的故事。廉颇是将军,身为武官,他很不齿于蔺相如这样凭借口才升职的文官。

蔺相如知道廉颇有意针对自己,于是尽量避免和他相见,对于他的挑衅也是让他三分。

对此一开始廉颇颇为得意,觉得蔺相如胆小如鼠。蔺相如身边的人看不过去,于是问蔺相如为什么不给廉颇一点颜色看看。可蔺相如回答说:"我连秦王都无所畏惧,又怎么会怕了廉颇呢?只是现在秦国之所以对我赵国有所忌惮,正是因为我二人对赵王的辅佐,如果此时我们两个人互相争斗,那么就必定会给秦国可乘之机。"通过这番话,大家都明白了他不是畏惧廉颇,而是顾全了大局,所以选择不去计较。

事情传到了廉颇耳中,廉颇顿时为自己的行为感到惭愧,于是背负荆棘到蔺相如面前请罪,由此两人结下了深厚的友谊。这也就是"负荆请罪"的典故。

豁达之人必定有着宽广的胸怀,斤斤计较、针锋相对必然会引起一番权势的争夺。正因为选择了放宽心不去计较,所以在收获大家尊重的同时,也获得了廉颇的敬重和友谊。

要想树立远大的志向,那么就不能缺少一个宽广的胸怀。也就是说,将心放宽将无所不达,不去计较一些小的利害得失,才能成就一番大的事业。

不学着忘记,就迈不开步伐

宠辱不惊,对于现代人来说,很难做到。面对自己或荣耀、或晦涩的过去,人们都难以选择忘记。然而,忘记过去才是前进的基础,无论过去如何,那都仅仅代表着过去,并不能为自己的未来增光添彩。过分执著于过去的人,只能不断在自己的回忆当中徘徊。

纠结于过去的得失是没有任何意义的,"不要为打翻的牛奶哭泣",这句话可以说是至理名言。即使通过反省知道了事情的解决办法,但是也只能在以后应用,而不能改变"曾经"。

过去对于人们来说,仅仅是经验,已经涂鸦的白纸无法再次成为一片空白。无论是美丽的图画,还是凌乱的线条,都已无可改变,我们只能选择去遗忘。

有两位禅师为了展现禅的道理在纽约的画廊作了一幅画。这幅画作比较特别,因为需要用细沙耗尽一个月的时间进行绘画。经过一个月的努力,一幅恢弘的画作跃然纸上。

两位禅师的画作结构严谨,色彩丰富,而且他们的画层次感非常好。随着两位禅师画作的逐渐成形,围观的人也越来越多。渐渐地,极致繁华的景象出现在人们的视野当中。面对如此精致而恢弘的画作,人们叹为观止,感受着心灵的涤荡与灵魂的震撼。

但就在大家陶醉于画作的唯美中时,两位禅师竟然做出了一个让所有人吃惊的举动——他们用刷子将他们费尽一月心力的画作抹掉了。

顷刻间,一切灰飞烟灭。在人们还没来得及表示出惋惜的时候,两位禅师将刚刚的一片繁华倒进了溪流当中。无论是刚刚漫天飞舞的人物形象,还是那些欣欣向荣的生命,抑或那些宏伟的庙宇,全部都变成了两位禅师手中缓缓流逝的细沙,随风而逝了。

两位禅师通过他们的行为让人们知道,铅华落尽,剩下的唯有一片细沙。无论是怎样的繁华,即使是倾城之姿,抑或纸醉金迷的生活,到头来都只是随时间流逝的细沙而已。

很多人对于自己的人生低谷都难以接受,因为无法忘记自己曾经的辉煌。也正是因为这样,所以很难再次振作起来。其实人的一生之中难免会有低谷,这个低谷可以看做是人生的转折期,如果能够坚持度过,那么一定会比原来更好。如果没能振作起来,那么无疑就会从此委靡不振。

很多人对于自己的曾经难以忘却,是因为会进行比较。但是,那毕竟是过去。过去的繁华只是过眼云烟,已经不复存在,只有未来,才是需要奋斗的。

除了繁华,很多人还放不下自己不堪的过去,或是挫折,或是失败。

美国著名的总统林肯,他的从政之路可谓是坎坷颇多。1832年的时候,他失业了,这对于一般人来说可是一个严重的打击。但是他没有委靡不振,只是将这看做一个转折点,也由此下定了当政治家的决心。

然而现实是残酷的,他的第一次竞选失败了。这一年对于他来说,无疑是不堪回首的一年。但是他很快就振作了起来,成为了一个企业家。然而天不遂人愿,他的企业没能维持很久,仅仅一年的时间就倒闭了。为此,他付出了此后17年偿还债务的惨痛代价。

即使是这样不堪回首的过去,也没能阻挡他继续向前的脚步,他再一次参选了州议员。终于希望出现了,此次他成功当选。事业上有了转机,爱情也随之而来,他订婚了。然而天有不测风云,在结婚前的几个月,他的未婚妻不幸去世。为此他患上了严重的精神衰弱,卧床不起几个月。

过去对于他来说也许无可留恋,他没有回望过去,而是在重整精神之后继续了他的从政生涯。他开始竞选国会议员,可惜出师不利,他失败了。但是他从未执著于过去,而是坚信着自己能够成功,终于在多次的失败打击之后,成功当选为美国总统。

过去的一切只能代表过去,即使是失败了,因为失败的昨天并不能够阻挡成功的明天。可人们往往因为过去的失败而变得怯懦,也因此失去了拼搏的勇气,难以前进。林肯的过去可谓是不堪回首,然而这些都没能成为他前进的阻碍。对于他来说,过去的失败和挫折不能影响他未来的一切。

科学家们的发明都是经历了无数次的失败和挫折,甚至是付出了惨重的代价,然而他们都没有为此止步不前,而是坚信成功就藏在失败的背后,于是都积累经验,舍弃过去,重新出发。人生还很长,执著于过去并不能获得幸福。如果失恋了还一直沉醉于过去的美好,悼念消逝的爱情,那么很可能将属于自己的幸福就在自己的眼前遗失掉了。只有忘记过去,才能追求到属于自己的真正幸福。

永远回顾着昨天,那么只能重复着昨天的生活,今天也只能成为过去式,永远都没有明天的希望。要想放心迈开自己的步伐,就要忘记自己的过去,即使是繁华,即使是不堪。只有将过去从心中抹去,才能迈出走向明天的步伐。

有远见的人不为一时一地所困

困境在人的一生当中难免会出现,面对困境,人们所表现出的反应也截然不同。对于高瞻远瞩的人来说,一时的困境一定不会成为他们前进的障碍,他们放眼所见的,是自己光明的未来。而一些没有远见的人则会被困于当前,无法逃脱。

眼之所至,心之所向。一个人的行为取决于心中所想,有了明确的方向和目标才能够前行。如果看的只是眼前,那么顾及的也就只能是眼前。只有看得更远,才能更好地决定当下,帮助自己脱离困境。但是,为了能够看得更深远,我们还需要放宽自己的心,释然自己所受之辱,只有忍辱负重,才能到达自己最终的目的地。

人难免有时会身不由己,这种时候如果放弃,那么就只能一直在困境当中挣扎。但是,如果能够展望未来的话,那么就一定能克服眼前的困境,直达成功的彼岸。

越王勾践卧薪尝胆的故事无人不晓,为了达到自己的目标,他时刻不忘所受之辱,努力达成自己的目标。而他不惜卧薪尝胆也要成功的基础恰是他曾经经历的困境。

勾践曾被吴王夫差打败,被迫屈膝投降,对于一位君王来说,这是奇耻大辱。更为过分的是,吴王没有杀掉勾践,而是将他带回吴国作为臣子服侍自己。曾经身为君王,现在却要屈膝于敌国君主,如此侮辱怎能承受?然而勾践承受了。这并不是说他已经忘了被俘之辱,而是他注重的不只是眼前,他放眼的是自己的未来。

勾践并不认为自己要以俘虏的身份一直终老。他觉得这样的困境只是暂时的,现在的反抗并不能起到什么作用,因为此时他身在吴国,身边没有任何亲信,是完全没有能力推翻吴王的,若要想报被辱之仇,唯有忍耐。为此,他不惜为吴王尝粪辨别病因以获取信任。

他想着自己的明天,计划着自己的将来,等待着时机。他的希望就是他唯一的动力。终于,吴王卸下防备,相信了他,并且在不久后赦免他回国。他没有白白承受这些侮辱,在他获得这个机会之后,卧薪尝胆,励精图治,最后终于将吴王打败。

因为勾践没有对自己所处之境绝望,他思考了对策,做了长远的打算,也正是因为这样,他最终脱离了困境。身在异国他乡,想要成事就必定要站稳脚跟,做一个长远的打算,才不会在困境中挣扎太久。有些时候,人们往往难以接受眼前的困境,使得困境一直持续存在。其实,只要看得长远一些,困境延续的时间就不会太久。

汉高祖之子汉惠帝去世于公元前 188 年。在他去世之后,为保朝廷安稳,其母吕雉掌权执政,并且被尊为皇太后。她是个非常有谋略的女子,曾经助汉高祖杀韩信,消除异姓王,巩固西汉政权。在她执政之后,曾一度扩展吕氏权势。为了扩张权势,她准备立吕姓王,为此她征求了当时身为右丞相的王陵的意见。

但是,王陵对此表示不赞同,他认为汉高祖曾立下白马之盟,说过"非刘氏而王,天下共击之"。如今吕后的打算无疑背弃了当时的约定,于是坚决反对。与王陵相反,身为左丞相的陈平以及绛侯周勃二人没有对吕后的打算表示出不满,二人还对吕后说这是合情合理的。对此,王陵更为气愤,认为他们二人阿谀奉承,违背了当初的盟约。可他们二人觉得这只是为了缓解一时,也唯有如此才能保全江山社稷。吕后并非一位软弱而无谋的女人,最终废掉了王陵,并任命陈平为右丞相。

到了公元前180年,吕后去世了。曾经获得吕后信任并且大权在握的陈平、周勃两个人联手铲除了朝堂之中吕氏家族的势力,稳定了朝堂,集中了权力。同时还辅佐了汉高祖的第四个儿子刘恒登上了皇位,终于收回了刘氏江山。

忍得一时,才能得到一世。道理简单,很多人觉得做起来难,其实只要学会放宽自己的心,让自己多想想以后,就能顺利忍过眼前的困境。只有懂得看向未来的人才能看到希望,尤其当眼前一片晦暗之时,更要看得远一些。

放宽自己的心,看得远一些,才能坦然接受眼前的困境,不会被一时一地的困境绊住手脚。

想得深远一些,就不会放不开当前

人们往往会被眼前的景象所迷惑,陶醉于眼前,或者纠结于当下,无法设想未来。确实,走好每一步才能走得更高、更远,但是同样也很有可能被眼前所迷惑,从此止步不前。只有看得长远一些,才能放开现在,走向未来。

很多人对于眼前所及的一切都过于执著,这也是有一部分人感觉不幸福的原因。只知道把握眼前,不知道设计以后,最终只能让自己在原地打转。现在,总有一天是要成为过去的,要放下过去才能前进,所以,当前的一切也要学会放开。有的人难以放开眼前的一切,就是因为想得不够深远。如果想到自己的未来,那么现下眼前的一切也就自然成为过去了。

世界首富比尔·盖茨可以说是一个传奇式的人物,他是微软的创始人,他的创业故事也广为人知。伟人往往走的不是康庄大道,而是常人所不选的独木桥,他们考虑的问题往往不只是眼前,他们会看得更远。

比尔·盖茨于1955年出生于美国华盛顿州西雅图的一个家庭,他有着良好的家境,父亲是当地有名的律师,母亲是银行系统的董事,外祖父曾经担任国家银行的行长。但是他并不是一个不谙世事、四处惹事的二世子。相反,他深谋远虑,为自己的将来做着打算。他在13岁的时候就开始设计电脑程式。17岁的时候,就成功地卖掉了他的第一个电脑编程作品,也由此获得了他的第一桶金。

比尔·盖茨非常聪明,在大学入学的考试中,他的成绩离满分只有10分之差。入学后,他从来不为自己的成绩自满,虽然他是一个极度自信的人,他甚至曾跟导师扬言,自己要在30岁的时候成为百万富翁,然而事实是,他在31岁的时候成为了亿万富翁,这不但是他人想不到的,也是他自己不曾想到的。

虽然比尔·盖茨接受了世界上很多学子都向往的哈佛教育,但他并没有陶醉于眼前的成绩。令人想不到的是,他在离当时人们眼中的成功仅有一步之遥的地方停了下来,他没有完成他的学业,而是选择离开学校,接受社会的磨砺。后来因为一个偶然的机会他做了中间商,他将朋友开发的编程买下后转让给了IBM公司,也是由此开始了他的创业里程。最终他成立了微软,成为了世界首富,完成了他的梦想。

对于眼前的美景,人们往往难以自持,也正是因为这样,忽略了不断变幻的天气。哈佛大学,世界上顶级的大学,有多少人可望而不可即?他有幸能够接受那里的教育,却并未满足于此,而是毅然决然放弃了眼前的一切,重新开始。之所以放下眼前的一切,并非是他有勇无谋,他要在30岁时成为百万富翁,所以他要按照自己的规划走好每一步,而不是只注意应对眼前的一切。

虽然哈佛学子的光环异常璀璨,但是世界首富却只有一个。当人们看到他现在的成绩,就不会再质疑他曾经的决定。释迦牟尼也曾是一国王子,但是他却没有陶醉于眼前的一切,他思考得更为深远,他想到了人生,于是放弃了荣耀选择修禅,最终成为了佛教的创始人。荣耀令人难舍,但可笑的是,人们有时竟然放不开当下的困境。

力拔山兮气盖世的西楚霸王项羽最终竟落得个自刎乌江边的下场,这样的结果对于很多崇拜他的人来说是一种惋惜。明明那只是当时一时的情况而已,明明他还有东山再起的机会……然而结果却是他放弃了自己的生命,只因形势严峻,只因四面楚歌。

与汉军一战,让项羽失了希望,率领麾下的几百名壮士突围成为了他最后的勇气。虽然汉军紧追不舍,但是他仍然以一敌众突出重围。到了乌江边就意味着脱离了险境,他明明可以先委身于江东,在那里称王,伺机东山再起。但是这名霸王、这名英雄,却自己放弃了自己的性命。只因他对眼下困境的执著和绝望。

项羽虽然骁勇善战、屡战屡胜,却不能做深远的考虑和打算,这也就是他最终输给了刘邦的原因。虽然他是英雄,是霸王,但不能成为最终的赢家。反观刘邦,与项羽的争斗当中他一直处于劣势,但他从未纠结于眼前的形势,而是考虑着自己光辉的未来。虽然他曾被楚军逼得狼狈脱逃,但他仍没有因为眼前局势所困惑。即使是和楚军对峙一年,只守不攻,他也未曾失去未来必胜的信念。

刘邦也曾经历了和项羽一样粮草紧缺的时刻,但是他却仍然能高瞻远瞩,没有执著于眼前,甚至还曾向项羽投降。在他看来,现在只是权宜之计,不代表他会一直屈居于项羽之下。然而楚霸王信了,他太过高傲,没有深思为何刘邦会投降,被蒙蔽了双眼的他陶醉于眼前的功绩,导致了最终的一战被逼死在乌江江畔。而高瞻远瞩的刘邦则建立了一个新朝代,成为了历史上有名的汉高祖。

如果现在回头来看,很多人都会不理解一代传奇的西楚霸王自刎乌江的做法。明明他还有回转的余地,还有着胜算,为什么他却选择自尽,这无异于自毁前程。然而,当局者迷。在我们的现实生活中,其实也有很多人都曾经重复着项羽做过的事,虽然不理解为什么对于眼前的痛苦难以放下,但仍然执著,仍然坚持不放。说到底,都是心态的问题,因为太过于执著于当下过得好或是不好,是不是足够完美,所以无形之中就困在了当时,难以前行。如果放宽了自己的心,思考得深远一些,就能够坦然接受自己的今天。

相对于眼前的困难而言,人们更加难以放手的是眼前的辉煌。对于困难,有的人也许会选择逃避,但是对于眼前的美好人们往往难以自持。其实,眼前的一切就如昙花,很快就会消逝,人们需要考虑的是花谢之后,而不是陶醉于花开之时。

昙花再美,也只是一瞬,如果久久不能回神,只能错过良辰美景。不以物喜,不以己悲,放宽心去看当下,深谋远虑,才能够坦然前进。

眼之所及,履之所至

思想有多远,就能走多远。这句简单的话被大家熟知,虽然简单但却阐明了一个道理,就是眼睛所能看到的目标,那么就是能够实现的目标,没有目标,是走不到目的地的,而目标的制定却又离不开眼睛和思想的丈量。

不是所有人都能凭借运气成功,在很多人的眼中,那些看似幸运无比的人,也是经过了自己对未来的规划才一步步走向成功的。虽然说成功绝非偶然,但肯定的是,成功不是必然的,没有哪一个人会注定成功。一个成功人士,一定是按照对自己未来的设定和规划才前行的,眼中只有蝇头小利的人,难以成为百万富翁。正所谓眼之所及,履之所致。自己的终点往往要由自己来决定。

从前在一个庙里有着一老一小两个和尚,小和尚时常觉得无聊。有一天,他开始思考,为什么方丈能够成为方丈,而自己却只能是一个小和尚。百思不得其解的他去找方丈排疑解惑。

听了小和尚的疑问,方丈并没有直接回答他,而是从房间搬出了一块石头,然后指示小和尚将这块石头拿到集市上去卖,但是要记住一点,就是无论谁出了什么样的价钱,都一定不能卖给他。小和尚虽然感到疑惑,但还是遵照方丈的指示下山了。

在集市上没过多久,就有人上门了,这是一位妇女,她表示愿意出五文钱买下这块石头。小和尚疑惑不解,问她为什么要花钱买一块石头。妇女回答说她丈夫爱好书法,这块石头样子光滑,可以用作镇纸。小和尚觉得一块石头竟然能够换得五文钱,实在是一笔很划算的买卖,但是想到了方丈的叮嘱,便没有卖给这位妇女。

回去后,小和尚复述了在集市上发生的事情,方丈笑而不语。第二天,方丈吩咐小和尚将石头带到山下的米铺中,让米铺老板定个价,但要求还是一样,不能把石头卖掉。小和尚去了,米铺老板看过之后,跟小和尚说自己愿意花500两银子买下这块石头。

小和尚非常吃惊,问他为什么要花这么多的钱来买一块石头,米铺老板说他是一位古玩爱好者,并且说这块石头不是普通的石头,而是一块化石。小和尚没有卖又将石头给带了回去。

第三天,方丈又让小和尚将石头带到一家珠宝店去,并且仍然不能卖,还许诺等小和尚回来后解答他曾提出的问题。小和尚依言去了,珠宝店老板看到这块石头后非常兴奋,愿意拿出全部的财产来换这块石头。此时小和尚震惊极了,他不明白为什么同样是化石,在珠宝店竟然能够卖得如此价钱。珠宝店老板告诉他这不仅仅是一块化石,而且是一块十分罕见的宝玉。

小和尚回到山上之后,将这几天的见闻告诉了方丈。方丈说:"石头是同样的石头,但是对于不懂它价值的妇女来说,它只能用作镇纸,五文钱就已经是它全部的价值。米铺的老板觉得它是一块化石,它就不是镇纸了,价值也不可同日而语,但仍是一块石头。对于慧眼识金的珠宝店老板来说,虽然它外面包了一层石头,但它其中的价值远不是500两银子所能衡量的,它是块宝玉,是无价之宝。所以,决定它价值的不是它本身,而是看它的人,你觉得它是山间一块石头,那么它就一文不值,你看出它是稀世珍宝,那它的价值就不是金钱所能丈量的了。"

由这个故事不难看出,世间万物都有着它的定位,关键在于一个人能看到哪里。方丈通过这样的方式告诉小和尚,方丈不是生下来就是方丈,而在于制定的目标。

只有不纠结一些无谓的问题,放宽自己的心,制定远大的目标,才能走到更远的位置。克林顿在中学时曾经在家中挂了一幅要当总统的横幅。这是一个理想,更是一个目标,因为他有着远大的抱负,所以才能向着目标不断前行。一部分人正因为没有这种远大的目标抱负,所以碌碌无为。

理想是美好的,只有看到了自己的方向,才能顺利走上康庄大道。但同时,眼中所看到的一定是能够走到的,并不能通过空想来达成自己的愿望。

从前有一位农家的姑娘,她头顶着一桶牛奶走在去集市的路上。在这条路上,她一直在不断幻想。首先这桶牛奶可以换成钱,然后这笔钱能换取300个鸡蛋,如果这些鸡蛋全部顺利孵化出小鸡的话,将小鸡卖掉能换得很多钱。有了这笔钱,她能够买很多她想要的东西,这样她就可以买一条足以吸引所有人目光的礼服,然后去参加交际舞会。这样她就会被很多优秀的子弟示爱,在那里遇到她的真命天子,然后就可以过上非常幸福的生活,再也不必以卖牛奶来维持生计。一直想着这些的姑娘没有注意眼前的路,一个不小心,摔倒了。一桶牛奶全部洒入了乡间的泥土之中,她的梦想也就此告破。于是,姑娘一边抱怨着自己的梦想告吹,一边失望地回家了。

所谓眼之所及,履之所致,并不是说只是靠空想就能够实现愿望的。好高骛远并不代表着目标的实现,要看清眼前,然后才能前行。虽说目标要远大,但并不是说要无边地空想,计划也需现实可行性,唯有这样,才能一步一步走向成功的彼岸。这位农家姑娘并没有一个远大的理想抱负,她也只是根据眼前的事物做了一个虚幻的梦。在梦醒之后也只是抱怨着现实对梦想的阻拦,而没有想到应该如何确实的努力,那么她也只能重复着相同的梦境。

抱怨也好,伤心也罢,都不能够改变现状。眼睛所能看到的彼岸,路途中也许有着坎坷,布满着荆棘。通过想象不能够解决问题,只有看到了,才能向着彼岸进发。在一片黑暗之中,不能单凭直觉和想象寻找出口,而是要张开眼睛寻找,看到一丝曙光之时,光明就不远了。无论何时,放宽自己的心,才能睁开双眼,寻找自己的目标,一步一步走向曙光。

第 2 章　心宽者有度量,能包容

> 能装事,能容人,能消气;能容才,能容错;能容他人之短,也要能容他人之长;既要能容他人之过,也要能容他人之功;既要能听顺耳之言,也要能听逆耳之言。容得了委屈,吃得了亏,容得了不完美,你就能装得下天下。

心宽成就智者的胸襟,治疗不圆满之伤

伟大的词人苏轼曾经说过"人有悲欢离合,月有阴晴圆缺"这样富含哲理的句子。没有人的一生是顺风顺水,能够不经历挫折的。即使选择遗忘过去,那些伤口也很有可能横在心间,不时会隐隐作痛。

没人能阻止风浪的出现,但是在大风大浪过后,除了刻意遗忘、逃避之外,是否能够做到真的不去在意呢?是否能够坦然笑对人生?这才是决定着一个人未来幸福走向的关键点。

时间是最好的治愈师,但仅仅靠时间是不够的,自己一定要对伤痛表现

出释然,所谓病由心生。如果自己不能接受自己所受之伤,那么伤口就永远无法愈合。心宽是一剂有效的药引,能够将时间的治愈功效发挥到极致。自己被心魔所困,自然不能接受不圆满之伤。

从前有两个小男孩,他们从小一起长大,一起玩耍,一起上学,就像双生子一般形影不离。虽然他们都是家中的独子,但他们从未感受到一个人的孤独和寂寞。如果一直这样长大,他们可能做邻居,每逢假日两个家庭一起去游玩,在他们老去之时,能够偕同爱人一起到公园散步,还可以下棋……虽然理想很美好,但是现实很残酷。

正所谓天有不测风云。有一次他们两个人相约在周末去海滩游泳,那一天风和日丽,万里晴空,他们欢呼着一起跑向大海。蔚蓝的天空,洁白的沙滩,夏日的海滨,两个年轻的身影……

本来是一幅美好的画面,但是他们还没来得及陶醉于其中的时候,倾盆大雨从天而降,伴随着强烈的海风和滔天的巨浪,两人来不及逃上岸,只能在狂风暴雨中苦苦挣扎。他们尽全力去拉住对方的手,但是好几次都失败了。终于,其中一个身影消失在了海面之上,另一个男孩疯狂地呼唤着同伴的名字,但回应他的,只有除了狂风暴雨外的一片宁静,最终他体力不支晕倒了。当他再次苏醒之时,只听到了同伴溺水身亡的噩耗。

虽然他的性命没有逝去,但是灵魂却随着朋友逝去了。他不知道要怎样惩罚自己才能让这种失去挚友的伤痛消失在他的人生当中。他甚至觉得是自己害死了自己的朋友,为此他不敢去探望朋友的家人。曾经设想的圆满人生从此天翻地覆,他能做的唯有每天徘徊在海边,一遍又一遍地呼唤着挚友的名字,一遍又一遍回忆着和朋友相处的日子……

他的学生时代就在这样的日子中度过了,之后他进入了社会,结了婚。其实幸福的人生近在眼前,但是他仍然觉得这样的人生除了伤痛什么都没有。即使新婚也不能让他感到开心,最终他的妻子也只能心碎离去。妻子的离开更是打击了他,于是他选择了自我放逐,终日烟酒为伴。

　　终于有一天,他亡友的母亲找上了门,对他说:"孩子,原谅你自己吧。"之后这位母亲告诉他,自己一次都没有恨过他,他需要的不是他人的谅解,而是自己的救赎,他一直不肯放宽心去接受这些伤痛,亡友一定也希望他能够幸福。经历了多年的自我折磨,他才明白,原来让自己伤心难过的不只是朋友去世,而是自己没能挽救朋友的忏悔。多年后的他终于释然了。

　　没有人能够阻挡住人们追求幸福的脚步,困境也好,磨难也罢。只要度过了,就能够过上幸福的生活,人们觉得活在伤痛之中,往往是因为自己无法释然受过的伤,将自己关在了幸福的门外。那名男孩失去了挚友,伤心难过也是难免,悼念缅怀亦是必然,但他还有自己的人生,他不该将自己的人生葬送在伤痛与难过之中。

　　其实想要原谅自己并没有那么困难,只要学会将心放宽,那么就能治愈自己的伤痛,走出伤痛。其实没有人怪过他,只是他自己不肯原谅自己。如果一开始他去找朋友母亲求得宽恕的话,也许就不会为此付出几十年的代价。他不敢去见朋友的母亲,因为伤痛。如果他能够坦然一些,放宽自己的心去安慰朋友的母亲的话,那么他就能早一天脱离痛苦。

　　有些时候人们会选择自我惩罚,虽然是希望能够让自己的心好过一些,但事实上这种行为也属于一种逃避。如果放宽自己的心,让自己的胸襟宽广一些,也许就不会一直困在不圆满之伤中。除了没法面对自己给予的伤痛之外,有些时候,他人给自己的伤痛也是无法避免的。这种时候,如果自己不能放宽心走出伤痛,那就是在用别人的错误来惩罚自己。

　　从前,有一位年轻人气冲冲地走进一家礼品店,对着琳琅满目的饰品左挑右选,最终他的视线定格在了一只精美的水晶乌龟上面。之后他问店主这只水晶龟要卖多少钱,礼品并不便宜,但是他却毫不犹豫地掏钱买下了这件礼品。

店主有些好奇,于是询问这位他这件礼物作何用处。他一边端详着水晶龟,一边似是回忆地说要送给自己的新娘。店主觉得如果这样的礼物送到新娘的手中,那么一定会出问题,于是他告知年轻人,礼品的包装可能比较久,要年轻人第二天来取。

第二天,这个年轻人应约来到了礼品店,取了礼物就匆匆离开了。到了礼堂之后,年轻人反而没有了伤感,也没有了痛恨,他只是慌慌张张地将礼品交给了新娘然后匆匆离去了,因为,新郎不是他。回到家中,他并未感到喜悦,反而有些后悔。虽然女友背叛了自己,嫁给了自己的朋友,让自己受了很严重的伤,但是那些已成为过去,现在他悔恨自己的这种冲动行为。为了防止心中担心的种种情况,他离开了家乡。

多年后当他再次踏上故土的时候,见到了自己的朋友和前女友,没有预想当中的不快,他们友好地招待了他,并对当年他的宽容表示感谢。他十分不解,后来才知道,店主并没有依言将水晶龟包起来,而是替换成了一对唯美的水晶天鹅。这些年他早已淡忘失恋和背叛的伤痛,他只是悔恨当时送出的水晶龟。

年轻人去了礼品店,说明了事情的原委并感谢店主当时的帮助,店主只是笑着说:"和我猜得差不多,年轻人,没有必要用别人的错误来惩罚自己。过去的,你就让它过去吧。那个伤口迟迟不能愈合是因为你总是去翻开来看。"几十年之后的这位年轻人,再一次因为曾经的伤痛而泪流满面,只是这次不是因为难过,而是因为释然。

有些时候,他人或有意或无意很可能给自己带来伤害,这种时候,如何面对这种伤害就成为了一个选择。受到的伤害是仇恨产生的前提,会让人变得丑恶。就像年轻人,刚开始只是因为自己受了伤不能平衡,无法释然,所以准备回赠伤害来发泄自己的消极情绪。但是在他平静下来之后他才发现他只是在转嫁自己所受的伤害而已,自己没有勇气承受失恋的不圆满之伤,所以才会陷入不幸之中。如果能够坦然一些,那么做不成恋人,还可以做朋友。

现实生活中,有很多人都不能很好地处理他人带给自己的伤害,无论是有意还是无意,都会因为自己内心的在意而陷入不幸之中,在伤痛之中过活。如果带给自己伤害的人是无意的,那么自己因为受到伤害而委靡的行为就很有可能将原本的朋友拖下水;如果伤害自己的人是有意的,那么自己的不幸就是一种妥协,反而顺了他人的意思。

绝望是杀人的刀子,一直走不出伤痛,就会产生绝望。面对伤害自己的人,做一个聪明人,放宽自己的心,迈出新的步伐,活出更为精彩的人生才是智者所为。

心宽一点,就能放下仇恨

仇恨,是毁灭一个人的魔鬼,因为仇恨,人们往往会被蒙蔽双眼。仇恨的源头是因为人们太过于执著得与失,仇恨也往往因他人所为而起。但是日益蒙蔽在仇恨中只会让自己过得不快乐,得不偿失。要放下仇恨其实没有想象中那么困难,只要试着将心放宽,那么仇恨自然就没有了容身之地。

很多人之所以难以放下仇恨,是因为自己告诉自己报仇是对的,报仇才是唯一的出路。但是往往没有想到过,报仇为什么是对的呢?又是谁给出报仇的定论呢?真的报了仇,自己的仇恨就可以缓解了吗?

其实说到底,人们所希望的无非是给自己一个正确,同时能够释放自己仇恨的突破口。长期将仇恨供养在心中只会让仇恨不断繁衍、滋生。唯有心宽,才是出路。

从前,在一个小镇上有一位脾气异常暴躁且很容易记仇的青年。只要大家对他的言行当中掺杂了一点让他不满意的地方,也不论别人是有心还是无心,就都算是和他结下了仇。因此这位青年的口碑异常不好,大家也非常畏惧他。

有一次,他闲来无事四处游荡。在一座寺庙前他停了下来,正巧看到里面有一位正在说法的禅师。在禅师讲完法之后,他向禅师诉苦,说大家对他都抱有敌意,总是会伤害他,他只是报仇罢了,却不被他人理解。

这位禅师建议他放弃仇恨,心中无恨,自然无恨。青年非常不解,于是问禅师:"怎样才能心中无恨,难道别人伤了自己就要任由他人伤害吗?别人向我吐口水我除了自己擦掉难道就什么也不做吗?"

没想到禅师只是笑了笑,说道:"何必如此费事去擦掉呢?等它自然干就可以了。"

青年更加不解了,于是追问:"这样明显的藐视怎么能够忽略不计呢?"

禅师说:"没有什么是不能够忍受的事情,口水和停留在脸上的蚊虫一样,没有计较的必要。"

青年又问:"口水我可以不去计较,就当做是蚊虫忽略掉。但是如果来的是拳脚呢?我难道也不应该仇恨反击吗?"

结果禅师的回答依然是不去计较,这和蚊虫的叮咬仍然没有区别。

听了禅师的话青年没有顿悟,只是觉得这个老和尚事不关己才这样无所谓。于是向禅师的头上挥去一拳,他心想,这下看你如何应对。结果老禅师不但没有回击、没有愤怒,反而问这位年轻人手是不是痛了。此时,年轻人才有所领悟。

这就像力的作用是相互的一样,仇恨也不是单方面的。因为通常心中有恨的人都会将自己的仇恨具体地表现出来,就像故事中的青年一样,他会通过他的拳头来发泄他的愤怒和仇恨。

所谓冤冤相报何时了,不是所有人都能够像老禅师一样可以淡然以对的。所以你一拳、我一脚就会成为斗殴。有些人认为只有小孩子才会打架,人成长了、成熟了就不会再以打架来解决问题。但事实上,只要是要报仇,无论哪种方式都没有区别,都只是在散播自己的仇恨和愤怒。没有一种仇恨是能够等价偿还的,唯有放下心中的仇恨,才能过上真正意义上幸福的生活。

有些时候,人们能够原谅公交车上踩了自己脚的陌生人,却难以原谅自己亲友的背叛。其实通常能让一个人产生很深仇恨的对象不会是陌生人,反而是和自己亲近的人。因为在面对亲友的伤害之时,人们往往更加难以接受,所以仇恨也就出现了。但是仇恨除了能让自己失去亲友外,并不能够使生活变好。仇恨不是由事而生,而是人们的内心,就像老禅师说的,心中无恨,便是无恨。

战争,让很多人流离失所的同时,也让很多年轻人被迫踏入战场。在一次森林战之后,两名年轻的战士失去了和部队的联系。虽然迷失在森林之中,但是他们两人互相鼓励,互相扶持。也许因为来自同一个小镇,他们很快由不熟悉的战友成为了无话不说的好友。

在森林中迷失方向是非常恐怖的,所幸的是他们在第一天的时候找到了一只鹿,但也仅此而已,因为在那之后他们就再也没有发现任何一点能够裹腹的食物。虽然他们已经注意节省,但所剩的鹿肉还是在不断地减少。

渐渐地,他们感到绝望了,恰逢这时,他们遇到了敌军,但是二人经过奋斗后终于脱困,那个背着鹿肉的战士正庆幸于逃过一劫时,突然肩膀一痛,原来是一枚子弹穿过了他的右肩。这个时候他后面的战士异常慌乱地跑了过来,手忙脚乱地撕开自己的衣服为他包扎伤口,抱着他泪流不止。

入夜,两人各有所思,虽然饥饿难耐,但是再也没有人去碰那块鹿肉,就像它是毒药一般。因为体力不支,所以两个人都有轻微的错乱出现,未受伤的战士一直看着天空,口中不停地念着自己母亲的名字。两名战士以为这是他们躲不过的劫,静静地等待着死神的到来。

后来,死神没有来,幸运之神却来了,他们的部队找到了他们,并将他们带回了家乡。再后来,他们成为了生死之交,就这样一直度过了三十年。

其实,那位受了伤的战士一直就知道那一枪不是来自敌军,而是自己最信任的战友,因为在他被战友抱起包扎的时候,他接触到了微热的枪管。当时他异常气愤,十分不明白自己同生共死的战友为何要背弃自己,还差一点就被仇恨蒙蔽了双眼。但是也就是在当天晚上,他消除了自己心中的仇恨。因为他知道战友是想要独吞所剩不多的干粮,想要活着回到家乡再看病重的母亲一眼。当他静下心来回想,当时战友的恐慌不是装出来的,只是因为战争太多残酷,他可以肯定自己的战友在开枪的一瞬就已经后悔了。于是在之后的多年他都装作一无所知,直到一天自己的战友跪下请求自己的宽恕他才说出实情。也就是那个时候起,他们两个人的友谊更加坚不可摧。

对于自己最信任的战友的一枪,这名战士选择了原谅,当生命都受到威胁之时还能够做到不恨的话,谁还能让他仇恨呢?人并非神,对于生的渴求才会让战友产生背弃的想法。

现实当中,人们往往可以为自己开脱,但是对于对方来说,再多的解释和答案都不重要,重要的是听者是否能够释然。所以,既然仇恨从心中而起,不如让它生于心中,也亡在心中。原谅他人,化解心中的仇恨,并没有想象中那么困难,只要放宽自己的心,就能够坦然放下心中仇恨,成为一个包容的人。

心宽不为难自己,眼里要容得进"沙子"

人与人有所不同,有的人容易宽恕自己,却难以原谅他人;也有的人能够原谅他人的过失,但是却难以接受自己的不完美,这就是人们口中常说的"眼里不容沙子"。其实过分要求自己完美对自己也是一种强迫,更是难为了自己,有洁癖的人总会去注意一些其他人不在意的细节是不是足够完美,这样并不能让自己过得轻松,从某些方面来说是对自己的一种为难。

在非洲的大草原中,生存着一种体积很小的吸血蝙蝠,正如名字上所说,这种蝙蝠以血为食。对于同样生存在草原上的野马来说,这种蝙蝠是比狮子、老虎更为可怕的存在。因为它们会在野马不注意之时吸附在野马腿上,用尖尖的牙齿获取食物,很多野马都由此葬送了性命。

事实上,这种蝙蝠体积非常小,它们的食量也非常小,并不足以对野马造成致命的影响,那么野马为何会在这种情况下死去呢?原来,每逢野马感受到这种蝙蝠落到身上之后,就会开始蹦跳、狂奔,以此来驱赶身上的吸血蝙蝠。

但事实是,它们在野马的身上用餐非常安然,并不会因为野马的剧烈运动而离开。如此一来,野马最后的挣扎也没用了,它强有力的腿也不能像反抗狮子、老虎那样蹬踹这些小生物。最后,大部分的野马都死于愤怒,因为无法容忍蝙蝠吸食自己的血液,虽然那点血对于它的生命并不会造成什么威胁。

除了非洲草原上的野马和蝙蝠之外,还有一组非常有趣的动物,就是恐怖的鳄鱼以及非常弱小的牙签鸟。牙签鸟这种小鸟与其他鸟类没有什么外形和体积上的区别,甚至比很多鸟类的体型还要娇小。但是,就是这种弱小的生物,却是鳄鱼最忠实的朋友。

对于动物来说,鳄鱼是一种非常恐怖的存在,但是为什么却能和牙签鸟成为朋友呢?原来,牙签鸟以鳄鱼齿缝中的食物残渣为食,也因此而得名。每当牙签鸟发现鳄鱼的时候,都会主动飞过去,鳄鱼也会乖乖张开大嘴让它进入。它们是一种共生的关系,虽然鳄鱼以弱小动物为食,但是却不会去伤害牙签鸟。让一个活着的异物停留在嘴里并不是什么惬意的事情,但是鳄鱼就能容忍,因为牙签鸟在某种程度上被它们当成了自己的专职牙医。

让野马灭亡的不是渺小的蝙蝠,而是它自己,因为无法容忍一点点损失,所以最终只能绝望死去。鳄鱼和牙签鸟之所以能够相处融洽,是因为鳄鱼能够接纳渺小的牙签鸟,不去计较、不去在意。

曾经有一对度过金婚的夫妇接受采访,白发苍苍的女人说,她在结婚的时候列出了丈夫的10个缺点,每逢遇到这些,她就会无条件地原谅丈夫。当主持人问及这10个缺点是什么的时候,真相让大家大吃一惊。原来,这位老妇人根本没有具体列出这10点,而是每当丈夫在生活中表现出各种缺点时,她都说服自己这个缺点在10条之内,也就是这样,他们风雨与共地度过了大半辈子。

人无完人,都会有错,只要无伤大雅,不如试着去容忍,这样也是对自己心灵的一种解放。如果太过于在意一粒细沙,那么这粒沙就会在自己的心中久经岁月,最后让自己的心变成一片荒芜。不去在乎眼中的沙子,其实并没有想象中那么困难,只要放宽自己的心就好。

从前有一个脾气非常不好的小男孩,他总是在意周围的一切。今天的头发有一小撮翘了起来,牙杯离固定的位置差了一点,同桌的书本翻起了一个角……这些都会让他感到非常不愉快,也不能容忍,所以他成为了同学眼中的怪胎。对于同学们对细节的不在意他非常气愤,也因为这样,他总是难以开心起来。

　　为了解决这个问题,小男孩的父亲想到了一个方法。父亲在院子当中钉了一个木桩,告诉小男孩,每当你遇到不能容忍的事情的时候,就狠狠地将钉子钉进木桩当中,这样你就能够感受到快乐。

　　小男孩按照爸爸的话去做了,每逢遇到他难以容忍的事情的时候,他都会拼命地向木桩中钉钉子。有时甚至一天就将钉子用完了,用完钉子之后他就去找父亲要,而他的爸爸也提供给他所需要的钉子。虽然刚开始他非常喜欢这样的发泄,但是渐渐地,他感到腻烦了,有时一天都不钉一个钉子。于是他父亲又建议他每逢遇到难以容忍的事情,就拔下一颗钉子。在实施的过程当中,他感受到了困难,将钉子拔出来比钉进去要困难得多。当有一天小男孩终于成功地将所有钉子拔出之后,他发现他再也不需要钉钉子了。

　　这个时候,小男孩的爸爸才开始对他进行教育,他将小男孩带到木桩前,问小男孩的感想。小男孩说:"一开始觉得这个办法非常有效果,但是因为钉子钉得太多了,所以到最后感觉很无聊,有时就会刻意去忽略一些事情来避免钉钉子。"他爸爸又问他:"那么将钉子拔出来的感觉怎么样呢?"小男孩答:"拔钉子比钉钉子难多了,不过我还是坚持了下来,在拔完所有钉子的时候,我感到很有成就感。"于是他爸爸再问他:"那么你觉得这个木桩怎么处理比较好呢?"小男孩想了半天,最终摇了摇头,他说:"这个木桩已经千疮百孔了,除了扔掉没有任何用途。"

　　这位父亲慈爱地抚摸着孩子的头,他认真地告诉儿子这个木桩就如人心,放进一根钉子容易,但是拔下来难,即使钉子消失了,创口也是存在的。

　　现实就是如此,因为他人的一些行为让自己感觉不快,就将钉子钉进自己的心中,那么自己肯定无法快乐起来。一粒沙子对于我们来说无比渺小,无须过于在意,因而让我们时刻注意一粒沙子,无疑是一种困难,毕竟沙子如此渺小，只能集中精力才能看到。既然如此耗费心神，又为何一定要去在意呢？更何况对我们没有任何好处，所以不妨将心放宽，不要去注意一粒细沙，不要让心变得千疮百孔，等到发觉自己的不幸才去后悔。

肚里要能撑得下船，察人之长，容人之短

所谓宰相肚里能撑船，没有如此的度量，便成不了宰相。金无足赤，人无完人，无论自己也好，别人也好，都有优点和缺点。人有七宗原罪，由此可见，既然身为人，就不可能完美。因为这些问题而纠结，那么只能让自己变得不快乐。有的人可以容忍自己的缺点却无法容忍他人的缺点，结果只会让自己变得气量狭窄。

如果只注意到了一个人的优点，那么这个人就自然算作优秀的人，相反地，如果只看一个人的缺点，那么这个人就只会是别人眼中差劲的人。无论是身边的人也好，还是和自己没什么关系的人，如果只注意到缺点，只能徒增矛盾，让自己不快乐。如果试着换个角度看问题，那么就能够变得宽容。

有一对年轻的恋人，两人如胶似漆。男人喜欢女人的温柔和善解人意，女人喜欢男人的体贴和能言善辩，两个人相恋两年后走入了婚姻的殿堂，他们的朋友都见证了他们两人忠贞的感情，真心为他们祝福。

事情到了这里，本来是一个不错的爱情故事，但是很快他们的婚姻生活就出现问题了，甚至问题不断升级。男人发现女人虽然温柔，但是总爱撒娇，即使自己工作很累了回到家里，她还是跟自己撒娇说要陪她聊天，有时因为自己回家晚了还怀疑自己，而且经常唠叨，这样的生活让他觉得非常辛苦。

而女人呢,觉得男人看起来非常优秀,但事实上他又懒又邋遢,回到家里衣服都不换就躺在沙发上看电视,自己说他几句就觉得烦,也没有结婚前那么会甜言蜜语了。最后两个人终于觉得日子没法过下去,开始考虑离婚。

为他们两人做过证婚人的好友知道后前来安慰他们。在听了他们的抱怨之后,朋友笑了笑,对他们说道:"你们两个忘了结婚时候说过的话了吗?你们承诺过,不管对方有什么缺点,都会去包容。你们曾经喜欢对方的哪些方面现在难道都忘了吗?只看自己喜欢的一面不就好了,对于缺点,试着去淡化又能怎样呢?"

两个人听后想起了曾经在婚礼上说过的誓言,说会去包容对方。其实不止是婚姻,生活上很多方面都需要包容才能过得幸福。

在现实生活中人们往往能够轻易地理解包容的意思,却难以去做到,就像这对恋人,曾经因为看着对方的优点,所以过得如胶似漆。但是结婚之后他们却开始寻找对方的缺点,对于曾经的优点已经不重视了,这样就导致了他们之间的不美满。

幸福并不是想象中那样复杂,只要学会包容就可以了,而包容就是多看他人的优点,淡化他人的缺点,如果一味重视缺点,那么这个缺点就会被无限放大,即使是相爱的两个人,也不会例外,甚至有可能最后分道扬镳。

关系亲密的人亦会如此,这样不但会影响幸福指数,还会造成自己心中的不快。其实淡化他人的缺点并没有想象中那么难,只要把心放宽一些,多看他人的优点,那么缺点自然就被淡化了。重视一个人的优点一定会增强他人的自信,也许还会有意外的收获。

中国古时候有一个叫做豫让的人,他曾经效力于范氏和中行氏,在他们那里,他感受不到信任。即使他非常优秀,却从未被重用。后来智伯消灭了范氏和中行氏,他看中了豫让的才能和义气,于是邀请他为自己效力。在智伯这里,豫让感受到了信任和尊重,并且得到了重用,因此他发誓要忠于智伯。

后来智伯讨伐赵襄子,可惜失败了,被赵襄子所擒。因为曾经的恩怨,智伯被杀后,他的头骨也被用作酒器。知道了这些以后,豫让非常痛心,他发誓要报仇,于是隐姓埋名伺机报仇。

终于,一个难得的机会出现了,豫让埋伏在桥下等待赵襄子的马车经过,他抓住时机跳出了藏匿的地方行刺赵襄子,可惜却被捉住了。赵襄子知道豫让是个人才,想要劝降他,便问他既然能够为智伯效力,为何不能转投自己门下,并且之前他曾为范氏和中行氏卖命,之后却投靠了杀了他们的智伯门下,这次也可以同样给他投靠自己的机会。

但是豫让却回答说:"我虽曾经为范氏和中行氏效力,却从未得到他们的重用。而智伯却给了我尊严和地位,他认可我、赏识我,因此,我必须为他报仇,也不会背叛他投靠你。"

赵襄子听后很佩服豫让,不旦没有杀掉他,还将自己的衣服脱下,允许他刺穿自己的衣服,了结心愿。做完这一切后,豫让自杀了。

正所谓士为知己者死,女为悦己者容,对于赏识自己才华的人,人们才会给予回应。智伯看到了豫让的优点,虽然他只是一介匹夫。豫让也正因为找到了能看到自己发光点的人,所以才会尽自己所能给予回应,成为智伯可以信任的人。

曾经有一个跨国公司的清洁工,平时被所有人忽略,因为没人觉得他的工作有什么可取之处,还经常穿着邋遢。有一次大厦失窃,他和歹徒进行了英勇的搏斗,将公司的损失降到了最低,而他这么做的原因只是因为经理时常对他说的一句话,就是"你扫地真干净"。只是这样的一句简单的话,就让他感受到了自己的存在价值。

职业不分贵贱,能干好自己的本职工作就是一种成功,就是一种值得人学习和敬仰的优点。

将心放宽,自然就能够容得下一切。人人都有自己的优点,多看他人的长处，容忍他人的不足，这样才能赢得别人的好感和信任，也就具有了成为宰相的气度。

心宽孕育伟大，吃得了亏就能装下天下

有一个广为人知的词，叫"吃亏是福"。也许很多人都难以理解这个词的深意，既然已经吃亏了，又怎能说是福气呢？其实，人生在世，吃亏在所难免，只是计较自己是否吃了亏，计算这些，那么就只能停留在当前，只顾得思考这些。一个人对于吃亏的看法往往能够反映出一个人的素养，有仇必报，不能容忍自己受一点委屈的人难成大事。

就像是被蚊虫叮咬一下，如果这些都要在意，那么只能一直不快乐，也难以注意到其他。做大事的人不会去在意一只蚊虫的叮咬。很多时候，通过吃亏往往能够让人们悟到一些以前没能明白的道理，通过吃亏，更能够测算一个人内心的容量。

南非前著名总统曼德拉被人熟知，总统是一个常人难以胜任的位置。在大家仰望他的时候，也许并没有考虑过他走这条路的过程有多么艰辛。曾经，他因为种族歧视的原因而被白人统治者关在大西洋上的一个荒凉的小岛上长达27年。被关在那里的时候他的年龄就已经很大了，但是他并未因为年事已高而受到任何优待，反而受到更为残酷的待遇。

岛上的环境非常恶劣，在那里他每天都会被强迫参加劳动，到采石场打石头，将大块的石头打成石料。即使是非常冷的天气，也会被迫到非常冰冷的大海之中打捞海带。在那里他几乎是没日没夜地工作，也没有任何的休息

日。除了工作以外，他还得一直戴着镣铐。当时因为将他视作重犯，所以他有三名专属的看守。不仅仅是繁重的工作和失去自由的痛苦，这三名看守也总是找机会虐待他。曼德拉就这样过了27年。

后来他出狱了，并成为了南非的总统。曾经那些看守给他的那些委屈他已经有了足够的能力可以找回平衡。然而，让人没有想到的是，在他的总统就任仪式上，他邀请了各国的政要，而那三名看守竟然也被他请到了现场。本以为他会给这些人以难堪，结果在他致辞的时候，他邀请他们起身，并向他们致敬。

这一刻，曼德拉的行为感动了当场。曼德拉说，他曾经脾气暴躁，但是这些年的监狱生活，让他学会了如何应对痛苦和磨难，而这三位狱警，正是帮助了他的人。最终，他通过宽容和豁达的心境走到了今天。

曼德拉以实际行动体现出了自己的豁达，正因为他有着如此的度量，所以才成为了南非的总统。他也曾脾气暴躁过，但是在那些日子中，他克服了一切，学会了吃亏，学会了应对挫折和困境。其实是否吃亏的定论在于自己，只要将心的界限放宽一些，不去计较那些吃过的亏，那么就没有吃亏的事实了。

伟人之所以能够成为伟人，正是因为吃得了亏，所以能够装下天下。如果连一点亏都不能接受，那么如何去对待天下大事呢？其实只要能够看得开一些，将自己的胸怀变得宽广一些，就能够吃得下亏。

吉伯曾经和马沙一起去旅行，他们是非常好的朋友，但是也难免会有矛盾。

在他们经过一处山谷的时候，因为岩石上面非常潮湿，所以脚下变得异常湿滑。虽然他们已经异常小心了，但是马沙还是失足滑落水中。这个时候幸好吉伯身手敏捷，拼死拉住了马沙，这才使得他的性命得以挽救。就在那个山谷附近，马沙找到了一块大石头，于是他非常认真地在大石头上面刻上了:某年某月某日,吉伯救马沙一命。

后来他们又开始了继续行进,在行进的途中,遇到了一条河,此时两个人因为一点小事争吵了起来。这个时候吉伯生气了,气急之下他打了马沙一个耳光。马沙也非常生气,于是就跑到沙滩边写下:某年某月某日,吉伯打了马沙一耳光。

事情过后,马沙的朋友听了他们旅行的见闻,吉伯提到了这件事,好奇之下他朋友就问马沙为什么将被救的事情刻在石头上,而将吃亏被打的事情写在沙滩上,水一冲就没有了。谁知马沙说:"我就是为了让它被水冲走,因为他打我只是一时的情绪而已,我们仍然是朋友。但是对于他救我的事情,我要记住一辈子。"

一个耳光而已,虽然吃亏了,但是却可以忘却。他们之间的友谊不会因为仅仅一个耳光就有所改变。其实一时的情绪在所难免,但是不会因为吃了亏就抓住不放,马沙就是阿拉伯著名作家阿里的朋友,阿里和他之所以成为了要好的朋友就是因为他的宽容和豁达。

一个宽容的人往往能够包容一切,这样的人有着伟人的胸怀,所以说,伟大也需要心宽作为前提条件,心宽才能孕育出收容天下的伟大,也唯有能够吃亏,才能将天下收到心里。如果连吃亏的心胸都没有,那么更不可能装得下天下。放宽自己的心,相信吃亏是福,吃些亏来成就自己的伟大。

一颗博爱的心,让人生闪闪发光

心系天下的人都有着一颗博爱的心,也正是因为这样,所以他们的人生闪闪发光。其实,当心胸宽广到一定程度的时候,自然就会装下天下的人和事,自然也就会有一颗博爱的心。

先天下之忧而忧,后天下之乐而乐。很多伟人都秉承了这个信条,因为有着一颗博爱的心,有着宽广的胸怀。因此,他们的人生也与众不同,这样的例子无论古今中外都有许多。正因为他们有着一颗博爱的心,所以他们的思想才达到了常人所不能及的高度。

伟大的爱国诗人屈原,他就有着一颗博爱的心,关心着天下苍生。

屈原是楚国人,曾得楚怀王的信任,担任着左徒、三闾大夫的职位,并且时常和楚怀王一起商讨治国方政。由于他有着宽广的胸怀,所以从未从自身的角度考虑问题,而是切实地考虑着苍生社稷。他所参与制定的法律也非常奏效,他不从属于任何的利益集团,而是从天下的角度考虑。正是因为他的努力,当时楚国的国力得到了一定程度的增强。

屈原忧虑天下苍生,但却因此得罪了权贵的利益,因为他从不肯和王公贵胄同流合污,所以常被奸臣排挤诬陷。后来楚怀王听了收受贿赂的宠妃及佞臣的谗言,渐渐疏远了他。空有理想抱负以及博爱之心,却无处可以施展,尽管屈原尽全力为苍生谋福,但还是被楚怀王驱逐流放了。

在楚襄王即位之后,屈原继续遭受着迫害,还被迫放逐到了江南。即使如此,但是他仍然没有放弃自己的博爱之心,希望能够重新为天下效力。但是因为秦国最终攻破了楚国国都,他的理想抱负破灭了。虽然眷恋着天下苍生,但是他深知已经无力回天,最终选择了以死明志,在汨罗江投江自杀了。

虽然屈原的政治路途没能顺意,但是他的爱国情怀以及博爱之心,受到了无数人民的敬仰,为此,纪念他的端午节出现了。

心怀天下苍生,正是因为他的这份博爱,所以赢得了人民群众的爱戴。虽然他的政治抱负没能最终实现,但是不能否认的是,他的人生并非庸庸碌碌。

虚怀若谷,心系天下,正是这位伟大爱国诗人的真实写照。如果他的政治抱负只为自己,心中想到的也仅是自己的得失,那么他有可能一时会非常得势,但处在那样的社会环境之下,最终仍然难逃亡国的厄运。国破家何在?那些曾经风云一时的宠臣奸佞,最终也难逃一死。虽然屈原去了,但是他却为后人所赞颂。要趋炎附势并非难事,难的是能够将天下苍生放到心中,自爱并非难事,难的是爱天下所有苍生。

伟人并非生来就有博爱的胸怀,并非生下来就是伟人。之所以后来能够成为伟人,是因为思想到了一个常人难以企及的高度,之所以境界不同,是因为心胸的容量不同,只因为装下了苍生。

只爱一个人并不困难,但是如果能将爱世界那么大容量的爱放入心里,那就是伟人的胸怀了。将自己的心放宽,试着多去爱周围的一切,那么早晚就会有一颗博爱的心。

心胸狭隘之人是不会去热爱一切的,厌世的人是不会觉得生活美好的。自己绝了自己的希望,就不会发现生活中的美。虽然现实当中也需存在很多无奈,但是如果能够放宽自己的心,试着去爱周围的一切,当拥有一颗博爱的心之时,必定会有一个闪闪发亮的人生在不远处等着自己。

第 3 章　心宽者有涵养，能自持

> 遇到不平忍得，遇到不公让得，遇到失意舍得。张弛有度，君子慎独，胜而不骄才是君子所为。心宽者拿得起也放得下，失意而不失性。不能自持非君子，正所谓身不修则德不立，德不立而能化成于家者盖寡矣，而况于天下。

心宽能忍耐，锤炼沉稳的气度

随着不断的成长和成熟，人们的气度也越来越沉稳。没有人降生之时就有非常沉稳的气度，气度需要经过后期的培养。也许有的人认为一个人的气度是否沉稳并不会影响到什么，但是，现实当中难免会遇到一些不快的事情，这个时候如何对待不平就成为了一个人气度的体现。有的人会选择不顾形象的做法，也有的人会装作不在意，但是会显得很暴躁。或者有的人会微微一笑，通常这样的人都有着非常强的忍耐能力。

现实生活中，有的时候受到的不平可以忽略不去计较，但是有的时候却很难不去在意,尤其是一些违背自己原则的事,或是对自己底线的触碰,这个时候,就需要丈量一个人的气度了。忍耐,往往能够表现出人的大度。

熟读三国的人不会不知道韩信,他是一个非常有才能的人,他熟读兵法,懂得用兵之道,并且为后世留下了大量的战术典故,比如明修栈道,暗度陈仓、四面楚歌、十面埋伏,等等。

对于历代兵家来说,韩信的用兵之道有着非常重要的价值。作为军事家,他并非有勇无谋之人,也并非是纸上谈兵的花架子,而是一名非常卓越的将领,他曾经指挥了井陉之战、潍水之战这些有名的战役。他在作为战略家的同时也是一名优秀的统帅,曾经更是站在了一人之下,万人之上的位置。可就是这样一位能力卓越的人,也曾受到过很重的侮辱。

韩信本是普通的平民,之后被推选成为了官吏,但因为不精谋生之道,所以时常需要依靠别人才能度日。

韩信曾经是南昌亭长的门客,但是因为不被亭长之妻所容,于是愤然离去。因为他的这些经历,所以有一次被一个屠夫为难。那个屠夫故意侮辱他说:"虽长大,好带刀剑,怯耳。能死,刺我;不能,出胯下。"

以韩信的能力,完全可以制伏这屠夫,但是他考虑良久之后,选择了蹲下身,接受了胯下之辱。虽然他受到了这极大的侮辱,但是他选择了忍耐,也正因为当时的忍耐,才成就了日后的韩信。

韩信能忍受胯下之辱,有什么比这种侮辱更加让人难以忍受的呢?在当今社会,已经不是野蛮人横行的时代,那么又有什么事情是难以容忍的呢?

很多人因为在公交车上被踩了一脚就不满,甚至是出现口舌之争。其实,没有什么大不了,完全可以忽略不计,毕竟没人会故意去踩陌生人一脚,只要别人道歉了,那就当做一个小插曲过去吧。也不要因为别人没有道歉就产生口舌纷争,那也只能证明你的气度不够。忍耐没有想象中那么困难,只要将心放宽一点便能做到。

有时在工作或生活当中可能会受到不公正的待遇,这个时候仍然需要忍耐,忍耐才能成大事,也因为忍耐才能使得自己的气度得到锤炼,慢慢变得沉稳。

曾经有一名叫做晏婴的人出使楚国,因为他的身材十分矮小,所以在进入楚国之时,受到了不公正的待遇。在他要进入城门时,护卫没有把大门打开,而是从大门旁边给他开了一扇小门。

这是一种很明显的侮辱行为,晏子非常气愤但他没有表现出不快,只是对开门的人说:"我现在是出使楚国,却不开楚国的门,如果我是出使狗国,那我一定会从狗洞中进去。那现在我应该去哪里呢?"迎接的人没有看到晏子恼羞成怒的样子,反而被将了一军,于是老老实实地打开了城门。

晏子见到楚王之后,楚王有心侮辱他,便露出轻蔑之态说道:"难道你们齐国只剩你这样的人出使了吗?"晏子没有表现出一丝的气愤,反而恭敬地回答说齐国人口众多,张开衣袖连在一起甚至能够遮天蔽日。

于是楚王又说:"既然齐国人口众多怎么还选了你这样的人作为使者呢?"面对楚王的有心侮辱,晏子仍然镇定地回答说:"齐国派遣使臣的时候,会根据出使的国家来选择使臣,如果出使的国家君主贤明,那么就会派遣贤明的使臣,对于德才不足的国家就派遣晏子这样的使臣。"

没能侮辱到晏子反而被他侮辱的楚王十分不满,于是他又想到一计,在招待晏子的时候绑了一个齐国人,说是犯了盗窃罪,他问晏子:"你们齐国的人都是善于盗窃之人吗?"没想到晏子仍然不慌不忙回答说:"我听说'橘生淮南则为橘,生为淮北则为枳。'我觉得是因为他到了这里才学会了偷盗。"

这个时候楚王才觉得自己三番五次想要侮辱晏子,非但没有成事,反被晏子侮辱到无言以对,受辱不说,相比之下,显得自己没有气度了。

一开始是侮辱别人的人,到了最后反成了自取其辱,还显得自己非常没有气度。这就是在告诫我们,在遇到不平之时,需要学会忍耐,才能让自己冷静下来,也能由此锻炼沉稳的气度。如果不能忍耐,通常都会被恼怒冲昏头脑,并不能够解决实质问题。

学会放宽自己的心,试着忍耐,让自己的气度在忍耐中得到锤炼,得到升华,变成一个沉稳冷静的人。

心宽者遇不平,不愠不恼

生活中难免会有各种不平出现,有时人们不能"路见不平一声吼",尤其在自己遇到不平之时。不愠不恼可以说是忍耐的升华,当遇到不公的待遇之时,如果能够做到不愠不恼,那么思想上可以说已经上升了一个境界。

很多伟人在遇到不平之时,通常不会恼羞成怒,而是用自己宽广的胸怀去宽恕他人,即使这样的胸怀有时会被人们所误解,被看做是胆小、是懦弱。

儒家的代表人孔子,一直被人们尊称为圣人而广为传颂,他的儒家思想也植根于我们的思想、教育之中。然后就是这样一位圣人,也曾经遭遇过不平,也曾经受到过各种误解,受尽了委屈。

虽然现在儒家思想被人们接受,但是在当时,他的思想并不为人所理解,在他宣扬"仁治"和"礼制"思想的时候,人们并不尊重他。当时的社会非常注重礼节,但是他邻居的老汉总是不客气地直呼孔子的小名。其实不仅邻居不尊重他,就连他周游列国的时候,也遇到了很多不平事。

当他游历到郑国时,郑国人称他是"累累若丧家之犬"。虽然孔子没有做过什么坏事,但是却遭到这样不公的对待,甚至是辱骂。他问路时会被农夫嘲笑,就连小孩子都敢讥笑他。虽然他有着思想,却不被世人认同,甚至被看做是痴傻。

遭世人的误解也就罢了，在他周游到卫国的时候，去见了身为国君夫人并且掌权的南子，因为南子名声不佳，所以孔子的这一行为引起了弟子子路对他人品的质疑。这样的误解完全是无中生有，但是孔子却丝毫不生气，更没有任何抱怨，他全都坦然接受。也正因为他的这种宽广胸怀，所以最终成为了圣人。

在遇到不平之事时，人们通常都难以像孔子一样坦然，能做到不愠不恼，以自己宽广的胸怀去包容一切，反而容易恼羞成怒。

其实，生活中的不平来源于自己的心中，自己认为不公平，那么就是不公平，自己不认为有什么不公平，自然也就没有了恼怒的缘由。

犹太裔著名心理学家弗兰克曾经在二战期间受尽了非人的折磨和虐待。他那时被关在纳粹集中营里，除了身体上的折磨外，他的精神也经受着异常严峻的考验。

他的兄弟、父母以及妻子都已经丧生于纳粹手中，他只剩下了唯一的妹妹。除了这些悲痛，他还要时刻面临着死亡的威胁。命运对他显得有些太不公平了，他没有做错任何事情，只是因为他是犹太裔，就要受到如此对待，可这些都不是他自己能够选择的。他的精神和生命都处于崩溃的临界点，他愤怒，他仇恨，但事实却都无从改变。

终于在一天，他在囚室独处之时，悟出了一个道理：就是环境无可改变，但是他的意识仍然是自己的，是受自己控制的，没人能够改变，也没人能够干涉。于是在领悟到这点之后，他开始直面自己所受的一切不公，他不怒不恼，以这种心态渡过了最艰难的日子，也激励了自己的狱友。

就像是弗兰克悟出的道理一样，没有人能够控制他的思想，他的意识是自由超脱的。身体能够受到折磨，但是灵魂能够保持自由。人们如果能够保持灵魂的独立，那么在遇到困境的时候才能够坚持下去，也才能够期待明天,笑对人生。

在陷入困境的时候,通常人们难以扭转困境,可即使再抱怨,再痛恨,也都无从改变。我们能够做的就是以自己宽广的胸怀去面对不公,然后平静地接受这些,用自己自由的灵魂去企盼天明,不愠不恼。

很多时候,愤怒改变不了自己所受的不公,有的时候即使是不平,也无从改变。靠诅咒和怨恨并不能改变任何现状,只能束缚住自己的灵魂,让自己沉陷于不幸之中。所以将心放宽,坦然面对,学会在遇不平之时保持不愠不恼的态度。

君子慎其独也,自持者必自修

一个有修养的人,一定是一个君子,所谓君子,就是能够谨慎,能够自持的人。有着高尚品质的同时,还有着自持能力的人才能称得上是君子。自持,对于一个人来说非常重要,自持者必自修,也就意味着能够自持的人必须要增强自我的修养。

自我修养对于一个人非常重要,但这并不是能够通过学习就可以获得的。修养的提高离不开心胸的支持,一个心胸狭隘之人难以有较高的修养。一个人的自我修养通过和人相处才能够充分体现出来,但是修养即使在独处之时也要注重保持,所谓君子慎独。

从前有一个年轻人在清晨抱着鲜花和水果赶往佛寺参加寺院的早课,因为他决定虔诚求佛。就在这时,另一个年轻人突然迎面跑来,两个人没来得及反应就撞在了一起,结果一篮子水果全部掉在了地上。

看着准备供佛的水果被打翻,年轻人气愤不已,于是和另一个年轻人理论起来:"这是我原准备供佛的供果,你却打翻了,今天无论如何你也要给我个交代!"另一个年轻人对他的嚣张态度非常不满,也不客气地说道:"既然已经发生了,我道歉就是了,你这么凶做什么?"年轻人非常不满于这个人道歉的态度,于是又开始反驳,这样你一言我一语越说越过分,最后变成了彼此咒骂。

此时一名禅师走了过来,看到两人吵得如此凶便将他们叫到一边,仔细了解事情的经过。在知道了事情的原委之后,这位禅师说:"首先走路不该莽撞,但是对于他人的道歉要接受,不能接受他人的道歉也是愚蠢的。有修养的人在有错时要敢于承认,同时也要接受他人的道歉,原谅他人,唯有如此,才能称得上是智者。"

接着禅师又说:"人活在世上,有着非常多需要协调的方面,无论是人与人之间的关系,还是自己的精神和健康,都需要协调。你们吵了架,我来协调,但是很多时候我们要学会自我协调,自我把持,这样才能提高自我修养。仅仅是一件小事,如果为了这个就破坏了自己虔诚的心境,何苦呢?"

两名年轻人听后都觉得有道理,于是撞了人的年轻人诚恳地道了歉,另一名年轻人也非常诚恳地接受了道歉。

有的时候在问题出现需要协调的时候,人们容易依赖于他人的协调,而不是自身的调节。比如故事当中的两个年轻人,本都是虔诚向佛的心,在生活中遇到小问题的时候却破坏了自己虔诚的心境。

本来不是什么大事,但是两人都从对方身上找问题,不去思考自身。禅师说得没有错,现实生活中需要协调的事情有很多,人们首先要做的就是进行自我调节,也就是自持。做到这一点才能谈得上自我修养。一个遇到一点问题就从他人身上找原因,抓住不放的人,不会是真正的君子。宽广的胸怀是必要的,只有心胸宽广,才能看到自身问题,提高自身修养。

君子慎独,心宽并非意味着什么都不去计较,不去想。我们能够做到不去注意他人的缺陷,但是不能要求他人也要以异常宽广的胸怀来面对自己。所以自我修养的提高离不开自持自省,只有谨慎行事才能做到最好。

在一片山林之中,有着一段被称为鬼谷的路,这段路之所以叫鬼谷,并非真的有鬼存在,而且因为这里的地势十分险要,一不小心就会葬身于万丈深渊,当地居民在通过这段路的时候,都会在身上背负一定重量的东西。

有个游客第一次来这里,他十分不解,便问当地的姑娘:"这里本来就非常危险,为什么还要负重,这不是更加难以通过,更加危险吗?"

姑娘回答说:"在这里发生过的坠谷事件都是一些掉以轻心的游客,因为没有注意到危险的存在,所以才会大意失足。在这里,本地人从来没有发生过危险,因为意识到危险,所以精神会异常集中。"

听了姑娘的话,游客想想也觉得十分有道理,于是将姑娘递过的两条木头扛在了肩上,异常小心地通过了这段危险的路,安全地到达了另一边。

心宽,并不代表心中无事,如果总是大意,很可能会有危险出现。所以君子慎独,即使是自己的时候,也需要谨慎小心,唯有懂得自我修养的提升,才能做到自持。

并非每人都有着自持的能力,唯有能够控制把持自己的人,才是人生的赢家。过于注意眼前的美景,没有注意到危险的存在,没有自我把持的能力,不够谨慎,终会失足堕入深渊。人的一生中会经历很多路,唯有谨慎,才能通过眼前的路。故事中如果没有姑娘的提示,那么游客一定不会想到要负重通过,因为他只注意了路的险要,而没有充分考虑到危险之下隐藏的更大的威胁。

如果不够谨慎,那么在生活中很多时候都有可能堕入不同的深渊。心宽待人,君子慎独,只有从自己入手,放宽心的同时也要注意自持,才能提高自我修养和素质。

失意不失性,拿得起更要放得下

我们生活的世界多姿多彩,其中不乏诱惑,对这些人们会报以怎样的态度呢?相信很少能有人对财富、权力一笑而过,这些对于人们来说是异常难以抗拒的诱惑。而大权在握的人呢?相信没人能够不去注意自己有的东西。对于追逐,可以说是人的一种本能,而放弃,则是人们难以做到的。从出生之时,人们就双手紧握,即使手中什么都没有。

拿得起,放得下,对于人们来说是比较难以完成的过程,因为放下要比拿起困难得多。尤其对于已经到手的东西,人们都会认定这是属于自己的,所以不允许失去。其实,有什么是自己的,什么不是呢?这些都难以界定。有时得到未必就是好事,失去,未必就是坏事。塞翁失马焉知非福,要拿得起,更要放得下。

从前有一个年轻人,一个偶然的机会让他得到了一张独一无二的藏宝图。这是一个乞丐给他的,乞丐告诉他,在藏宝图标示的地方有着无尽的财宝,但是乞丐说,这也许可能是祸,于是就将那藏宝图赠与了年轻人。

年轻人异常兴奋,于是带着藏宝图出发了,他似乎能够看到那些闪闪发光的金银珠宝了,他甚至开始设想自己成为一个富翁后会是什么样子。

历尽千辛万苦,年轻人终于到了藏宝的地点。当他推开第一个石洞门时,发现里面堆着小山一样的银币。他从来没有见到这么多钱,于是兴奋地全部收到了袋子里。这时他发现另外一扇门,门上写着"知足常乐"四个字,此时他的脑袋里只是想着门后会是什么,根本就没有把门上的字放在心上。

年轻人打开门之后,看见了里面小山一般的金条,他开心得难以自持,连忙将第二个袋子也全部装满。这时他又发现了一扇门,上面写着"贪婪让你步入地狱深渊",可年轻人觉得没有什么,自己拿了金子也没有发生任何事,所以认为肯定是藏宝的主人在故弄玄虚。

于是,这个年轻人又打开了第三扇门。这里面是一颗璀璨的钻石,他拿开钻石后,发现钻石下有一道暗门,年轻人想,这里一定有更加珍贵的宝物,于是便毫不犹豫地打开了最后一扇门——也是他人生的最后一扇门,这下面是万丈深渊,他还来不及收回自己的身体,就带着无数的珠宝一起坠入了深渊。

乞丐虽然什么也没有,但是他活得自在,年轻人因为放不下,所以最后落得尸骨无存的下场。其实,现实之中我们很像年轻人,明明看到了曙光,却更加在意另一扇门后是什么,放不下门后的一切,所以一步步走向了毁灭的深渊。

年轻人是愚蠢的,但是现实生活当中,很多人也犯着同样的错误,拿得起,放不下。有时放不下失去的恋人,于是活在苦痛之中,错过了眼前的幸福。或是职场失意,只是沉浸于痛苦中,却忘记了曾经为了到达这个位置做出了怎样的努力,最终使自己变得一蹶不振。只有学会放下,才能过上幸福的生活,失意不能失性。

从前有一位单身的母亲,因为孩子没有爸爸,所以她更希望自己的孩子能够出人头地,不输给其他的孩子。为了这个目标,她尽心尽力地扮演着双亲的角色,尽自己所能培养儿子。

她不惜一切代价努力赚钱,为儿子铺着路,儿子也非常争气,在学习上异常努力用功,最终以优异的成绩考上了美国的大学,母亲为自己的儿子感到自豪。

几年后,儿子大学毕业,在美国定了居,并且遇到了心仪的姑娘,还结婚组建了家庭。她感到非常欣慰，决定在自己离休后到美国和儿子团聚，安度晚年。

就在她离休后不久，当她写信告知儿子自己要去美国的时候，她收到了儿子寄来的一张支票和一封信。儿子在信中说他们的家庭很稳定，不希望她去打扰，还说十分感谢她的养育之恩，还将这些年的花费计算了之后又添了一些钱寄给她，希望从此她不要再去打扰他的家庭了。

收到这样的信件，对她来说可谓是一个非常大的打击。她没想到，自己付出一切尽心尽力培养出的儿子竟然会嫌弃自己是一个负担，要和自己断绝关系。她每天对着支票发呆，过着痛苦不已的日子。

终于有一天她想开了，自己过了那么多年的苦日子来抚养儿子，现如今应该要享受生活了，只是难过什么也不能改变。虽然儿子让她寒心，但是她不能一直陷在自己的妄想中。于是她用这笔钱环游了世界，竟也度过了一个非常安逸而美好的晚年。

对于儿子的背叛，相信这位母亲一定临终都难以释怀，甚至是无法接受，但是这位母亲看开了，于是放下了。

生活之中难免会有失意，但失意是小事，失性是大事，如果因为难以释怀自己的失意，一直徘徊在痛苦里，那么将走不出自己设置的圈套。无法挽回就试着放下，将心放宽，失意不失性，拿得起放得下，才能有一个幸福的人生。

去浮戒躁，一张一弛涵养高

随着城市化的日益增强，人口也越来越多，相对地，人们生活所面临的压力也就越来越大。无论是上下班路上拥挤的地铁、公交，还是工作上日益激烈的竞争，甚至是孩子上学所面临的各种压力，等等，可以说无处不在。人们似乎也变得日益浮躁起来，十分容易愤怒。

周围的环境难以改变，但是自己的心境却可以由自己控制。只有能够自己消灭掉心中的浮躁，才能做到张弛有度，体现出自己的涵养。

涵养高的人通常都能够调整自己的心态，张弛有度自然能够去浮戒躁。如果不能控制调节自己的浮躁情绪，那么就会让自己的涵养变得低下。

从前，在一个村子里有一位名叫米莉的女孩，她长得非常漂亮出众。村里年轻的小伙子都非常迷恋这个既漂亮又优雅的女孩子。她对自己的美丽感到非常骄傲，每天经过河边时，她都会不自觉地去看河中自己的倒影。

有一天，当米莉看向河中的时候，突然发现水中自己的倒影没有脸。惶恐之下的她失去了冷静，于是在村子中到处寻找自己的脸。逢人她便冲过去问："你看到我的脸了吗？我的脸不见了，是不是你拿走了？将我的脸还给我好吗？"

大家对女孩的这种行为感到很奇怪，随着时间的流逝，大家都开始害怕她。她的朋友也开始躲着她，那些曾经被她的美丽优雅迷住的小伙子也都躲得远远的，因为这已经不是他们喜欢的女孩了，而是一个疯子。

一天，一个法师经过这个村子，这个女孩又连忙跑过去向法师讨要自己的脸，法师没有吓得跑开，而是一巴掌扇到了女孩的脸上。女孩当即就生气了,捂着自己的脸质问法师为什么要打自己。

这时法师说:"你怎么说我打你了呢?我打你哪里了?"

女孩当机立断说:"你打了呀,你打了我的脸!"

这个时候法师一笑,说:"我打了你的脸吗?你不是正在寻找吗?你不是说你的脸不见了吗?"此时女孩才恍然大悟,发现在自己慌不择路去寻找一直都在的东西时,很多东西已经失去了。

这个女孩是美丽的,她的美丽不仅仅是外表上的,就如那些小伙子追逐的一样,她也是优雅有涵养的女孩。但是因为失去了冷静,所以最终失去了她引以为傲的涵养,变成了一个人们眼中的疯子。

有的时候,人们因为一时的情绪而变得焦躁,很容易造成误会,甚至是让自己保持了多年的涵养都荡然无存。因为一点小事就浮躁起来,失去自己的涵养,非常不值得。只有放宽自己的心,去浮戒躁,才能一张一弛地保持住自己的涵养。

如果不注意自己的涵养,没有去掉心中的焦躁,那么就会成为人们眼中的笑柄。

在一辆公交车上,一个女人不小心踩了一个男人的脚。女人穿着高跟鞋,踩得男人很疼,女人刚想道歉,可看到男人那咧嘴要骂的样子,便瞬间生气了,她先出口不逊起来:"你一个大男人,不就踩了你一脚吗?你至于吗?就这点事,本想着道歉,看你这龇牙咧嘴的,就觉得没有必要了。"

男人因为疼本能地咧了一下嘴,本打算在女人道歉后说句没事,结果女人先不讲理了。他本来就在赶时间上班,结果这个女人先挑起事端,他也生气了,便吵了起来。车上的人劝架两个人都不听,于是越吵越凶,到了女人下车的时候她把男人也给扯了下来,最终吵架演变成了动手。路上的人都看着热闹,一男一女两个衣着光鲜的人在街上拉扯。

后来,直到警察来了,两个人才协商解决问题。女人最后蓬头垢面地去上班了，男人也因为一时的脾气在上班时迟到受罚了。

本来不过是一件小事，只是因为没有控制心中的浮躁，于是就把事情推向了不可解决的方向。本来都是有素质的人，却因为没能注意张弛，使得自己的形象受到了影响。女人成为了他人眼中的泼妇，男人也成了心胸狭窄的低素质男人。其实心情的浮躁不是难以消除的，并没有想象中那么难。只要将自己的心放宽，自然在喧嚣之中也能获得一方清净。

现代社会中难以找到一方清净之地，到处充斥着喧嚣，这些我们无法改变，但是不能因为这样就降低了自身的格调，涵养要保持住，没有想象之中那么困难，只要做到放宽自己的心，自然就能让自己的心平和下来，让自己的精神和思想远离喧嚣，找到一方净土，去浮戒躁，做到张弛有度，提高自己的涵养。

心宽而不骄，做自己的主人就好

人们除了在面对失意时难以释怀之外，也会受到成功的蛊惑。成功，是人们都在追求的，但是有时人们很难确定成功是暂时的还是永久的。因为光环太过于耀眼，所以很容易让人迷失前路，从此目无一切，止步不前。

有的人能够抵挡诱惑，却很难抵挡住成功的蛊惑。因为成功了，所以眼高于顶，什么都不能再入自己的眼，放空了自己的心，不去思考，开始飘了起来，到最终只能让自己落后于人。其实无论是否成功，都应该坚持做自己该做的事，败不馁是应该的，胜不骄也不能忽略。唯有放宽自己的心，胜而不骄，做好自己的主人，才能够成为最终的赢家。

人们都熟知一个寓言,就是龟兔赛跑的故事。

森林中举办动物运动会,兔子是赛跑的健将,自然参与了,开赛在即,兔子发现乌龟竟然也在其中,不由耻笑它。分组的时候兔子和乌龟分在了一组,开赛的枪声一响,兔子就蹿了出去,而乌龟则一步一步向前爬。

到了接近终点的一棵树下,兔子觉得胜利在即了,于是停下了脚步,在树下闭目养神起来,没想到却睡着了。虽然乌龟爬得非常慢,但是却从未放弃,直到超过了兔子,获得了最终的胜利。

眼前就是胜利了,但是兔子却已经在心里将胜利归于自己,于是骄傲了起来,忘记了自己仍然在赛场之上,中途停了下来。因为兔子忘记了自己本该做的事情,被即将到来的胜利主宰了,于是它不再是自己的主人。因为骄傲,使得它成为了所有动物的笑柄。而乌龟抓住所有机会,按部就班地走向胜利。在迎接胜利之时,如果还能够把握住自己,那么最后的胜利才能真正属于自己,否则只能成为龟兔赛跑中的兔子。

诸葛亮的一生是鞠躬尽瘁死而后已的,无论他作出了多少贡献,获得了多少美名,他都没有迷失自己,淡定地做着自己该做的事情,也由此成为了历史上有名的军师。有时胜利比失败更能够毁灭一个人,唯有将心放宽,将成功看得淡一些,才能做到不骄傲,做自己的主人,有时成功也许就像兔子眼中的成功一样,还差一步。

著名的作家小仲马,一生之中也仅仅有一部《茶花女》闻名遐迩,当这部剧本上演时,他曾骄傲地对自己的父亲说:"第一天上演时的盛况,足以令人误以为是您的大作。"但此后,小仲马的创作再也没超出过《茶花女》。

生活中处处存在着阻碍,阻碍并不只是挫折和失败,那些都是外界给我们的,往往骄傲带给人们的阻碍是自己内心中设下的,自己阻碍了自己的成功之路。在面对失败之时,要勇于面对,在直面成功之时,更是要放宽自己的心,这样就能够做到胜不骄,做自己的主人。

第4章　心宽者有锋芒,能内敛

有锋芒当然要露,但什么时候露,露多少是有讲究的。如果一个人年轻气盛,初来乍到就显尽锋芒就显得太没有城府了,而且大有可能成为众矢之的。所以,要做一个有锋芒但心胸宽广的人,能内敛,沉得住气,这样才能守得住锋芒。

不张扬,心宽方能藏得住锋芒

虽说要扬长避短,但是也不能太过于锋芒毕露。有能力的人要懂得韬光养晦,守得住锋芒才是明智之举。

虽说有实力要给予充分发挥才是正确的做法,但是也不能不注意实力的隐藏。有些人对于自己的锋芒总是不懂收敛,正所谓枪打出头鸟,一定要正确地隐藏自己的实力,在能够发挥的时候充分发挥。自视过高的人往往难以收敛自己的锋芒,最后成为他人的眼中钉。通常来说,那些难以掩藏自己锋芒的人都容易骄傲自满,过度自信就是自负,最终导致了自己遭遇人生的滑铁卢。

诸葛恪是诸葛亮的侄子,是东吴大将军诸葛瑾的长子。诸葛恪还很小的时候就受到了孙权的赏识,因为他非常聪明,所以被称为神童,刚刚年满二十就拜骑都尉,到了孙亮为太子的时候,他已经成为了左辅都尉,是东官幕僚的领袖。后来,诸葛恪的官越做越大,一直做到了大将军,并且还是太子孙亮的老师。

在孙权死后,孙亮即位为吴国皇帝,作为太子老师的诸葛恪权力更大了。当然,任何一个掌权的人都不可能没有反对者,孙权临死时任命的另一位托孤大臣孙弘就是诸葛恪的死对头。但是掌权之后的诸葛恪收买民心,重整税法,用自己的智慧一步步扩大自己的影响力,使得孙弘除掉他的阴谋始终没有得逞。与此同时,诸葛恪在战场上也取得了不少胜利。在合肥新城之战和东兴之战中,身为大将军的诸葛恪都是凯旋而归。

随着权力的稳固和百姓的崇拜,诸葛恪扬扬得意而且变得越来越自负,而这种盲目自信的心理使得他越来越狂妄自大,不把其他人放在眼里。在东兴之战刚刚结束的时候,诸葛恪不听其他人的劝谏,坚持要趁势攻打魏国,结果造成了骚乱,失了民心。因为过度自负,他相信了敌人的话,使得战役失败,这次失败将他的气焰彻底打压下去。

诸葛恪威信的降低使得当年那些曾经被他打压下去的反对者们又一次看到了扳倒他的希望,可诸葛恪本人却依然沉浸在对自我的崇拜中目空一切。最终,吴国宗室孙俊发动政变杀掉了盲目自信锋芒毕露的诸葛恪,这位风光一时的吴国大将军最终落得个身首异处的悲惨下场。

诸葛恪的能力被当时的人们认可,并且得到了君主的赏识。但是他自视过高,不懂得收敛,这也就是后来在他遭遇失败后失去民心的原因。

自古以来,有能之士不能善终很多是因为功高震主。这个时候即使曾经是过命的交情,也会成为君主野心下的牺牲品。过于聪明的人如果不能够隐藏自己的锋芒，就会让君主感觉到威胁的存在，自然铲除威胁就成为了唯一的出路。

越王勾践是一代明君，他曾经不惜卧薪尝胆以灭吴国。这样的君主自是能够为之效力的。勾践之所以能够成功，除了他个人的能力以及付出的努力以外，和范蠡与文种的辅佐也是密不可分的。在勾践处于人生低谷时，文种和范蠡给了他莫大的支持。

范、文二人都是有能之士，但性格却不相同。吴国被灭之后，他们自然成为了功臣，于是勾践为他二人封赏，想要范蠡做上将军，文种做丞相。这本是苦尽甘来的好事，但是范蠡没有接受封赏，而是向勾践辞了官，远走他乡。虽然勾践再三挽留，但是他去意已决，在他离开之前，他还劝文种和自己一起离开。

范蠡说虽然他们二人立国有功，但是勾践能与人同患难，但是难以共富贵，因为勾践心胸狭窄。他还记得，在他们灭掉吴国之时，吴王夫差曾经打算投降，但是勾践说："昔天以越予吴，而吴不受命；今天以吴予越，越可以无听天之命而听君之令乎？吾请达王甬句东，吾与君为二君乎！吾将残汝社稷，灭汝宗庙。"

当时夫差就曾经说过："飞鸟尽，良弓藏，狡兔死，走狗烹。"范蠡将其记在心上，所以劝文种和自己一起离开，但是文种过于自信，坚持不走。范蠡无奈，只得离去。文种刚做丞相不久，就因功高震主被勾践赐死了。虽然悔不当初，但为时已晚。

文种虽然一心为国，但是因为不懂得隐藏自己的锋芒，使得功高盖主，最终落得自裁的下场。在现代社会当中，已经不会因为这样而有性命之忧，但是道理是相同的。无论是在集体中还是社会上，都需要明白韬光养晦，隐藏锋芒。

聪明人锋芒毕露，更为聪明的人懂得隐藏自己的锋芒。其实不张扬没有那么困难,只要放宽自己的心,将名利全部看得淡一些,就能够守得住自己的锋芒,做一个聪明人。

心宽似海,就需以"中庸之道"成就事业

中庸,可以说是一种比较高的境界,人们容易去追求,却难以追得到。中庸之道是我国伟大的教育家孔子提出来的,"庸"这个字代表着"常",而"中庸"自然就是保持不偏不倚的常态来生活,既不颓废,也不过激。以中庸之道成就的事业,往往是稳固的。

人们虽知中庸之道,却难以深刻理解,所以难以做到。因为现实当中让自己情绪、思想发生转变的东西太多了。其实,如果能够放宽自己的心,什么就都能看淡了,利益也好,功名也罢,都成为身外之物,在自我实现的过程中成就自己,以中庸之道走出自己璀璨的人生。

从前有一位得道高僧,在他感知自己即将离世之后,这个消息立马就传到了四面八方。

敬仰这位禅师的人们纷纷聚拢来到了禅师所在的寺院,甚至是朝廷也派来了人。这位禅师看着众生淡然地笑着说道:"我来到这世间,修行的过程中却落得一身闲名。如今我的生命即将逝去,躯体也会腐朽,那么这一身闲名也可放下了。你们之中有人能够替我除掉这闲名吗?"

禅师的话一出,就让一院子嘈杂的人群顿时安静了下来。大家都在思考,如何帮助禅师实现愿望。此时一名刚和这位得道高僧修禅不久的小和尚站了出来,他先向着禅师恭敬地鞠了一躬,然后问道:"请问这位和尚,你的

法号是什么?"

小和尚刚说完,就遭到了各处投来的不满目光,一时安静的院子再次喧嚣起来,有人说小和尚目无尊长,对高僧不敬,也有人埋怨小和尚太年幼无知。可就在大家激烈讨论的时候,禅师满意地笑了,他释怀地大声说道:"如此一来,我就再也没有闲名了,我也可以放心去了。"于是这位得道高僧就此圆寂了。

在禅师圆寂之后,小和尚的泪水才流了下来,既是怀念自己的师父,同时也为能够除去师父闲名而感到幸福。众人看到小和尚哭感到十分不解,于是质问小和尚为何连自己师父的法号都不知晓,如何修禅。小和尚回答说:"他是我最敬爱的师父,我怎么可能不知道师父的法号呢?只是师父想要放下闲名,如此一来,师父便真的放下了。"

中庸之道重在自我修养,同时也追求"天人合一",若想以中庸之道成就一番事业,就要像那位得道高僧一样,忘却自己的闲名,虽然他放下了自己的闲名,但是却被后人所记得。

如果过分注重自己的功名利禄,那么难以静下心来修禅,自然不能达到高尚的境界,唯有选择中庸,才能向着成佛的道路迈进。老禅师一生追求的都是一种境界,芸芸众生对他来说都是平等的,无论是首富商贾,还是名流贵胄,他所要成就的事业就是寻佛修禅,也正是因为如此,才能成为得道高僧。

若要成就一番事业,就不能着眼于名利物质,只要走着中庸之路,一步一步稳健地前行着,不骄不躁,不偏不倚,最后一定能够成功。有的时候过于重视什么而去追求可能就会偏离正常的方向,唯有心宽似海,才能坚持在中庸之道上向着成功迈进。

有一位年事已高的得道高僧,他是一座非常大的寺庙的住持,他决定在自己离去之前先安排好接班人。

这天，高僧将两名弟子叫到跟前说："咱们寺庙外面有一个悬崖，我派人用绳子将你们送到悬崖底下。你们从下往上爬，谁爬上来了，我住持的位置就传给谁。"

两名弟子来到悬崖底后，便开始努力往上爬。第一名弟子身强体壮，他坚信只要努力自己一定能爬上去。可没想到还没有爬多高就摔了下来，他当然不服气，于是继续攀爬，即使他很小心，但还是摔了下来。重复了几次都是一样的结果，因为悬崖太过陡峭湿滑了。可他没有放弃，还是不断努力往上爬再不断地掉下来，直到他摔晕才停止继续攀爬。

第二名弟子开始也想着往山崖上方爬去，可尝试了几次也都失败了。于是他停了下来，坐在地上开始思考，这石壁太过陡峭，根本不可能爬上去，师父真的是要以这样的方法决定吗？思考的时候他四处打量，这时他突然站了起来，扭身向山下走去。

山上的人都纷纷议论，认为这名弟子可能是放弃了，可过了一会儿后，大家发现他已经回到了寺庙中。原来这名弟子发现山下有一条小路，就顺着那条小路返回了寺庙。

结果也出乎大家意料，高僧将住持之位传给了第二个弟子，因为第一个弟子过于偏执，而第二个弟子懂得平复内心后悟到真理。要知道，只有不被虚无困住，才能够达到超脱的境界。

过于执拗并不能达到目标，有时要学会变通，不要思考过多，将心放宽便能寻得出路。正如高僧所说，一切皆空，人们往往被虚无所纠缠，执著于做不到的事情，坚持着错误的方向。

人们有时会像高僧的第一个弟子一样被规则所束缚，于是一味地按照所谓的规则行事，但是却不能够达成目标，越是难以达成，越是放弃思考，而盲目坚持。如果能够放宽心，做到平和的心态，那么就能够找到自己的规则，走自己的路。

坚持中庸之道，必定可以找到属于自己的原则和处世方式，不会被世俗所累，能够平和地走向成功。心宽似海，便能以中庸之道成就自己的事业。

低调是成就伟人的制胜法宝

"做人要低调"俨然已经成为了眼下的一句流行语。想要过得幸福一点，就要尽可能低调一些，喜欢活在风口浪尖的人，通常都会被人们所关注、所议论。

做人低调一些，生活也就能够恬淡一些。人们无法控制他人对自己的关注，却能够决定自己的行事作风，并非有名有利的人就会成为众人的焦点，只要自己能够保持低调的作风，那么平静的生活就不会被打破。做人低调并不困难，只要将心放宽，自然就能够学会内敛，遮住自己的锋芒。

人们所敬仰的居里夫人和她的先生为人们作出了卓越的贡献，因此他们也被人们广为传颂。即便是这样，在日常生活中他们仍然保持着低调的作风，过着深居简出的生活。比起四处应酬，他们更愿意将大部分的时间和精力投入事业当中。居里夫妇声名显赫，但是从未张扬，除了必要的场合之外，连聚会都极少参加。

有一次，一位记者准备采访居里夫人。她听说居里夫妇生活在一个小城中，于是就到那里去寻找。到了居里夫妇所在的小城之后，这位记者在街道边看到了一所简陋的房子，门口坐着一位打扮随意的农妇。她上前询问居里夫妇住在哪里，听到询问的农妇抬起头，这时记者才发现，这名穿着简朴随意的农妇就是居里夫人。她马上为自己的失礼道歉，但是居里夫人只是报之一笑，没有丝毫不快，接着邀请她进屋了。

事实证明，居里夫人的低调是由内而外的，所以才能平易近人，让记者真的误认为她只是一名普通的农妇，于是成就了这一段佳话。低调，只是一种表象，隐藏在低调之下的，往往是一个人宽广的胸怀，如果只将低调挂在嘴边，心中仍然认为自己是特别的，并时常骄傲自满的话，那么行事难免会变得张扬，难遮锋芒。

锋芒毕露未必是件好事，而不懂隐藏自己实力的做法更不能说是一种智慧，相比之下，低调的处理方式就明智多了。有才能，不一定非要显露出来，懂得韬光养晦才能为自己的成功打好坚实的基础，铺垫平坦的道路。

曹操与刘备都是非常有名的人物，是一方霸主。无论是在历史上，还是在小说中，他们都是才德兼备的英雄。刘备曾经在走投无路的时候投奔了曹操。

一山难容二虎，曹操知道，刘备也知道。但是曹操求才若渴，所以在刘备投奔了自己之后希望刘备能够为自己效力，而刘备也选择配合，在曹操面前他表明自己没有野心，胸无大志，甚至开垦了一块田地，种起了菜。因为懂得收敛锋芒的道理，所以在曹营刘备暂时过上了安稳的日子。

有一次，曹操准备了一桌酒菜，也许是试探刘备是否真的没有野心，也或许是怀柔政策，席间他问刘备："玄德兄，你说当今世上谁是英雄？"刘备心中一惊，想到也许曹操开始怀疑自己，于是就打起了太极，不提及自己的雄心壮志。曹操见刘备绕圈子，又对刘备说："当今世上，称得上英雄的唯有你我二人。"

曹操说完，刘备一惊，手中的筷子就掉到了地上。正在这个时候，雷声大作，刘备像什么都没有发生一般低头捡起了筷子。曹操问刘备怎么了，刘备说："没什么，刚刚一个惊雷，吓到我了。"曹操闻言大笑，说刘备胆识不够。就这样，刘备掩饰了自己的惊慌。

在酒宴之后,刘备仍然打理菜园,另一方面韬光养晦。因为他懂得低调的智慧,收敛锋芒,所以骗过了曹操,在敌营为自己赢得一条生路。

低调到了极致就成了一种隐忍,成了保全自己的铠甲。要想保留实力,就需要学会收敛,锋芒毕露的人只能将自己的能力、计划暴露出来,曹操因为太过锋芒毕露,所以让刘备察觉到了自己的打算,给了他准备的时间和机会。想要自己能够走得顺当一些,就要准备充足一些,唯有不被他人打乱步伐,不被环境所烦扰才能如愿,低调一些,便能留出一块安静思考的空间。

安静地走自己的路,过自己的生活,做自己的打算,保持一种冷静,宽容看待一切,自然成就了自己内敛的性格。名利面前,是非当中,要学会放宽自己的心,将这些看得淡一些,也就不难做到低调处世,低调做人。低调,未尝不是一种成就伟人的良方,将心放低,终有一天能达到辉煌。

虚荣是如梦繁花,灿烂绽放必然凄惨凋零

泰戈尔说:"生如夏花。"假如人生本就是灿烂的,理应光彩绽放。可人们似乎常常不满足于此,总认为自己的人生太过平凡,于是难逃浮夸的表面,并竭尽全力去追求海市蜃楼的繁华,去追求看到摸不到的镜中花,水中月。殊不知,一切诱惑只不过源于我们的虚荣心。

其实,虚荣心所指向的东西通常并非我们真心需要,它就如梦中的繁花,绽放得越灿烂,凋零得也将越凄惨。一旦梦醒时分,你曾经的期望将化作乌有,只留下诸多悔恨。

在莫泊桑的笔下，有一个因为虚荣而将自己推入深渊的人，她叫马蒂尔德。

故事中的马蒂尔德漂亮而优雅，只是没有优越的生活，因为她没能生在一个贵族家庭，也没能嫁给一个商贾贵胄。她的丈夫只是一个普通的小职员，微薄的收入也只能勉强度日，她没有多余的钱来经营她美丽的外表。她不喜欢同学聚会，因为那会让她感觉痛苦，看到自己的女同学嫁给了有钱的男人，穿金戴银，会让她难受不已。

每次吃饭马蒂尔德都会将自己窄小餐桌上的简单食物幻想成珍馐佳馔，想象着有服侍她用餐的仆人婢女，有精美的壁画，有名贵的烛台……她陶醉在想象之中，然后疯狂忌妒着拥有这些的人，她同样美丽，却没能过上相应的生活，这让她不平衡。

马蒂尔德能够进入上层社会的机会终于来了，因为她丈夫的上司要举办一场舞会，而他的丈夫想办法拿到了一张请帖。为了这个舞会，她丈夫拿出了准备买猎枪的钱为她订制了一条新裙子，然而有了礼服的她并没有满足，为了和那些阔太太们媲美，她还想要一件像样的珠宝首饰，可是那样的开销他们承担不起。

最终，马蒂尔德决定向她有钱的朋友借一件珠宝首饰。在众多的珠宝中，她选择了一条精美的钻石项链，带着这条项链，她参加了她梦寐以求的舞会。舞会上的她成为了全场的焦点，她有着美丽的外表，甜美的笑容，男宾们争相和她跳舞，她在舞池中旋转，陶醉其中。

然而舞会结束，马蒂尔德还在回味的时候，意外发生了，她从朋友那里借来的钻石项链不见了，在找遍任何地方无果的情况下，他们开始设法赔偿。通过四处借钱，终于买到了一条一样的项链，但是为了偿还债务，之后的十年他们都在辛苦工作。还清债务之后，马蒂尔德已经不再美丽，过度劳累甚至让她看起来比实际年龄更加苍老。当她再次向朋友提起那串让她不幸的项链的时候，才知道那串项链不过是个仿品。

马蒂尔德仅仅为了满足一时的虚荣，付出了半生的代价，如果让人们选择，相信没有人会愿意用自己有限的人生去换取没有意义的浮华。

其实，真正让人生闪光的不是表面的一切，而是自己一步步走过的旅程。假如有一笔钱能够随意支配，人们会怎样做呢？有人也许会买一件足以在他人面前炫耀的名牌，可是这件名牌丝毫不能改变原来的生活。生活很忙碌，每个人都有自己的生活，不会一直关注着别人。即使自己曾经因为名牌受到他人的关注，那也不过只是别人茶余饭后的闲谈，很快便会被遗忘。虚荣心不过能够满足自己一时的炫耀心理，对自己的人生而言，没有任何意义，不仅如此，它还可能诱导我们走向毁灭。

我们要明确自己人生的精彩是什么，不能被表面的浮华蒙蔽了双眼，如若不然，只会荒废掉自己的未来。

从前在一片山林中，有一群枯叶蝶，其中的一只枯叶蝶曾经见过美丽的蝴蝶标本，在看过之后，它就希望自己能够成为一只漂亮的蝴蝶，吸引众人的目光，让所有蝴蝶羡慕。它每天想，每天盼，一直祈祷着。终于有一天，善良的天使实现了它的愿望。它终于成为了美丽的蝴蝶，它的美丽无与伦比，长长的凤尾，鲜艳的色彩，美丽的图案，在一片荒凉的森林中，它的身影就如同仙子一般。

一天，这只蝴蝶落在了一截枯枝上面，它发现枯枝上面栖息着一只枯叶蝶，想到自己不再是枯叶蝶，它就炫耀式地在枯叶蝶身边盘旋。

枯叶蝶非常不解，于是问蝴蝶："你为什么这么高兴呢？还要这么张扬地飞来飞去。"

蝴蝶回答说："我当然开心了，因为现在整片森林中我最漂亮，你看看你们，就像是枯叶一般毫无光彩，只能栖息在枯枝上过活，真是可怜。"

枯叶蝶又说："正是因为装扮成枯叶我们才能躲过天敌的眼睛，你这么鲜艳的颜色简直就是一种危险……"话还没说完，远处飞来了一只鸟，枯叶蝶马上安静地装成了枯叶,而美丽的蝴蝶则成为了鸟的盘中餐。

蝴蝶因为自己的爱慕虚荣,才招致了毁灭。虚荣是一把看不见的刀,对自己的未来是一种潜在的威胁,只追逐梦中的繁花必定看不清现实。

人生的旅程很漫长,我们需要背负的有很多,同时也要抛弃掉没用的一切。虚荣,就是我们人生中应该要舍弃的东西,它对于我们没有任何价值,只能成为我们前进的负累。

没有看不开的事,也没有接受不了的现实,要改变,就要从现实入手。客观地看待自己的虚荣心,就会发现,虚荣所描绘的美景只是梦里的繁花而已,过分虚荣,只会导致自己的梦想之花枯萎。不妨将表面的浮华看淡一些,抛弃无用的虚荣,向着明天努力,让自己的人生华丽绽放。

低头方见水中天,退步原来是向前

向前是人的一种本能,然而退后也是人们的一种能力,这两种能力并存是为了让我们在遇到问题的时候能够多一种选择。退后并非就是错的,跳远运动员在起跳前为了跳得更远,都会为了获得助跑的空间而向后退,所以有时,后退才是向前。

在困难面前,有坚韧不拔的精神是好的,但这并不代表只有向前硬闯才能跨过障碍。学会换一种方式,也许能够更快达到目的。如果眼前的障碍实在太高,迈不过去的时候怎么办呢?如果只想着从上面通过,那么可能会浪费很多时间,或者无功而返,这个时候,学会低头,也许就能够从障碍下面钻过去。比起通过的方式,达成目的更重要。

在希腊，有一个古老的神话。从前有一名大力士叫做赫格利斯，他是一个英雄，力大无穷，没有人能够挑战他。在他的字典中从来没有妥协，他所向披靡，唯一让他觉得遗憾的就是他从来没有遇到过足以成为他对手的人。

有一天，赫格利斯在山中行走，正当他思考问题的时候，突然被脚下绊了一个跟头，他感到非常气愤，于是站起来寻找罪魁祸首。他四下寻找后终于发现，那竟然只是一只布袋而已。从来没有人能够战胜他，但今天却被一个布袋给绊了跟头。

赫格利斯异常气愤，于是一脚踢了过去，本来他只是泄愤，没想到这个袋子非但没有被踢走，反而像是气球一般膨胀了起来。赫格利斯快要气炸了，区区一个布袋，竟然也敢向他示威，于是他又找到了一根木棍，狠敲布袋，布袋一直膨胀，一直膨胀，直到挡住了整条山路。他力气消耗很大，但是布袋仍然丝毫没有泄气的样子，就连他向前冲也会被反弹回来。

终于这时一个智者路过了，见到赫格利斯这样气喘吁吁非常不解，经过赫格利斯的解释，智者笑了，然后对他说："勇士啊，你脚下的布袋是'仇恨袋'，你越是气愤，越是向前闯，越是过不去，你不去理会它，退后一些，过一会儿就能够过去了，何必为了一个小小的布袋累成这个样子呢？"

生活中也存在着许许多多的"仇恨袋"，在人们遇到时，可能会抑制不住自己的情绪硬是要分个高下，结果白白浪费了自己的时间，耽误了自己的行程。其实，在前行的过程中遇到阻力时，我们不妨停下脚步想一想良方，而不是靠着自己的倔犟硬是向前冲。解决问题才是我们的目的，为了达到目的低头也是一种选择。

赫格利斯所向披靡，却也被一个布袋阻碍了前行的道路，更何况是我们。在遇到问题的时候，有时坚持未必能够达到目的，妥协反而能够让我们走得更远。要看天，除了抬头之外，也可以选择看路边的水洼。只要能够达到自己的目的，无论是哪一种方式，看到的天都是无差别的，妥协，未尝不是一种进步。

有一位华人武打明星,当年他只身闯好莱坞,除了一身功夫之外,在那里没有一丝的名气。没人重视他也没人看好他。经过努力,他终于得到了一家电影公司的邀约。

虽然机会非常难得,然而片酬却不高,只有1000美元而已,不仅如此,在这部电影中,还完全颠覆了这位武打明星的正面形象。当时的他已经红遍亚洲,这样的片酬对于他来说甚至是一种侮辱,于是他表示需要思考。思量再三过后,他认为虽然条件太过苛刻,但是从未来的发展考虑,还是能够接受的。

然而,事情出现了变故,电影公司看到武打明星再次回头同意参演,就将原来的片酬降低了550美金。这时的他不得不重新考虑自己是否需要再次妥协,再次思考的结果是,机会比金钱要重要,也许现在的他受到了不公的待遇,但是因为机会实在难得,没有机会就什么都没有。所以他还是决定参演。

没想到电影公司出尔反尔,落井下石,再次降了250美金。这样片酬就成为了当时的一半,而且其中包括各种费用。这次武打明星几乎没有任何犹豫就接受了这样的不公待遇,因为在好莱坞,一个人的实力标准就是票房号召力,现在的他还没有名气,所以难以谈身价,唯有先迈过这道坎,才有可能成功。

果然,这名武打明星的决定是对的。在这部电影上映之后,他的表演受到了广泛的好评和赞扬,他也成为了仅次于男主角的明星。就这样,他的身价倍增,这家电影公司再次邀约,这一次不再是配角,而是主角。他的被动地位一下子就反转了,选择权也到了他的手中。他成功了,通过妥协和退让,他成功打开了好莱坞的大门,而他第二部戏的片酬也到了10万美金。

武打明星通过妥协退让为自己敲开了好莱坞的大门,也正是这个机遇，让他的事业得到了进一步的发展。在问题面前，要考虑到自己手里的砝码，当砝码不足的时候，要学会妥协，这样才能给自己继续前行的机会。成功不是必然的，没有人可以一马平川地走向胜利，只有懂得退让和低头才能走得更远。

有时我们抬头会被耀眼的阳光晃得睁不开眼，但是低下头，却能够从水中看到广阔的天际。人要学会妥协和退让，没有不能够容忍的事情，只有不能够容忍的心情。试着放宽自己的心，学会低头和退让，才能走向更广阔光明的未来。

第二辑
心平如海

"春有百花秋有月,夏有凉风冬有雪,若无闲事挂心头,便是人间好时节。"这首佛家偈语看似平常,却一语道破了世俗之事,即告诫我们若有一颗平常心,那么一年四季时时都是好时节。所谓平常心,就是遇成败不骄不躁,遇不平不愠不恼,凡事不生气,不抱怨,不忧虑,不冲动,不纠结。做到了以上这些,你便能心平如海,达到一个非凡的境界。

第5章　心平者不生气，生气则乱

　　心不平，则气不顺，气不顺就要生出来，一旦生起气来，就不是能随便掌控的了，到了那时，伤了别人也害了自己。等到事后平心静气想来，又会埋怨自己，当时为什么要生气，以至于落得如此尴尬境地。其实，一切都只不过因为你心胸不够宽，心气不够平。

心宽一点，让迷失的心灵找到家

　　有的时候，人们难免会在消极情绪中迷失。因为一时的情绪很有可能影响到人们的思维和理性，最终沉溺其中难以自拔，心灵往往就在这些消极情绪中迷失了。于是，我们伤心，愤怒，以至于找不到心灵的路标，感到疲惫不堪，无所适从。其实，一切皆因我们不能将心放宽。

　　有一条美丽的小鱼，在它很小的时候就被渔人捕到了。渔人看它长得很可爱，便当做生日礼物送给了邻居女孩。小女孩从此有了玩伴，她小心翼翼地把小鱼放在一个精致的鱼缸里养起来，整天与小鱼朝夕相处。然而，小鱼并不快乐，因为这个鱼缸太小了，游来游去就会碰到鱼缸的内壁，这时小鱼就会十分不悦地甩一甩尾巴躲开了。

小鱼越长越大，也变得越来越漂亮，小女孩就更喜欢它了，可是这个鱼缸对它来说就显得太小了，甚至连转个身都很困难。小鱼就更加烦闷了，甚至连动一下身子都不愿意。小女孩似乎看出了小鱼的心事，有一天，将它从水里捞出来，放到了一个更大的水缸里。

小鱼终于能游动身体了，可没过几天，它发现自己仍然游不了几下就能碰到内壁。当它碰到内壁的时候，又会心情不爽。它实在讨厌极了这种转圈圈的生活，索性悬浮在水中，一动不动，也不进食，一心求死。

女孩看到小鱼这个样子心里非常着急，便把它放回了大海。它在海中不停地游着，可心中依然快乐不起来。一天，它游着游着碰到了另外一条鱼，那条鱼问它："你看起来闷闷不乐的样子，难道在这无边无际的大海里生活不够自由吗？"它叹了口气说："唉！这个鱼缸太大了，我怎么也游不到边上了！"

就像在鱼缸里待久了的小鱼一样，它的心变得跟鱼缸一样小，因此不敢有所突破。等到有一天，到了更为广阔的空间，已变得狭小的心反倒无所适从了。其实，心有多大，世界就有多大，如果不能打碎心中的壁垒，即使身在海洋，你也找不到自由的感觉。

苏轼的友人在家里养着一名歌女，唤作流朱。这歌女不但能歌善舞，面容姣好，而且还十分善于应对。这年，苏轼的友人一家因为迁官要去岭南，流朱也便跟随去了。几年之后，友人迁回故乡，流朱也便跟了回来。

一次，苏轼拜访友人见到流朱便问她："岭南的风土应该很不好，姑娘跟着受了不少委屈吧！"不料流朱却莞尔一笑，答道："此心安处，便是吾乡。"苏轼听了，心里大有所感，随即填了一首词，这词的后半阕是："万里归来颜愈少，微笑，笑时犹带岭梅香。试问岭南应不好？却道：此心安处是吾乡。"

在苏轼看来，荒凉偏远的岭南不是一个好地方，流朱却能把它当成故乡安然处之，不气愤，不懊恼，不埋怨。大概也正是因为这个原因，从寒苦地方回来的流朱看上去似乎比以前更加年轻了。笑容也像是带着岭南梅花的馨香一样，这便是随遇而安，为迷失的心灵找到了一个落脚的地方。

心灵需要一个港湾，需要一个家，唯有心平如水，才能够帮自己的心灵寻找一个港湾。每个人都有自己的价值，如果太在意那些外在因素，往往就看不清眼前的一切，包括自己的价值。如果能够让心态平和一些，找到自己的价值，才能为自己创造出一片属于自己的天地，才能让迷失的心灵找到归途。

现实生活中，有的时候人们会自寻烦恼，常常无法面对自己不能胜任的事情或是自己的弱点缺陷，并为此沉浸在消极颓废的情绪中。殊不知，这样一来，往往也就忽略了自己本身的优点。心情也是一样，如果总把眼睛盯在那些消极和不完满的方面，那么你就永远无法快乐起来，这并不是因为没有能让你快乐的东西，而是你把快乐忽略了。

每个人都有喜怒哀乐，有时会开心，有时会愤怒，这些都是正常的现象，但是如果一味沉浸在情绪中不能自拔的话，就会扰乱自己的心，心不平，就难以自制，也就迷失了方向。

日常生活中，我们不妨学会调整自己的情绪，要想做到不生气，就要有平和的心态，若想培养平和的心态，那么就要放宽自己的心胸。心里豁达了，自然就平和了，也就能够让迷失的心早日回家。

他强任他强，清风拂山岗

　　人们对于攀比似乎总是乐此不疲，对于不如自己的人，倒是可以慷慨地拿出同情心和爱心，但是对于比自己强的人，却不能平和以待，就会出现妒忌、愤怒等各种消极的情绪。

　　其实，别人是好是坏对自己并不会造成任何影响，常言说得好，走自己的路任他人评说。人生就像一场马拉松比赛，在行进的途中，难免会有比自己走得快的，也难免有比自己走得慢的，如果你刻意去关注他人的进度，只会放慢自己的脚步。

　　很多时候，我们之所以感到生气、烦闷、不幸福，往往是因为眼中只盯着他人过得如何的好。其实，每个人都有自己的辛酸和苦楚，别人风光的背后说不定隐藏着常人难以想象的艰难呢？而我们又何必盯住不放，乱了自己的步调呢？他人强就把他当成风拂山岗一样，任他去拂，走好自己的路才是明智之举。

　　众所周知，佛陀历经了无数次的轮回最终才能修成正果。一次，他十分好奇世上的众生对于自己此世的修行是否满意。于是他就问了天下苍生一个问题，如果给他们重新选择人生的机会，他们将如何选择。结果众说纷纭，答案也出乎佛陀的预料。

　　猪说："如果有来生，我愿做一头牛，虽然每天辛苦劳作，起早贪黑，但是却能获得勤劳的美名,而猪却被人们认为是愚蠢的象征。虽然我们不用劳动,但是每天担惊受怕,生怕哪一天就被送到屠刀下。"

牛说:"如果重新过活,我选择做一头猪,我们每天都累死累活地工作,才能换得食物,而猪每天只需要吃了睡,睡了吃。"

猫说:"有来生,我做老鼠,虽然主人供养我们,但是如果没能逮到老鼠,也会面临着被遗弃的危机,如果我们偷吃了东西,就会被教训。哪有老鼠那样自由自在?"

老鼠却说:"重新活,我就做猫,每天游戏一般欺负老鼠,有主人供养,哪里像我这样,为了一口吃的都要冒着死的危险。"听了动物的话,佛陀又问了人,没想到,人的回答一样有意思。

原来,男人愿意做女人,因为可以不用那么辛苦,可以控制男人;而女人则期盼着能够成为男人,这样一来就可以蛮横,可以有至上的权力,还能够驱使女人。佛陀看完之后,只是叹了口气,说道:"人为什么总以他人之长比自己之短?只知这样,来世又怎能丰富充实?"

其实换个角度来看,上面故事说明了这样一个道理,即每个人都有着别人羡慕的地方,自己并非是一无是处的。这就是在告诉我们,不能只看到他人的长处,他人强是他人的事,自己还要走自己的路。过好自己的生活,就要将心态放得平和一些,这样才能够不去过于关注他人的强项,于是忌妒、羡慕等令人烦恼的种种,就像是微风吹过一般,并不能在自己的心中引起惊涛骇浪。

过于关注他人的"强",自然就会在意自己的"弱",其实你并没有那么弱,这一点,只有等你不再在意他人的强时,大概才会领悟了。

从前,有三个女孩,她们志趣相投,非常合得来。她们喜欢一样的衣服,都爱好画画,甚至连喜欢的颜色都相同。就是这样彼此默契的三个女孩,升入高中以后,陷入了友情危机。原来三个姑娘喜欢上了同一个男孩,男孩长得帅气,开朗又阳光,她们都被他迷住了。

于是三人约定,从那时候开始,要尽自己的所能去追求属于自己的幸福,如果有一个女孩成功了,那么另外两个女孩就要祝福。约定达成,她们便开始了各自的努力。

男孩恰巧也喜欢画画,于是她们都准备和男孩考入同一所大学。激烈的竞争开始了,但是竞争似乎只发生在其中两个女孩之间,而第三个女孩表现得非常从容,她还像往常一样按照自己的步调进行,不去关注另外两个女孩的举动。另一方面,开始激烈角逐的两个女孩,甚至因为对方穿的裙子让男孩多看一眼,就会在心中产生愤怒甚至是忌妒,然后从中报复……

日子很快过去了,三年后,两名互相竞争的女孩因为没有把心思花在学习上而高考失利,最终目送第三个女孩和心爱的男孩进入同一所大学。而再回头看,两个互相竞争的女孩已经再没有了友谊,从前的美好再也回不去了。

为了追求属于自己的幸福而做出相应的努力,这本身没有错,只不过前两个女孩太在意别人的言行而忽略了自己。第三个女孩就做得很好,她从不去看别人做了什么,只注意自己的步调,所以才能按计划向着目标前行,最终实现了愿望。

其实,世界如此之大,没有一个人绝对优秀,也没有一个人绝对不优秀,他人强,就让他去强,淡然一笑就可以了,没有必要为了他人的长处而劳心费神去冥思苦想、去忌妒、去愤怒。把时间浪费在他人身上,不如用在自己身上。

他人强，就由着他人强，自己按照自己的步调前行未必不能超越他。只要将心态放平和一些，自然就不会被那些不必要的东西挠了心智。心态平和一点，心宽一点，自然就不会太计较其他了。这时，当你遇到任何事情，也都能像清风拂面一般，不会影响自己前行的步伐。

因为怒了，所以一切都乱了

人出生便有七宗原罪，饕餮、懒惰、傲慢、色欲、贪婪、妒忌还有愤怒。原来，愤怒也是一种原罪。愤怒不仅仅是情绪上的发泄，更是让人心灵变得丑恶的罪魁祸首。愤怒不但会让人自乱阵脚，更会让人滋生仇恨。

有时候，因为愤怒，一切理智都将燃烧殆尽，人们一旦失去了准确而理性的判断，只会走向危机。反过来说，如果你能够克制住情绪不愤怒，那么就能够保持理性的思维，就会避免一切危机和绝境了。

愤怒百害而无一利，对改变自己的困境和现状没有任何实质性的帮助，还有可能因为愤怒产生的慌乱而造成不可弥补的错误。我们唯有保持平和的心，不愤怒，才能进行最客观而理性的思考。

春秋时期，郑国的国君郑庄公虽然身为君主，却不被自己的母亲喜欢和看重。原来，她的母亲在生他的时候遇到难产，差一点丢了性命，为此一直认为他是个不祥之人。

郑庄公有一个弟弟，叫做共叔段，非常受母亲的宠爱，母亲还试图劝说郑庄公的父亲把王位传给他。最后,虽然她的劝说没能成功,但仍然十分袒护小儿子,想尽办法为小儿子谋权力和地盘,甚至还要求郑庄公把京城一半的土地分给共叔段。对于一个君王来说,怎么能容人这样无理的要求呢?但郑庄公不但没有一点愤怒,却答应了。

在许多人看来,他对此应该愤怒的,他也有权愤怒,同是母亲的儿子,自己却没有感受过丝毫的母爱,还受到了母亲这样的排斥;他应该愤怒,愤怒自己的母亲帮着弟弟滋生谋忤逆之心,但是他保住了自己的理智,决定不动声色。然而,他的处处妥协不但没有换来母亲的不忍,反而使她更加张狂地帮助共叔段扩张权力了。

当朝臣子有的实在是看不下去了,便劝郑庄公讨伐共叔段,但郑庄公只说了一句话:"多行不义必自毙,子姑待之。"原来,郑庄公一直在暗中做着准备,他明白,如果自己公然讨伐弟弟,很可能遭人话柄,认为自己是不仁不义之人,而讨伐自己的弟弟则必定会涉及自己的母亲,这样他又会成为一个不忠不孝之人。所以他要等一个名正言顺的理由。

终于在他母亲和弟弟意图谋权篡位的阴谋显现之时,郑庄公一举讨伐,拿下了共叔段。

愤怒不能改变任何既定的事实,如果这个事实让人愤怒,那么就要学会平复心中的愤怒,因为愤怒不能帮你找到任何解决方法。比如,人们常常因为误会而感觉到愤怒,其实只要将心放宽一些,让心变得平和一些,自然就能解开心结,不会因为愤怒而做出错误的行为。

西晋司马炎当朝时期,有一名战功显赫的将军叫石苞。历朝历代,手握兵权的将军都有着非常重要的地位,也非常容易招致君主的怀疑,石苞正处于这样的位置。当时天下大乱,还并未统一,吴国也占有一席之地,经常进犯西晋。石苞作为当朝大将,为了防止吴国进犯,常年驻守边防。

正所谓山高皇帝远,更何况他手握兵权,这就给了小人以可乘之机,那些妒忌石苞的人便开始在他背后污蔑诋毁。其中一人就是王琛,他对司马炎说石苞怀有二心,有谋反的意图。恰逢这时,信奉风水的司马炎听到了一名风水师的预测,说边防之地将有大将谋反,如此一来,他便开始怀疑石苞了。虽然石苞历来是个靠得住的人,但处在君主的位置上,他不得不防。

没多久,司马炎收到了吴国将大举进犯的消息,此时石苞派出的探子也给他带回了同样的信息,于是全部心思都放在了部署备战上。

没想到这更增加了司马炎的怀疑,因为敌人来犯的消息还不曾传出,而石苞此时部署备战岂不是为谋反准备?于是司马炎集合了自己的军队前去征讨,一心为国,却遭到君主怀疑的石苞遇到这样的情景当然应当愤怒。但理智战胜了愤怒,他还是平复了自己的心,然后放下武器,独自出城,没有任何反抗,也没有任何反驳。

司马炎并不是一个昏君,他在得知此事后,进行了一番思考,原本石苞谋反就只是一个传言,但如果他真的要谋反又怎会不战而降呢?而且,直到最后吴国的援军也没有赶到。如此思考过后,司马炎终于解除了对石苞的误解。

其实,石苞当时手握重兵,一旦愤怒了,完全是有能力将误解变成现实的,但是他没有这样做。因为他及时平息了心中的愤怒,所以才能进行理智的思考,最终找到证实自己清白的办法。

愤怒,足以燃烧一切,愤怒是一把自我毁灭的大火。只有看清了形势,才能找到解决的方法,要想做到不怒不乱,就要平复心中的怒火,心宽一点,便能平和一点,便能抑制住自己心中的愤怒,让头脑一直保持清醒。

不生气，活出一份潇洒

人生在世不过几十年，与其每天忧心忡忡地挨日子，不如潇洒开心地享受日子。愤怒只是一时的情绪而已，对于问题的解决并没有实际意义，还会让我们心中产生痛苦。有时因为我们放任自己的情绪发展，所以才让消极情绪有机可趁，让我们越来越恐惧未来，越来越感到绝望。与其在痛苦中打转，不如从源头消灭这种不良情绪，让自己过得快乐起来。

在人生的旅程当中，难免会遇到困境，面对困境的时候，我们需要的是内心的强大。仅仅靠抱怨、愤怒并不能让困境有所改变，而态度却可以，潇洒，正是这样的一种态度。在遇到让自己感到愤怒的事情的时候，我们可以选择不生气，这样，令人愤怒的事情也就没有了存在的基础，那么再没有什么能够阻碍我们内心的幸福。

在希腊有一个古老的神话，从前有一名叫做西绪弗斯的国王。因为触怒了宙斯，所以这位王遭受了宙斯给予的惩罚。他需要将沉重的巨石推上山顶，每当他将巨石推到山顶之后，巨石又会滚落下来。这种无止境的惩罚对于他来说简直是人间炼狱，他对宙斯这种残酷的惩罚感到愤怒。

如此反复，西绪弗斯再也没有了自由，除了愤怒、绝望之外，他再也没有了其他情绪。他日复一日地重复着相同的工作，周而复始地承受着永无止境的惩罚。

有一天,当西绪弗斯重复进行这种繁重劳役的时候,无意间听到了鸟叫的声音,他抬头看见了蔚蓝的天空,同时闻到了花香,此时此刻,他才注意到在他周而复始的工作当中环境一直在发生着变化。

在这之前,西绪弗斯每天都沉浸在自己的情绪之中,自怨自艾。在他明了了这些之后,气愤就在他的情绪当中消失了。即使是繁重的劳役,也不能影响他分毫,他不再咒骂宙斯,也不再对自己的劳役感到痛苦。在艰苦的劳动中他注意着季节的变换,有时听听鸟语,有时闻闻花香。下雨的时候听雨声,下雪的时候欣赏雪花,还不时地欣赏自己因为劳动而锻炼出的优美肌肉线条。即使是惩罚,他也走得昂首阔步,俊逸潇洒。

就在西绪弗斯学会享受生活之后,奇迹也伴随着出现了,当他最后一次将巨石推上山顶后,巨石竟安安静静地停在了那里——诅咒消失了!巨石没有再次滚落山底,他的惩罚也到此为止了。因为这样的惩罚已经不能带给他任何影响。他终于彻底解脱了,重新获得了自由,之后他便开始了另一种潇洒的生活。

除了你自己,没有人能够阻碍你的幸福。西绪弗斯因为永无止境的劳役而感到愤怒,咒骂宙斯,然而事实是他仍然要承受着这样的惩罚,同时还要受自己情绪的折磨。有时现实我们无从改变,但是我们能够改变自己的心境,将一切看得平淡一些,那么愤怒的情绪自然也就能够平复下来。在我们不受愤怒控制的同时,幸福生活就已经到来了。

有时麻烦是自找的,因为不能保持比较平和的心态,所以遇到事情容易生气。如何看待一件事全在我们自己,遇到不公平也能不生气,自然能够潇洒度日。如果锱铢必较,遇到什么事情都生气的话,那么注定要在痛苦中过活。

从前有一位父亲,他有两个儿子,他为孩子们提供了良好的生活条件,然而,他的大儿子却感受不到幸福。大儿子总是愁眉不展,而且容易动怒。而他的小儿子,则非常乐观,好像什么问题都不会让他感到困扰,小儿子每天都过得非常潇洒,非常快乐。这位父亲为了大儿子能够快乐起来想尽了办法,平时对大儿子的关心也比小儿子多,但小儿子并没有表现出不满。

有一年,在圣诞节即将到来的时候,父亲为大儿子选取了很多礼物,相对于大儿子,小儿子的礼物只有一件。到了平安夜的晚上,父亲将这些礼物都放到了圣诞树下,等待着孩子们发现。

圣诞节一大早,两个孩子就来到圣诞树下寻找自己的礼物。大儿子的礼物非常多,但是他打开之后就开始生气,父亲问他怎么了,他说:"这些礼物实在是太过分了,圣诞老人竟然送给我一支枪,天知道我有多么热爱和平,还有篮球、自行车,这些礼物都太不安全了,如果我出去玩的话,骑自行车就有可能会发生交通事故,而篮球也很可能让我受伤,或者一段时间后将篮球玩坏。我看圣诞老人一定是故意这样做的。"

父亲不知道应该说些什么,恰逢这个时候小儿子蹦蹦跳跳地跑了进来,他看上去非常开心的样子。父亲就问他:"你收到了什么这么开心呢?"

小儿子说:"礼品盒里有一坨马粪。"

父亲又问:"这样被戏弄你不生气吗?"

没想到小儿子又说:"既然有马粪,那么一定有一匹小马!"后来他真的在屋子的后面找到了他的小马,整个圣诞节他过得非常开心,而大儿子则一直在气愤当中度过了美好的圣诞节。

生活中是否能够感觉到快乐,全在自己看待生活的态度。看问题的角度有很多,我们应该尽量选择一种让我们乐于接受的解释,而不是让我们生气的答案，就像故事中的小儿子，他选择了让自己能够快乐的角度看问题，所以在收到马粪的时候也没有生气，而是由此想到小马，这样他才能开心地过每一天，如若不然，就只能像大儿子一样，将自己束缚在烦恼和不幸当中。

我们应该学会主宰自己的情绪，心态放平和一些，不要因为一些小事就生气、恼怒。愤怒是种罪，所以我们要学会自我救赎，将自己从这种不良情绪中解救出来，否则只能被它缠身，无法逃脱。当我们能够舍弃掉愤怒的时候，就会发现自己活出了一份潇洒。

及时修剪，不让心灵净土杂草丛生

房间没有定时清扫容易变得肮脏凌乱，草坪不去打理很容易杂草丛生，失去本来的面目，心，也是如此。在整理房间的时候，我们需要将无用的旧物整理扔掉，才能保证房间的整洁，草坪也要及时修剪才不至于荒芜。在整理我们心灵的时候，就要及时修剪那些疯长的杂草，抛弃无用的东西，这样才能让我们有一颗纯净而美好的心灵。

愤怒，便是我们心中需要修剪的杂草。在现实生活当中，我们难免会遇到让人愤怒的事情，如果放任这种情绪在我们心中发展，那么最终愤怒会变成仇恨，寄存在我们心中，成为我们心灵的一部分，使我们原本纯净的心灵遭受污染。

有一个非常美丽的女孩，不仅仅是外表，她还有着美好的心灵。这个女孩因为温柔善良和平易近人，受到了很多小伙子的青睐。其中，有一名优秀的男孩终于勇敢地表白了，被打动的女孩接受了他的示爱，两个人很快走到了一起。

开始的爱情甜蜜而幸福，但是随着时间的流逝，两个人的感情出现了问题。通过交往，男孩发现了问题，女孩外表看似柔弱，内心却很刚强，遇到问题也总是想办法自己背负。男孩希望能够保护自己心爱的人，他认为女孩子应该是小鸟依人的。找到了问题所在的男孩发现，也许他们两个人并不合适。

终于有一天，男孩提出了分手。女孩很坚强，没有哭，但这并不代表她可以接受，她非常喜欢男孩，甚至有些疯狂，对于男孩提出的分手她无论怎样都不肯点头答应。为了挽回爱情，她不管男孩怎么想，一直缠着他，无果就指责男孩的不负责任。对于这样的女孩男孩产生了厌恶。有一天，女孩发现了男孩和另一个女孩走在了一起，此时的她才明白两个人已经没有可能了。

女孩心中升起了难以熄灭的怒火，在这种情绪发展的过程中，愤怒转为了仇恨。她开始想一切能够报复男孩的方法，最终决定以死报复，这样就能让男孩终身都活在悔恨当中。此时的她早已经不是当初那个温柔善良的女孩了。

决心自杀的女孩来到了桥头，跳江的她被一个好心的船夫救上了岸，船夫问她为什么要轻生，她说："我男友背叛了我，他曾经说爱我，现在却和其他的女人走在一起。没有了他，我的生活再没有任何的希望，我死了，他就会愧疚，永远对我感到愧疚！"

船夫笑了，说："你还爱他吗？"

女孩答道："我很爱他，但他还是背叛了我。"

于是船夫又说:"既然你爱他,为什么要报复他?孩子,你已经被愤怒蒙蔽了双眼,看不到原来的自己了啊。"听了船夫的话,女孩沉默了。

原本善良温柔的女孩,由于放任自己的不良情绪发展,最终变得面目全非。我们有时难免会有一时的愤怒,这是正常的,但是如果我们一直放任它发展,不去整理的话,到最终我们的心灵就会被杂草一样疯长的不良情绪所吞没,失去原来的自我。

星星之火尚可燎原,即使是一点负面情绪,如果不能及时整理,那么我们的心也只能变成荒芜之地。虽然有时我们会遇到让我们难以克制愤怒的事情,但是在事情发生过后我们可以看开一些,试着去接受,否则只能将自己困在杂草丛生的荒芜中,忍受着内心的折磨。

在美国有一条跨越20年的新闻。

20年前,建筑界的龙头凯迪和飞机大王克拉奇是非常要好的朋友,凯迪有一个女儿,克拉奇有一个儿子。两个孩子年纪相当,所以他们两人决定促成子女的婚事,让他们的关系亲上加亲。

虽然凯迪和克拉奇的愿望非常美好,但事实却并不合他们的心意,他们的孩子并没能像他们两人一样关系和谐,相反地,还经常争吵,时常出现不和。凯迪和克拉奇虽然尽力撮合,但也没能缓和两个孩子的关系。

终于有一天,悲剧发生了,凯迪的女儿被人毒死了,经过警方的调查,证实了凶手就是克拉奇的儿子。瞬间,凯迪处在了崩溃的边缘,两家的友好关系也到此为止了。

虽然克拉奇感到愧疚,但还是尽全力希望保释儿子,而他的儿子也坚决否认杀人的事实。本就处在崩溃边缘的凯迪因为这样的情况而愤怒了,他用尽一切手段来证明克拉奇的儿子有罪,克拉奇则尽全力想要减轻儿子的罪行,然而最终克拉奇的儿子仍然被判了终身监禁。

　　为了给自己的儿子减刑,克拉奇争取凯迪的原谅,以便能够为儿子求情,他总是通过生意给凯迪便利。陷在愤怒和仇恨中的凯迪并不好过,他感受着曾经老友的痛苦,却也放不下心中的仇恨,就这样,他度过了漫长的20年。

　　凯迪和克拉奇虽然身为美国上流社会的风云人物,但是自从事情发生后笑容就从他们脸上消失了。20年过去了,经过翻案和调查,发现凯迪女儿的死和克拉奇的儿子毫无关系。命运开了一个巨大的玩笑,在知道事实真相之后,面对媒体凯迪说出了自己的心里话,他说:"我永远无法弥补这20年里所受的心灵上的折磨。"

　　凯迪因为放任自己的愤怒发展,积淀自己的仇恨,而让自己的内心遭受了20年的折磨。其实,很多事情都会随着时间而变淡,愤怒和仇恨也是一样,如果自己不能将心中的愤怒放到时间的流水中,那么随着时间的推移,愤怒只能堆砌成仇恨。仇恨是一把双刃剑,在伤害别人的同时也会让自己遭受折磨。与其这样,不如早些放下。

　　宽容一些,平和一点,学会试着接受一些事实,及时整理心中的杂草,才能避免我们的心向着不可挽回的方向发展。及时清扫心里的各个角落,才能让我们远离自我折磨,过上恬淡而幸福的生活。

第6章　心平者不抱怨,抱怨则怨

> 如果一切不公平都要抱怨,那么你要抱怨的事情就多了。比如工作太辛苦,感情太平淡,日子太艰难,理想太遥远,现实太残酷……心里的抱怨太多了,就装不下幸福和快乐了,于是心难平,烦恼丛生,最后受苦的还是自己。

挣脱抱怨的心灵枷锁,你就解放了

我们的心灵是一片广阔的地域,能够容纳很多,然而,有时我们却为我们的心灵上了一把锁,将幸福困在门里,将自己困在门外,每天和各种痛苦、不幸打交道。抱怨就是束缚了我们心灵的那把锁,只要解开了这道枷锁,我们就解脱了。

解开抱怨枷锁的钥匙,其实就在我们手中,只是我们总是考虑绕远路通过,而没有想到要打开枷锁。在现实生活当中,一些琐碎成为了我们抱怨的素材,总是在意这些,只能让我们看不到幸福,甚至忘记了曾经的美好。

有一对相爱的年轻人,他们的爱情遭到家人的反对。女人的父母担心男人给不了女儿优越的物质生活,怕孩子受苦,而男人家则嫌弃女人十指不沾阳春水,担心自己的儿子在婚后会更加辛苦,所以两家坚决反对。但是两颗年轻的心却日益靠拢,最终他们仍然凭借他们忠贞的爱情而走到了一起。

他们非常珍惜他们得来不易的爱情。刚开始的日子虽然很艰难,但是他们过得非常甜蜜。虽然工作辛苦,但是女人男人仍然感觉到幸福,女人为了心爱的男人开始学习做家务,他们觉得生活非常幸福。男人努力工作赚钱养家,女人操持家事,随着时间的推移,他们的物质生活越来越好,但是他们的婚姻却在这个时候出现了危机。

因为工作原因,男人时常回家很晚,女人对此的不满越来越深,于是开始抱怨。在外面工作本来压力很大,回家后还要听妻子的抱怨,男人感到非常疲惫。见自己的抱怨收不到应有的回应,女人开始指责男人,拿朋友的老公来和男人比较,又拿养尊处优的朋友和自己比较。面对这样的妻子男人越来越不满,于是回家时间越来越晚,女人的抱怨也越来越严重,两个人当初的幸福早已不见了踪影。

女人因为喜欢抱怨,所以来不及享受曾经奋斗出来的幸福,就已经进入了不幸之中。生活当中我们也难免会因为学习、工作或是生活产生各种不满,但是抱怨除了让自己感到更加烦闷之外,对自己的境遇改变并没有任何帮助,还可能让情况越来越糟。没有人会抱怨自己的未来,人们所抱怨的只是眼下和过去,既然不能对自己的明天产生任何影响,那就应该释然一些,这样才能把握住幸福。

看到的是快乐,生活中便充满快乐,看到的只有不幸,生活就会变得不幸，一直着眼于自己的不幸，那么生活自然难以顺利继续。抱怨是一种习惯，习惯于抱怨就只能将自己束缚在不幸当中，换个角度看世界，多注意生活当中的美好，自然就能挣脱抱怨的枷锁，过得轻松自在一些。

从前有一个天资聪颖的年轻人，他实力超群，有着远大的理想抱负。在他上学的时候，就为自己做了人生的规划，等着进入社会大展宏图。

终于等到年轻人毕业实现自己远大理想抱负的时候了，但是现实并没有他想象中那么美好，进展的过程并不顺利。没有一个公司能让他驻足很久，他反复地换工作环境，无论是什么样的环境，都不能让他停留3个月。他虽然工作能力很强，但是却很难适应环境，在人际交往方面尤其明显，无论是在哪里，他都会抱怨同事，抱怨老板，心情影响到了他的工作状态，喜欢的工作也不再有乐趣而言，甚至连完成都很勉强。在这样的情况下，他感到自己的未来非常渺茫，对未来也感到绝望。

终于，年轻人不能忍受身边的一切，抱怨着离开了公司，选择出去散心，在路上，他还是抱怨着公司的一切，无暇欣赏风景。车上人很多，没有座位，在他等了几站后，终于发现一个座位，正当他想上前的时候，边上的一个人抢先了一步。他非常气愤，开始习惯性地抱怨。

这时，年轻人身边的一位老者对他说："小伙子，你看，今天的天真蓝。"他看向窗外，发现天空非常漂亮，万里无云。他忘记了抱怨，忘记了愤怒，这个时候他才明白，因为抱怨，自己放走了身边的幸福。

有时候，我们会对周遭的一切感到不适应，就像故事中的年轻人一样，然而，抱怨并不能让我们尽快适应一切，反而会让我们越来越焦躁，没有一颗平常心就难以感知生活当中出现的幸福。其实，生活当中的美好有很多，关键在于我们习惯发现美，还是习惯于抱怨缺憾。试着感受生活当中的美好,让自己尽早挣脱抱怨的枷锁。

生活当中我们需要保持平常心,面对让我们不满的事情学会淡然以对,放开抱怨,找到生活当中快乐的源头,才能解开抱怨的枷锁,将我们从不幸当中解脱出来。

你抱怨,因为舍不掉私欲偏情

因为我们有时过于在意得失,所以产生了抱怨,因为我们以自己为中心考虑问题,所以能够让我们抱怨的话题总是源源不断。这也就是说,我们的私欲和偏情,衍生出了抱怨。事实上,没有人喜欢爱抱怨的人,可是有的时候我们又不自知地产生抱怨。想要消除,就要找到抱怨的源头,知道了原因,事情就变得简单多了。只要舍弃掉自己的私欲偏情,抱怨自然就会消失。

有的时候,如果能够试着从别人的角度来考虑问题,就能够有效抑制住自己的抱怨,冷静下来的自己就有可能找到解决问题的良方。

卡耐基是一位很有名的人际关系交往家。有一次他为了一个系列的讲座租用了一家酒店的宴会厅,他准备在这里展开他的课程。

正当一切进行得如火如荼时,问题出现了。酒店的经理给卡耐基发了一个要将租金涨到原来价钱三倍的通知。当时在这个酒店办讲座的入场券已经印好并且发出,没有足够的时间来改变地点。在这个时候收到这样的信息,简直让人抓狂。即便经理见财起意非常不道德,但是他更清楚抱怨不能起到任何的作用，而且饭店的普通员工也没有权利改变经理的决定。考虑过后，他决定找到酒店经理重新商讨一下。

这天，卡耐基找到了酒店经理。首先他对经理为酒店创收的这种做法表示理解，然后他拿出了一张纸。经理见卡耐基通情达理，没有责怪的意思，非常高兴，他刚准备开口说一些感谢的话的时候，卡耐基开口了，他对经理说："现在请允许我为你算一笔账。"之后他在纸上画上了一条中线，然后在一边写上了"利"，一边写上了"弊"。

在经理疑惑的目光中卡耐基说："如果宴会厅用作舞会你能够收获更多，因为讲座的收入比较少，如果我占用半个月以上的时间开讲座，那么你的收入会比开宴会少很多。从这点来看，增加三倍租金是明智的选择。"说完，他将这点写在了"利"字的下面。接着他又说："现在可以考虑，假如为了保证您的收入不变而坚持增加三倍租金的话，那么您的收入将大大降低，因为我无法负担这么昂贵的租金，所以只能另寻其他地方。"

说着，卡耐基将这点写在了"弊"的下面。写完了这一切之后他说："虽然收入不能瞬间增长，但是我的讲座也会吸引到很多潜在的客源，这比广告宣传有用得多，从长远来考虑的话这样利益最大不是吗？"酒店经理考虑了一会儿，然后将租金降了下来。

现实生活当中，难免遇到像故事中那样的变故，即使错不在自己，但是抱怨也不能解决问题，因为在抱怨的过程中，我们是站在自己的立场考虑问题的。自说自话无法协商问题，想要问题得以解决，就要站在同一个起点，这也就是说，要先抛开私欲偏情，才能客观地看待问题，进而找到解决的方法。

我们有时因为在意自己的得失而难以抛却私欲偏情，但是，得失都只是暂时的，如果为了个芝麻而丢了西瓜，就会发现自己在意的东西有多么不值

— 90 —

得。不要因为自己的利益受到了一点点损害就不停地抱怨，先想想自己是否做得足够好，考虑自己的同时也不要忘了站在对方的立场考虑，这样，才能理解别人，才能消除抱怨。

有一名工作经验丰富的年轻人准备到非常有名的一家公司去应聘。那家公司的待遇很好，工作环境好，发展潜力也很大。为了这些他毫不犹豫辞去了先前的工作。先前的公司工资并不高，至少不是他理想的水平，中午的工作餐也让他觉得难以下咽。有时甚至需要加班才能完成工作，明明自己一身的才华，却一直没有升职，他觉得自己的上司忌妒自己的才华。因为这些，所以他对曾经工作过的公司没有任何留恋。

因为年轻人的高学历，丰富的实战经验以及超群的工作能力，所以他对新公司的面试很自信。笔试结束后面试官和他谈了话，在面试官问他为什么辞去先前的工作时，他就像找到了知音一般，将自己的苦水全部倒了出来。

面试官问年轻人："那么请问您觉得您给您上一个公司带去的价值是多少呢？"虽然是一个简单的问题，但是他却被问住了。因为他平时除了埋头工作之外，就只是抱怨自己的工作和生活，对于自己的工作成绩他并不清楚。

最后的面试结果让年轻人失望了，因为他没能成为佼佼者脱颖而出。

面试官对年轻人说："您的专业水平确实很高，但是面试时发现您比较喜欢抱怨，抱怨着公司给您的一切都不是您要的，对比过后，我们发现其实我们两家公司的体制很相似，所以我想您即使换了环境也会有相同的想法。而且最重要的一点是，我们希望能够找到一个能够为我们公司创造利益的人，而不仅仅是考虑我们公司能够给他些什么待遇的人。"

我们时常像故事中的年轻人一样，因为抱怨着别人对自己的不公，所以忽略了自己正在走的路，忘记了自己是否偏离了方向。由私欲衍生出来的抱怨蒙蔽了我们的眼睛，我们就只会跟着抱怨走，忘记了自己真正的方向和进度。不要总是抱怨他人带给我们的不公，偶尔客观地看看自己还有什么不足，就能够放下不必要的抱怨。

消除抱怨，只需抛弃一时的私欲偏情，不要总是去计较得失。因为我们心胸狭隘，才会只看到自己，对得失看得过重，所以，将眼光放得长远一些，心胸宽广一些，自然能够摆脱让我们烦恼的抱怨。

世间人人苦，悦纳一切苦尽甘来

常言道："生活百味。"生活中除了让我们感到幸福的事，也有让我们感到不幸的事。我们无法选择性地接受，无论是顺境也好，还是逆境也罢，我们都会经历到。生活并不会因为我们对困境的惧怕而给我们任何特权。顺境我们乐于接受，但是逆境我们也要学会悦纳，因为没有品尝过苦的人，不能深刻地理解甜。只有经历过困境，才能享受生活的幸福，阴雨过后，才会是晴天。

佛曾说过，人之所以降生时就在大哭，是因为他要开始受苦。世间人人苦，上天是公平的，因为有苦，才会有甜。没有人能够一帆风顺地生活，没有任何烦恼。面对困境，我们可以淡然以对，没有不会晴的天，一直抱怨只能让自己时时痛苦，看淡一些，困境对我们的折磨也就小一些。

从前有一个商人，他虽然起早贪黑地工作，但是仍然没有很多的钱。有一次,他到一个庙中祈福,希望自己可以富有起来,祈福之后他按规矩添了香火钱。回到家后他开始想,为什么和尚什么都不用做就能衣食无忧?他每天都这么辛苦地工作却没有相应的回报,之后的很长一段时间他都在抱怨着上天的不公。

偶然的一天,一名僧人到商人家去化缘,想到自己起早贪黑只能勉强度日,而和尚却可以通过这样的方式谋生之后,他萌生了出家的想法。没过几天,他就抛弃了家业,做了一名苦行僧,靠化缘生活。

刚开始,商人抱怨着之前的生活,随着日子的流逝,他的注意力集中在了眼下的生活上。化缘并不是想象中那么容易的事情,此时的他已经无暇抱怨曾经的生活,转而开始抱怨起了做苦行僧的艰难。随着他走访的地方增加,他见识了很多幸福和不幸福的人,渐渐地,他不再抱怨,终于他变得平静。通过旅程中见到的人们,他悟到了一些道理。

终于,已经成为僧人的商人在一个地方停了下来,用茅草搭建了非常简陋的庙宇,自己伐木雕了佛像。在那里,他为曾经像自己一样烦恼的人排疑解惑。虽然生活异常辛苦,但是他不再抱怨。因为庙宇太过简陋,所以每到雨天就会漏水,信徒们抱怨庙宇的简陋,考虑过后他开始着手募集善款修建庙宇。

随着信徒的增加,人们又自主募集钱雕制了精美的佛像。后来又开始有信徒在这里出家。在生活越来越好的时候,僧人已经不再注意物质了。当他成为一名得道高僧,成为住持之后,才发现现在的自己已经走出了困惑和不幸。

我们因为总是抱怨困难给我们带来的一切,所以一直不能忘记自己的不快,也就觉得困境非常难换,就像商人一样,他只活在自己的抱怨当中,而当他成为得道高僧学会悦纳一切的时候,他已经自然地走出了困境。我们在生活中也是如此,不要总是抱怨眼前的一切,学会开心接受,畅想一下未来,困难很快便会过去。

如果我们能够平静地接受生活给我们的磨难,不去抱怨的时候,我们的心就已经挣脱了不幸的束缚,此时的我们其实就已经开始享受幸福了。我们只有坦然喝下苦涩的茶,才能享受甘甜的后味。

从前有一位优雅而美丽的妇人,她丈夫去世之后,她便带着大半生的积蓄离开了那个伤心之地。到了一个美丽的小镇,她停了下来,决定在那里开一间美容院开始新的生活,度过余生。没想到意外发生了,在她刚下火车的时候,小偷偷走了她的钱。在发现事实之后她慌了手脚,不知道应该怎么做了。

这个事实对妇人的打击实在是太大了!但是她很快就平静了下来,没有抱怨一句。她想,我只不过丢了钱,除了钱我还有很多,我还有朋友,抱怨也不能找回丢掉的钱,还会让自己成为一个怨妇。在这样想过之后,她坦然接受了这个事实,然后第一时间联系了家人,没多久她又在这个城市联系到了曾经的朋友。

经过一段时间的奔波,妇人借到了钱,虽然不足以开美容院,但是足够摆起一个小小的摊位。她开始在街边支起了摊子,卖一些经济实惠的化妆品。她非常努力,无论生活如何艰难,她都笑脸迎人,没有一句抱怨。

经过了几年的积累,妇人终于有了自己的美容院。因为她总是笑脸迎人,从不抱怨,所以即使她并不年轻,但是依然优雅美丽,她成为了自己美容院的广告,生意也越来越好。后来她又开了第二家店……最终,她在那个城市成为了名人,有了自己品牌的连锁店。

困境只能捆绑住我们的心，不能捆绑住我们的手脚，即使生活有时不尽如人意，我们也能想到办法。遇到问题的时候我们要想解决的办法，而不是抱怨，先解放我们的心，才能解放我们的生活。生活给予我们的一切，我们要学会接受。保持平常心，不被困境所束缚，就能够活出自己的幸福。

苦尽才能甘来，我们要秉承这个信念渡过困难，而不是抱怨着挨日子，学习故事中的妇人，在困境面前潇洒一些，用自己宽广的胸怀接受生活带给自己的不圆满，用平和的心去感受生活，那么就一定能够听到幸福的敲门声。

烦恼，请你一笑而过

生活不可能事事如意，有时难免会有烦恼，也许是工作上的，也许是生活上的。如何应对烦恼才能让我们幸福一些就成为了我们需要考虑的问题。其实答案很简单，我们可以选择笑一笑，因为烦恼没有什么大不了，和曾经所经历的大风大浪相比，烦恼的只是微不足道的小事。

因为一些烦恼而抱怨，只能让自己变得更加烦躁，通常情况下，烦恼并不足以影响我们幸福的生活，所以不妨乐观一点，一笑而过，这样烦恼也能很快被我们遗忘。我们可以将烦恼看做是生活的一味调剂，在我们感到麻木、疲惫的时候，烦恼可以提醒我们不要忘了生活当中的幸福。

美国前总统罗斯福有着权力和地位，在人们的眼中他是人生的赢家，然而即使是这样的他,生活也并非事事如意。

曾经有一次罗斯福家失窃,丢失了很多贵重的物品。照常理来看,他至少应该烦恼抱怨一阵子,毕竟无缘无故就让自己蒙受了不小的损失。然而事实却让所有人大吃一惊。

罗斯福的朋友在知道情况后想要安慰他,希望他不要在意这些而影响到身体的健康。收到朋友的安慰后,罗斯福给朋友回了一封信。

在信中,并没有任何抱怨的话,罗斯福显得非常从容,就像事情没有发生一般。罗斯福的信中提到,他很感谢朋友,他很好,也很幸福。虽然失窃了,但是好在他们家人身体健康,贼只是窃取了他们的财富,没有危及到他们的生命安全。虽然贼偷走的东西有很多,但那并不是他财产的全部。最重要的是,做贼的是那个人而不是自己。

罗斯福明白丢了的东西无法找回,所以干脆不去想这些让人烦恼的事。在遇到让我们烦恼的事情的时候,我们应该想办法为自己消除烦恼,而不是通过抱怨让它日益膨胀起来。任何事情都有两面性,我们可以选择乐观的视角来看待,笑一笑就能过去,无须为了一点烦恼而给自己的幸福平添瑕疵。

有句话说得好,幸福的人同样幸福,不幸的人各有各的烦恼。虽然出现的问题不同,解决的办法也不同,但是在烦恼面前我们能够拿出相同的态度,不管是怎样的烦恼,我们都选择乐观面对,不去抱怨才能让我们脱离烦恼的苦海,才能让我们不至于被一时的烦恼扰乱了步调。

海伦·凯勒被人们所熟知,她就是《假如给我三天光明》的作者。虽然她被人们崇拜、敬仰,但这并不代表她没有烦恼,相反,她的烦恼可能更多。她是一个残疾人,所以可能连最基本、最简单的生活,都会让她产生常人无法体会到的烦恼。

在海伦还不到两岁的时候,就因为猩红热而失去了视力和听力。没有了这些,基本生活都成为了问题,她生活在一个孤独而晦暗的世界中,在那里,没有声音,也没有光明。

海伦不是没有抱怨过命运的不公,不是没有为最简单的自理烦恼过,但她还是学会了笑对人生。她先是改变了自己的悲观,然后开始克服自己生理上的缺陷,将自己的心理建设得强大起来。虽然生活中最简单的事情都有可能难倒她,但在这样的情况下她仍然学会了读书和说话,而且上了学,掌握了英、法、德等五国语言,最终成为了著名的教育家。

在海伦拼搏努力的过程之中,时刻没有放弃创作,所以能够写出很多名作。不仅如此,她还献身慈善事业,为盲人学校募集资金,也因为这些,她得到了许多国家政府的嘉奖。即使生活对她不够公平,但是她在遇到烦恼时还能笑着面对,没有一丝抱怨,也正是因为这样,她的生命中才出现了只有她能看到的阳光。

相对于海伦·凯勒来说,我们的烦恼简直不值一提,因为不管遇到什么烦恼,我们还能听到动听的音乐,看到美丽的景色。烦恼,没有什么大不了,生病了,但至少能够医治,比起已经无法挽救的人来说,我们还有着希望和未来。失恋了,但至少我们爱着的人还活着,我们还有走向下一段幸福的机会。

没有过不去的坎,只有不愿过的人。在遇到烦恼的时候,笑一笑,抚平自己的内心和情绪,才能脱离烦恼的掌控。只有学会了笑对烦恼,才能做到笑对人生。

容不下一切皆空，容得下样样皆有

曾有名人说过，人们的胸怀比大海更加宽广。心胸可以无限拓展，一个有着宽广胸怀的人，必定能够包容一切。相反，如果一个人喜欢抱怨，那么一定连琐碎小事都会在意，这样的人，心胸必定狭隘。容不下，也就谈不上拥有，一切也只能成为虚无，只有容得下，才能样样皆有。

在生活当中，我们可能会遇到志同道合的朋友，同样也会遇到和自己有过节的人。通常情况下，我们会选择报复或是躲避和我们有过节的人，结果往往躲之不及。其实，敌人未必就是永远的敌人，我们还可以有一个选择，就是包容敌人，变敌为友。

在春秋时期，公子纠和公子小白曾为了争夺王位而站在对立的位置。管仲和鲍叔牙虽然都是有才之士，但站在不同的利益集团各事其主。管仲在公子纠旗下，而鲍叔牙在公子小白的阵营之中。

在双方交战的时候，管仲险些要了公子小白的性命，所幸只是射中了小白衣带上面的钩子，使得小白幸免于难。不久之后，战争结束，公子小白获胜，成为了历史有名的齐桓公。

公子小白即位后，鲍叔牙因为辅佐有功，小白有意立他为相国。然而鲍叔牙认为曾经和他们敌对的管仲比自己更合适，虽然曾经是敌人，但是却是一个可用之才。想到国家社稷，鲍叔牙力荐管仲。

鲍叔牙心胸宽广,如实对齐桓公说:"虽然我辅佐您登基,但是管仲比我更适合担任相国这个重要的职位。因为他在很多方面都比我强。他能够收拢民心,做到安民,我做不到。他对治理国家也比我有见地,能够保证国家的利益。他能够制作礼仪,我做不来,战争的时候,他能够鼓励引导人们,而且还能指挥战争,我也不如他。所以他比我更适合做相国。"

齐桓公也是一位心胸宽广之人,考虑过后他觉得鲍叔牙说得有道理,便让管仲做了相国,完全不去计较曾经的一箭之仇。因为齐桓公和鲍叔牙的爱才,管仲也尽心尽力辅佐,最终助齐桓公成就伟业,使得当时齐国的实力强盛一时。

知人善任,成就了齐桓公的伟业。知人善任只是一个方面,更重要的是,齐桓公有着宽广的胸怀,所以才能成为有着丰功伟绩的明君。四处树敌,只能让自己的朋友越来越少;广结良缘,才能让自己的世界越来越大。学会宽容,才能成就我们的人生。

宽容是一种能力,如果我们有着容纳百川的胸怀,那么烦恼也好,忧愁也好,什么都不会成为我们的阻碍,而幸福、美好也会进入我们的心中。反过来说,如果什么都容不下,那么最终将一无所有。

战国时期魏国大将庞涓,是一个战功显赫的将军,曾经率领魏军北拔邯郸,西围定阳,横行一时,甚至险些将赵国的一部分领土也收归魏国,除此之外,他还收复了全部的失地。

庞涓的实力非常强,但同时他有一个致命的弱点,就是他的心胸非常狭隘,容不得其他有才能的人。即使是曾经的同窗,他也一样不能容忍。他梦想成为历史上继吴起之后的第二个优秀军事家,为此,他不惜残害同窗的孙膑。

庞涓虽然身为大将，却容不得其他有才之士，也因为这样所以难以成事，也注定了他一切皆成镜花水月的结果。庞涓曾经的同窗孙膑加入了与之敌对的势力，最终庞涓败于孙膑之手。魏国的霸权也随着他的消逝而陨落，曾经的一切也湮没在历史的车轮之下。

孙膑是有才之士，如果庞涓有着宽广的胸怀，懂得招贤纳士，那么历史也许会被改写。没有人能够靠自己战胜一切，宽容才能为自己赢得他人的信赖，想要立于不败之地，就要把握足够的砝码，只有容得下一切，才能收获一切。用宽广的胸怀去接受，用平和的心态去容忍，自然能够将一切收归自己。

第7章 心平者不忧虑，忧虑则伤

在如今五光十色的现代世界中，我们都应该记住这样一个真理：活得简单就是一种享受。每天给自己的心腾出一片空闲，感受春日的雨露，夏日的芬芳，秋日的凉爽，冬日的安详，平平淡淡地简单地活着，不多思，不忧虑，不纠结，成就一份如月的从容。

简单生活简单爱

生活是复杂的，然而生活方式我们却能选择简单。过于在意生活中的繁杂，那么生活就变得繁杂，万事看得简单一些，自然就能找到一种简单的生活方式。将万事看得淡一些，不要为自己的生活添加太多华而不实的点缀，那些只能成为生活的负累。

生活也好，感情也罢，看得简单，便是简单，如果时常担心忧虑，那么就感受不到幸福所在。不要为那些事情而忧虑，万事看开一点，也就自然简单一点，爱也好，生活也好，都会变得很简单。

人们总是弄不清楚什么才算幸福，于是总觉得自己离幸福还有距离，所以想尽办法去追求看不见的"幸福"，结果，这除了让我们的生活变得极其忧虑复杂外，没有任何改善。其实，幸福就在我们身边，只要少一些忧虑，学会让内心满足，让自己的生活变得简单一些，就能把握住幸福。

从前有一个商人，他是别人眼中的成功人士，但他每天都不快乐，更是厌恶了城市的喧嚣。终于有一天，不堪重负的他放下了手中的工作，带着积蓄为了寻找幸福的真谛而开始了四处游历的生活。

商人来到了一个非常落后的小村子里，那里的生活非常贫困，人们每天都要辛苦地劳作才能够勉强度日。孩子们没有上学的条件，几乎都要帮助家里干农活才可以维持生计。他在那里停留了一段时间，心中居然感受到了从未有过的幸福，那里虽然落后，却与世无争，人也非常淳朴，没有钩心斗角，没有尔虞我诈，每天日出而作，日落而息。

商人每天白天都会到山坡上思考。虽然他想要追求这种幸福，也暂时放下了自己的一切，但是偶尔还是难免会想到自己的生意。

有一个放羊的小孩每天都在山坡上放羊，他穿得破破烂烂，但是每天都在山坡上叼着草，快乐地唱着牧歌。商人感到非常不解，便问小孩："你有想过你的明天吗？你放羊为了做什么呢？"

小孩高兴地说："我将这些羊养大之后就能够卖钱，我一直在攒钱。"

商人又问："攒钱做什么呢？"

小孩开心地答道："等我长大就可以用攒下的钱娶老婆。"

"那娶老婆为的是什么呢？"

"生小孩。"

"生了小孩你希望他做什么呢？"

"放羊。"

商人觉得小孩子真的非常可怜，永远不知道外面的世界有多大，心中也只有这些。于是他对小孩说："这样的循环你会一直过着苦日子。"

没想到小孩却一点难过的表情都没有，他说："可是我过得非常快乐。"听了小孩的话商人陷入了沉思，他觉得他已经找到了幸福的真谛。

生活是忙碌的，以至于我们只知寻找，却忘记了自己一直想找的目标是什么。就像是商人一样，生活中的忧虑已经让他无暇顾及其他，在放下了一切之后才找到了自己一开始所追求的东西。幸福不是一道题，无须进行精密的计算，看得简单一些，少一些忧虑，幸福自然就会来敲门。

生活是自己的，不要在乎别人如何看待，否则就会给自己的心加上太多的负累。生活中我们需要的也很简单，如果过多忧虑，就会让我们觉得疲惫，难以支撑。

有一个年轻人，从小学习就很优秀，到了职场也是混得风生水起，但是他过得并不幸福。他希望做一个完美的人，但是生活总是不能如意，无论他怎么努力，公司仍然有人不喜欢他，虽然他尽可能做到完美，但是仍然不能和所有同事相处融洽。

年轻人怕自己的一个不小心就会让工作出现漏洞，被这些人算计，于是他每天都胆战心惊，小心翼翼。虽然工作成绩非常突出，但是他又怕这样会遭来同事的嫉恨。一直保持着紧绷的状态，终于有一天他受不住了，长期这样的生活已经让他患上了很严重的神经衰弱症。医生建议他先放下手头的工作，出去疗养一段时间，关于工作的一切都不要去想。

年轻人请了长假,收拾行李考虑着去哪里,他的妻子看到他大包小裹,连锅子都放进行李中,就问他:"你带锅子做什么呢?"

年轻人说:"不是所有地方都能有一个干净的用餐环境,我必须提前考虑好,以备不时之需。"他的妻子深知他的脾气,于是没有说什么,只是在他睡着以后偷偷将不必要的行李重新收拾了。

在年轻人出发的时候发现行李少了很多,他非常焦躁,但是时间紧迫又要赶车,来不及重新收拾,他只好带着简单的行李出发了。临走时,他只来得及拿着那口锅。

开始的时候,年轻人总是不能静下心来享受自己的假期,每到一个地方他总是担心妻子而向家中打电话,或是给同事打电话问自己的工作。他完全没能享受他的假期,被忧虑所困的他决定提前回去工作。

在一个渡口,年轻人发现了船夫在树下闭目养神。他对船夫说:"你不努力工作,到什么时候才能享受生活呢?"

船夫没有坐起来,只是睁开了眼,反问他:"那你觉得我现在在做什么呢?"年轻人顿悟了。他看到船夫用疑惑的眼神看着自己手中的锅,才想起,这一路,他从来都没有用过。

生活本质上很简单,却因为我们想得过多而变得复杂。就像这名年轻人一样,什么都想做到完美,于是让自己越来越累,慢慢为了迎合别人而活,没有时间享受自己的幸福。生活需要奋斗,同时也需要享受,心态平和一点,要求低一点,也就能离幸福更近一点。

生活中我们不妨做一个船夫,简单地生活,在奋斗之后也别忽略了停下脚步享受生活。在享受生活的时候就要全身心地放松,不要去忧虑那些看不到的未知。生活的旅途上务必做到轻装上阵,才能有足够的空间承载幸福。

思之越甚，伤之越深

忧虑，是我们幸福路上的一只拦路虎，因为忧虑不仅伤神，对心灵也有着非常严重的危害。虽说有远虑是好事，但是过于忧虑就会忽视掉眼前的幸福。如果一直活在忧虑之中，就会成为一个非常悲观的人，只知道沉浸在痛苦之中，到最后甚至会失去脱离烦忧的意识，只能期期艾艾地在忧虑中过活。

考虑将来、计划明天是对的，但要注意适度，如果思之过甚，就会伤身，过分担心未知的结果就是让我们对未来感到恐惧，从而失去了前进的勇气和动力，止步不前。

古时候，曾经有一个杞国人，他过得非常不好，每天都要忧虑许多人和事。虽然国泰民安，生活幸福，但他还是很忧虑。

有一天，杞人抬头看天，突然就忧虑起来，想着如果有一天天塌下来要怎么办。他想，如果天塌下来了，那么天上的日月星辰也都会坠落下来。大地承受不了这些重量，也会开始塌陷……

杞人越想越恐惧，也越来越忧虑，每天都愁眉不展，吃饭时也担心，睡觉时也担心，过得心惊胆战。他的朋友见到他日益消瘦，非常担心，于是就来劝导他，对他说天空只是气体堆积而成，这些气体充满了每个角落，日月星辰也停留在这些气体上面，人们每天都活在这些气体当中，天是不会掉下来的。但是他非但没有好转，反而更加惶恐。

杞人又问："日月星辰这些东西竟然待在空中，那样不是掉下来的可能性更大吗？"

杞人的朋友劝导他说："能够待在空中，必定也是由空气组成的，能够看到它们，也不过是因为它们能够发光而已。这么轻的东西，即使掉下来也不会砸伤人。"

杞人想了一会儿觉得有道理，但是马上又皱起了眉头，问道："可是地塌陷了呢？"

杞人的朋友说："咱们奔跑生活的大地是由土构成的，这些土块堆积才成为了大地，并且填满了大地所有的空隙，没有空间地又怎么可能会塌陷呢？"

听完朋友的劝导，杞人想了好一会儿，终于放下心来。从此以后，他再也没有因为忧虑而吃不好睡不着了，每天都过着幸福的生活。

杞人忧天是非常愚蠢的事情，因为担心着不会发生的事情而沉浸在恐惧之中。我们有时会对未知感到恐惧，所以忧虑，然而忧虑并不能阻止明天的到来，也不能帮我们解决任何问题，反而会让我们的心遭受着折磨。其实，在我们生活幸福的时候，就要享受幸福，不要一直忧虑幸福过后会是什么，否则只能浪费掉来之不易的幸福。

有些时候，比起不确定的未来我们更应该注意眼前，没有今天就谈不上未来。未来如何不会因为我们的忧虑而有所改变，如果因为忧虑未来而错过当下，那么在未来的日子里我们只能后悔不已。

未来的一切变数并不是我们所能预料的，我们只要在当下能走得稳健踏实，就无须为未知担心太多。忧虑除了伤害我们之外不能给我们任何的帮助,所以不妨学会面对一切,学会平和,放下忧虑。思之越甚,伤之越深,唯有以平和之心面对,才能找到方法,走出迷茫。

如此忧虑,只为心中浮尘沙粒

鞋子进了沙粒,就要及时清除,否则会磨伤自己的双脚,成为我们长途跋涉的阻碍。我们心中有时也会有沙粒的存在,心中的沙粒浮尘是心灵健康的隐患,所以要及时清除掉。它就像鞋中的沙一样,移到心里就衍生出了忧虑的情绪。

因为心中有浮尘存在,所以我们会感到忧虑,只要将浮尘剔除出心灵,我们便能走得坦荡一些,如若不然,只能让我们的心饱受一颗渺小沙粒的摧残。

有一个为人们熟知的勇者登山的故事。这位勇者是人们眼中的英雄,他所向披靡,无所不能,只有站在制高点的他才能俯视众生,也只有他能站在制高点,登上最高峰。

有一次,勇者决定挑战一个极限,去攀爬一座从来没有人登上过的高山。他的这个决定得到了人们的支持,同时也获得了人们的期待。终于他整理好行装开始攀爬高山,一路上,他遇到了很多艰难险阻,但是他仍然坚持排除万难,勇攀高峰。随着离顶峰的距离越来越近,人们的欢呼声也越来越高,在世人看来,成功已经向勇者伸出手了。

然而结果却让人们意外，勇者没有将自己的手递给成功女神，他中途被迫放弃了。原因也让人们感到不可思议，他放弃了最后的成功仅仅只是因为鞋子中的一颗沙粒。因为他忽略了鞋子中的沙粒，所以导致长时间被沙粒摩擦的脚发炎，受伤的脚无法支持他到达终点，只能选择放弃。

一路上不管如何艰难，勇者都坚持了下来，而最终的成功却仅仅因为一颗渺小的沙粒而和自己擦肩而过。故事到这里貌似结束了，但事实上，还有着后续的部分。

几年之后，勇者准备再次挑战，这一次，他异常小心，因为他过度地小心，使得他产生了忧虑，他担心各种客观条件会影响到自己的行程，让自己再次失败。因为上一次的教训，这次他异常小心沙粒，几乎每走一段距离就要停下来脱下鞋子倒一倒，即使鞋中没有沙子，他穿起来仍然感觉脚下不舒服。

勇者一路上都在担心着沙子会再次跑进鞋子里，影响到自己的成绩。长时间忍受这种心理折磨的结果就是他不得不主动放弃。这次勇者的失败没有了任何客观原因，而是忧虑对勇者的折磨让他处在了崩溃的边缘，最终只能选择放弃。

因为忧虑，勇者最终没能完成最高峰的登顶。我们有时也会因为过度忧虑而放弃一些本应坚持的事，如此看来，忧虑是我们前进路上最大的敌人。心有忧虑，就难以放开自己的手脚，唯有剔除，才能勇敢向前。

现实生活中，我们心中的浮尘都是曾经的阴影，因为曾经的失败而难以忘却，当再次面临相同的境遇时，心中遗留的沙粒就会作祟，让我们想到曾经的失败，从而畏惧前行。不要太在意心中的沙粒，让自己时刻处于忧虑之中，试着淡忘曾经的失败，然后自然就能够让心中的浮尘随风消逝。

有一个年轻人,他患上了强迫症,时常感觉到苦闷,却找不到解决方法。在吃完饭洗碗的时候,他总是觉得碗不够干净,怕碗边残留洗洁精,因为新闻上说残留的化学物质会危害身体健康,所以他总是重复好几遍,洗了又洗。

每天晚上睡觉的时候,他都会起床好几遍,检查门窗是否上了锁,因为他担心会有人入室抢劫,如果没有锁门,那么他的生命和财产就会受到威胁。

每天出门,他都要检查好几遍是否带了家里的钥匙,因为如果忘记带钥匙就进不了家门,就要找开锁公司。到了公司,他又要检查好几遍工作,即使是做过的事情还要重复,因为担心会出一点问题。在他认识的人的眼中,他已经有点神经质了,他异常忧虑,晚上时常失眠,因为会想到工作,想到门窗……

他感到自己快要崩溃了,他异常痛苦,却不知道应该怎么治疗。最后他在朋友的介绍之下找了心理医生进行心理治疗。心理医生通过对他催眠治好了他的强迫症。

原来,他的忧虑并非是空穴来风,在他5岁的时候,曾经因为没有听家人的话,不讲卫生乱吃东西而得了胃炎,那种疼痛让他记忆深刻。在他10岁的时候,因为出门没有带钥匙而在家门口坐到半夜,才等到家长回来。12岁那一年他自己在家,忘记了锁门,于是遭遇了入室抢劫……因为这些过往,都成为沙粒留在了他的心里。医生通过开导,他渐渐放下了这些过往,开始了新的人生。

有的时候,我们以为遗忘的事情和挫折会成为情绪的一部分而沉淀下来,忧虑也就是这些情绪的升华。人难免会有粗心马虎的时候,这会给我们带来严重的后果，它除了让我们接受教训以外，还会让我们的心灵蒙受阴影。

那些曾经的阴影会实体化，成为心中的一粒沙，随着时间的流逝，心中的沙会堆积，人们的忧虑也就会越来越重。之所以心头会有浮尘存在，是因为人们对发生过的不快存有印象，然而刻意去记，也只是会让自己心灵遭受伤害，所以对于人们来说，心里的沙是一定要消除的存在。

人们有时难免会失策，在这种时候，只要总结经验就够了，无须将这粒浮尘珍藏一生。将心做成一个滤网，将那些不起眼的细沙滤掉，才能维护心灵的健康，平和地向前行进。

如月从容，心平则气静

心静自然凉，天气人们难以控制，但是心态却可以。生活当中，像天气一样难以控制的事情有很多，这时我们就需要调节自己的心态，争取平和些，才能消除内心中的烦忧。心平气则静，心态好一些，凡事看淡一些，才能做到真正的从容。

可以想象，炎炎夏日，蛙鸣蝉叫，总是让我们感到心烦气躁，但是到了夜凉如水的晚上，心头的烦躁好像就能缓和一些。我们的心也分为两面，一面是夏日的太阳，一面是淡如水的月亮，只有如月般从容，才能消除心底的烦躁和忧虑。环境在于我们怎样去感受，如果只沉浸于自己的安然中，自然不会受环境影响，反之，如果太过注意周围的环境，就只能让自己产生忧虑和烦躁。

从前在一个庙里有很多小和尚,因为年龄小,所以很难保持安静,住持是慈祥的,对这些小和尚的管教并不严厉,他希望他们能够自己悟出道理,而不是通过自己强制地传授。小和尚们每天在不坐禅的时候都在寺院中唧唧喳喳,打扫的时候也会玩闹起来。

有一个入寺比较早的小和尚,年龄稍大,此时的他,已经习惯于坐禅的生活,他曾经厌恶喧嚣,才选得此地出家,也正是这样才能够让他远离喧嚣,过上平静如水的生活。但是这些小和尚打乱了他的内心,他在坐禅的时候总能听到那些小和尚的喧哗和笑闹。虽然他很想教训他们,但是住持曾经告诉他要慈悲为怀,宽容待人,与世无争。没有办法,为了留得一方清净,他只能选择到寺庙外的树林中坐禅。

有一天,住持在小和尚坐禅的时候来到了树林,问他为什么在这里坐禅,小和尚便一五一十地说了。

小和尚说:"因为这里难得清净,寺院中的小和尚实在是太过吵闹了,为了修禅,我只能找得一方清净。"

住持笑了笑,问他:"这里的蝉鸣没有吵到你吗?"

小和尚答:"不去注意就不会影响到我。"

住持微微一笑,反问他:"那么你觉得小和尚的吵闹和蝉鸣有什么区别呢?"听完住持的话,小和尚恍然大悟。从那之后,他再也没有到树林中坐禅了。

主持告诉了我们一个道理,就是取决我们心境的并非是客观的环境,而是我们自身。在意周围的环境,就会被周围环境所影响,从容一些,就能忽视那些让我们烦躁忧虑的环境。

如果我们难以保持平和的心态，难以做到从容，那么即使再安静的环境，我们也只会感到烦闷，这种情绪持续发展就会成为忧虑。我们要改变的不是环境，而是我们内心的波动，只有从自己本身出发，做到从容，那么才能收获心中向往的安然。

有一个女孩，她异常容易焦躁，这经常使得她的气质大打折扣。每当她焦躁的时候，就会难以抑制自己的情绪，变得非常冲动，跟着她周围的空气都像改变了一样。每到夏天的时候，她的焦躁就会更胜以往，这样的季节让她非常反感。

午睡时女孩会被蝉鸣影响得睡不着，晚上又会感觉燥热，有时越想安静下来就越是听到规律的表针走动的声音，这些都成为了影响她睡眠的因素。越是安静的环境，她越是容易听到各种声音，这让她难以入睡。一直保持着这样的生活，她感觉自己有些神经衰弱了。

有一天，女孩的朋友约她一起出去玩，她想，反正回到家里也是睡不着，不如就去放松一下好了。他们选择到酒吧去消遣，那里异常喧哗，大家疯狂地跳着舞，音乐的声音大得震耳，不知道是什么原因，也许是因为这段时间实在是太缺少睡眠了，也或者是放轻松了，这个女孩渐渐沉入自己的小世界之中，不一会儿竟然在沙发上睡着了。

耳边震耳的音乐没能成为影响她的因素，直到最后朋友叫她，她才从睡梦中醒过来。真是奇迹，这竟然是她睡得最舒服的一次。由此，这个女孩也领悟到了，环境并非影响自己的因素，影响自己的，是自己焦躁的内心。从那之后，女孩下班后就给自己减压，从容地面对生活，也是从那时开始，她每天都可以安然入睡了。

从容一些，往往能够帮助我们脱离困扰。佛之所以能够成为佛，远离世间的烦恼,并非是佛所处的环境没有烦恼,而是因为佛的心已经脱离了情绪的控制,可以做到不以物喜,不以己悲。没有了烦扰,生活自然能够恬淡而幸福。我们缺少的,就是佛的从容。

没有绝对的安静,越是安静的环境,声音反而越容易凸显出来。只要我们能够不在意,那么怎样的客观环境就不再是影响我们心情的因素了。放宽自己的心,如月一般从容淡定,放下不必要的忧虑,自然能够让自己的内心变得平静如水。

别再纠缠于那些无谓的小事

我们有时因为太过要求完美,所以在小事细节上也花费大量的精力,也是因为这样才让我们觉得辛苦,产生忧虑。只要我们分清事情的轻重缓急,不再纠缠那些无谓的小事,那么我们就能从忧虑中脱离出来。

大事还是小事通常以我们的重视程度为标准来进行区分。有时我们难以客观判断,抓不住事情的主体,就只能在细节小事上打转,进而耽误了其他重要的事情。我们的精力是有限的,难以做到面面俱到,在一件事情上花费了太多的精力,就难以再在其他事情上花费过多精力,可能事情的结果就会和自己所期待的产生偏差。

从前有一个帝王,他潜心向佛,在他即位之后,他就开始着手于对境内所有的寺庙的修葺。这个时候问题出现了,围绕着谁来修葺寺庙这个问题大臣们展开了讨论。

最后留下了两个队伍，一边是普通的僧人，另一边是一个优秀的装修队。帝王感到选择比较困难，就向大家征询意见，最后讨论出了一个方法，就是让两边对两个寺庙进行修葺，以最后的结果来做定论。

两边都展开了工程，一边的装修队要了很多名贵的材料和金银，还要了很多种颜料。而另一边，僧人们的要求就简单多了，他们要了最简单的打扫工具。然后两边都开始了自己的工程。

过了不长的时间，僧人们的队伍就完工了，又过了一段时间，装修队也完工了，人们先观赏了装修队的工程。工人们做得非常精致，非常精细，雕梁画栋，一切都是崭新的，完全没有了曾经寺庙的样子，就连柱子上，也雕上了精美的图案，并且在柱子上还镀了金。人们除了精美以外，没有了其他的评价。

然后人们又来到了僧人们"装修"的寺院，刚刚进去人们就被里面肃穆的气氛感染、影响了。原来僧人没有做任何的装修，他们只是扫去了灰尘，恢复了寺庙的本来面目，虽然寺庙并非崭新的，但是人们却从中感受到了历史的厚重感，心也随之静了下来。结果一致评论后，僧人们在全国展开了寺庙的修复工作。

虽然说细节决定一切，但并不代表着我们只着眼于细节，这样就可能像装修队一样忽视了事物的本质。如果因为过于纠缠小事而耽误了大事，那么我们所做的一切努力也将没有任何意义。有时小事是异常琐碎的，总是和这些事情纠缠，势必会让我们感到烦躁和忧虑。放开那些无谓的小事，才能将自己从忧虑当中解放出来。

现代的生活节奏越来越快，人们也变得越来越忙碌。我们要想抓住幸福，就要学会抓住重点，只着眼于一些鸡毛蒜皮的小事，因为这些而抱怨的话，只能让自己远离幸福。

有一名年轻人，他每天都忙得焦头烂额，生活对于他来说痛苦远远大于乐趣。他每天都会有很多烦恼，并且为这些事情忧虑不已。

在早上上班的时候，坐公交车的年轻人总会异常小心自己的鞋子不要被踩到，没有座位的时候就站在座位边上时刻注意着那个人哪一站会下车，当那个人有下车意向的时候，他就开始忧虑，因为担心别人会抢走这个自己已经守了很久的座位。

到了公司工作的时候，年轻人也总是过度注意经理的言行，他总觉得领导的每一句话都有着领导的意思，即使经理随便开句玩笑，也会让他思考揣摩好久，他总是试图去了解经理的意思。约客户见面的时候他又会一直看表，因为他怕客户不来，怕失去客户。每当客户迟到的时候，就看到他在那里皱着眉头看表。一副坐立不安的样子。

结果呢？即使年轻人小心翼翼，但是很多不快还是找上了他。在坐公交车的时候，因为过于注意自己的鞋子不被踩到，被小偷钻了空子偷了钱包；因为注意抢座位，不小心撞倒了要下车的老人；在公司因为过于关注经理的脸色，使得工作进展不顺利，最终离开了他的工作岗位；等客户的时候因为不停看表让客户误会他等得不耐烦，觉得他不懂礼貌，合作也告吹了。

因为过于在意无谓的小事，所以使得结果很糟糕。为什么要因为那些无谓的小事而焦躁不已呢？忧虑对自己的伤害有很多，我们完全没必要为了一点点小事而纠缠不休、忧虑不已。

生活是忙碌的，我们做不到马不停蹄地赶路，更没有精力去应对所有的问题，不要太过纠结一句话，一点琐碎，平和一点，给自己一点空间，让自己能够有时间去享受生活，有机会感悟人生。

第8章 心平者不冲动,冲动则亡

心平者不冲动,因为冲动是魔鬼,除了能给人带来厄运外,别无它用。心平者表面风平浪静,其内心则包罗万象,能冷眼对沉浮,静观其变。正所谓,不动声色的越具智慧,遇事沉不住气,只会大呼小叫的往往不成气候。

不要在冲动的时候做任何决定

在我们生命的五彩洪流中,每个人都展示着自己丰富的个性。假如你是一个性情急躁、容易冲动的人,那么你就要明白,在你冲动的时候所做出的决定,往往事后都会让你后悔不已。

生活的经历告诉我们:一个人在极度愤怒的时候,一定不要轻易地做决定,否则做错了决定,再怎么后悔都于事无补。

一个男子风尘仆仆地出差回来,走到家门口正准备敲门的时候,忽然听到了男人打呼噜的声音,十分伤心难过,就独自离开了,并发了一个短信给老婆:"我们离婚吧。"老婆觉得非常伤心,认为老公肯定是在外地出差的时候有了外遇,所以就同意了离婚。

三年后,两个人相遇了。老婆忍不住问起当年他为什么要提出离婚。在得知是因为听到男人的打呼噜声后,老婆忽然奇怪地大笑了起来:"你为什么当时不打开门走进去看看呢?"

"还有什么好看的呢?都给彼此留点颜面,好聚好散吧!"

"你知道吗?你当年听到的打呼噜声,不过是电脑上瑞星小狮子所发出来的响声……"

很多时候,人们往往会认为女性的冲动是一时懦弱的行为,而男性的冲动却被认为是有魄力、有冲劲。可事实真的是这样吗?男人因为当时无法抑制的愤怒,冲动地向妻子提出了离婚,殊不知,所谓的男人打呼噜声不过是瑞星小狮子的响声。看着已经再嫁的贤惠前妻,男人又怎是一个后悔了得?

冲动所带来的后果是十分严重的,冲动所带来的损失也是无法弥补的。你很有可能会因为一时的冲动而失去你心爱的人,失去多年的好友,失去一批顾客。因为人在发怒的时候,已经完全丧失了理智,基本上已经不能正常理智地思考和支配自己的行动,从而做出让自己后悔不已的事情。

在日常的婚姻生活和朋友交际中,尤其不能冲动;在工作中,我们更应该努力克制心中的怒火。许多研究表明,爱生气的员工通常都比较容易冲动,做起事情来也总是会不计后果。他们往往更为关心的是自己的需要、期望和目标是否得到满足,而没有事先想想整个大局,想一想公司的需要和目标。如果老板在快要下班或者假日的时候问他可不可以加班赶完一个急活,他就会非常生气地大声回答:"绝对不行,今天我该做的事情都已经做完了。

并且我等会儿下班以后还有别的事情。"然后就会怒气冲冲地离开了。

虽然顶撞了老板,最终也没有加班,但喜欢生气的人就会认为老板是觉得他"人善被人欺",或者是因为自己的能力达到了一定的程度才会被老板要求加班。所以,他就会觉得自己应该被领导提拔,如果这个时候被提拔的是别人,他就会感到愤怒和不公平,并且从此以后就开始消极怠工。他甚至还会不断地问自己同样一个问题:"为什么他们不可以公平地对待我?"

愤怒就像是一面镜子,一面可以观察自己的镜子,仔细看着这面镜子,你能从中发现些什么呢?也许很多时候有问题的并不是别人,而是你自己。

其实,冲动是一种最无力也最具有破坏性的情绪,它给人们带去的伤害可能会远远大于我们的想象。

2006年世界杯足球赛决赛中,著名的法国球星齐达内,在加时赛的最后10分钟里,用头顶撞了对方的球员,最后被一张红牌将自己的世界杯生涯画上了句号,并导致了整个球队将冠军拱手让给了意大利。

齐达内为什么会用头去顶撞对方球员呢?很多人都会说是因为意大利球员马特拉齐先辱骂了齐达内,故意激怒他,生性就好斗的齐达内一时情绪失控,所以冲动地做出了违规的行为,最终被裁判用红牌罚下场。结果可想而知,齐达内黯然离场,让整个法国队失去了灵魂支柱,他们不明白为什么在关键时刻,齐达内会做出如此冲动的行为,队员情绪不稳,整个气场也就自然弱了下去,失败几乎成为定局。

冲动就好像是一个人在喝酒,只要你喝下第一杯,就会一杯接一杯不停地喝下去,越喝越醉。愤怒也就像酒瘾一样,让易怒的人难以控制,一旦陷入愤怒的情绪里就难以自拔。

人之所以会生气,通常都是因为别人触犯了自己的尊严或者是自身的利益,于是很难一下子就让自己冷静下来,所以当你意识到自己的情绪非常激动,眼看就要控制不住的时候,可以用及时转移注意力等方式来自我放松,从而鼓励自己克制冲动的情绪。

中国有句古话:"忍一时风平浪静,退一步海阔天空。"这句话就是要告诉我们,在某些容易引起人情绪波动的特殊情况下,不要意气用事,不要冲动。因为在缺乏周详考虑的情况下,头脑一时发热,做起事来也会不假思索,这样就很容易草率地做出伤害自己和伤害他人的举动。

愤怒是一种人的需求得不到满足的消极情绪,而冲动就是一种瞬间的情绪释放,在你冲动地想要说一些话和做一些事情的时候,愤怒就会像暴风雨一样来得猛烈、去得迅速,可是在短时间内又会有较强的紧张情绪和行为反应。所以,当愤怒的情绪郁结在心中时就会产生巨大的力量,一旦发泄到外面,就会造成无法估计的损失。

因此,要想成功地操纵自己的情绪,就一定要远离冲动,不要草率地去做一些冲动的决定。否则只会给自己平添许多的遗憾和悔恨。

冷眼对沉浮,天凉好个秋

很多时候,冲动不仅会让人思想上失去冷静,心理上失去平衡,甚至还会让人在遇到事情的时候不用心去思考,看到些什么,或者是听到些什么,就认为是什么,从而失去了正确的判断能力。

在现实生活中,我们在遇到事情的时候,总是会太过于冲动,其实一个人真正的成熟正是要懂得遇事冷静,不冲动。能够放下冲动的人具有十分深沉的能力,行事起来也不会太过于仓促,不会被一时的情绪左右思想。只有放下冲动,我们才可以学会淡泊,才能够做到品味生活中的那些小细节、小幸福。

有一个人去几十里外的陌生村庄买了满满一车的西瓜,用拖拉机拉着赶往城里卖,希望可以大赚一笔。由于是山路,所以一路走来都是坑坑洼洼,非常颠簸,再加上他对这一带又不熟悉,又急着赶路,所以就赶忙向路边的一位农夫打听,要走多久才可以走出这条颠簸不平的山路。

"你先别着急,要慢慢走,再过十分钟就能到大路了。"农夫回答道,然后他又赶忙提醒,"但如果你快速赶路的话,就会耗费掉你很多的时间,甚至还会白赶路了。"

"说得这是什么歪理啊?根本就是在胡说八道!"这个人根本就没有理会农夫所说的话。问完路以后,就急急忙忙地加速前进。不料还没走多远,车轮就被大石头给撞上了,装满西瓜的车也猛烈地摇晃了起来。有不少西瓜都从车子上面滚落了下来,由于车速的冲击力太大,轮胎被锋利的石头尖给划破了。西瓜摔坏了不说,连车胎也被撞坏了。后来,经过一番努力,终于把车子给修好了,也把落在地上没有被摔坏的西瓜重新装上车,可以开动继续前行了,可是他却累得没有力气了。他非常疲惫地回到了驾驶座上,想要快点赶路都不行了。

这个时候,他忽然想起了农夫刚刚所说的那番话,恍然大悟。在剩下的路上,他十分小心地开车慢慢行驶。不一会儿就来到了大路上面,只不过,那个时候天已经完全黑下来了。

如果不是因为他太过冲动急躁，就不会把车子给撞坏，也不会耽误时间还赔本。有的时候，一时冲动急躁地去做一些事情，反而不能很好地解决问题，甚至还会让问题变得越来越糟糕。只有拥有一个平和的心态，才能让自己在做事的时候不会太过于冲动。

有一位父亲在过世之后，只留给了儿子一幅古画，儿子看完了以后感觉十分地失望，正打算把画收起来的时候，忽然发现画的卷轴似乎非常重，就急急忙忙撕开了一角，赫然发现里面藏了不少的金块，于是就立刻将整个画给撕破了，顺利地取出了里面的金块。但是，紧接着又发现了金子中间又夹杂了一张小字条，字条上面提到这幅画是古代名家大师所绘画的无价之宝。可惜画已经在他的冲动之下被撕得破碎不堪，再怎么后悔也为时已晚了。

从这个故事我们可以看出，因为一时冲动造成了无法弥补的遗憾。因此，我们必须要充分地认识到冲动的危害性。只有充分地认识到它的危害，才有可能有动机和力量去克服它。当然，有的时候我们也不妨借助外部的提醒或者帮助。例如，林则徐每到一个地方，就会在书房最显眼的地方贴上"制怒"的条幅，以此来随时提醒自己不要随意冲动发火。其实，这些方法并不复杂，我们也可以给自己立下个座右铭，时常告诫自己，以便自己能够迅速地从冲动的情绪当中解脱出来。

在美国有一个小男孩叫约翰，他一直都是一个非常顽皮的孩子。他非常喜欢汽车，在他的房间里面也摆满了各种各样的汽车模型。约翰的最大梦想就是能够拥有一辆真正的汽车。可是，正是因为他痴迷这些，所以总是不好好上学，学习成绩也是一直很差。约翰的父母为此很是着急担心。

有一天，父亲把约翰喊到了身边，然后对他说："孩子，你想拥有一辆真正的汽车吗？""当然想了，爸爸！"约翰快速地回答，并用充满了期待的眼神看着父亲。"那这样吧,孩子,不如我们来做个约定,只要你可以考上大学,我就送你一辆汽车怎么样?""真的吗?!"约翰感到有点不可相信,在得到父亲肯定的回答以后,约翰开心地答应了这个约定。

从这以后,约翰再也不像以前那样喜欢贪玩了,他开始把所有的心思都用在学习上面。功夫不负有心人,约翰终于如愿以偿地考上了大学。他高兴极了。约翰感到开心的真正原因是他终于可以拥有一辆汽车了。

"爸爸,我考上大学了,你看,这是我的录取通知书。"

"太好了!祝贺你,约翰!"

"爸爸,你不是答应过我,只要我考上大学,就送我一辆汽车的吗?"

"当然了,你赶紧去你的书房看一下吧。"

书房里面怎么可能会放得下一辆汽车呢?难道爸爸是在骗我吗?约翰这样想着,等到走到书房以后,发现里面和平时一样,除了书本,根本没有什么汽车。想到爸爸骗了自己这么多年,约翰感到十分生气委屈。于是一气之下,就离家出走了。

这一走,就是整整十年。在这十年里,约翰过得并不开心,他总是会想起家中的父母,担心着父母的身体健康。于是,他整理了行李,赶回了家中。可是当他回到了家中才发现爸爸早已去世,而妈妈也满头白发,苍老了许多。约翰感到非常伤心,抱着妈妈大声痛苦。当妈妈问起他为什么当年要离家出走时,他哽咽着回答:"爸爸当年欺骗了我,他并没有给我买什么小汽车。"妈妈难过地回答道:"你爸爸的确给你买了汽车,他把车钥匙就放在你书房的抽屉里。"

约翰听到这里,不禁失声痛哭道:"我当时为什么不好好看一下,我太冲动了,我好后悔,都怪我,爸爸,我对不起你……"

如果约翰当年能够不那么冲动，肯好好看一下书房，也许就不会造成这么大的遗憾和悔恨。很多时候，很多事情就是因为我们无法控制好自己的冲动情绪，才会给自己带来那么多的烦恼。有这么一句话："冲动是一切悲剧的根源。"是啊，因为冲动造成的悲剧我们已经听说过很多。既然我们深知这个道理，为何还不放宽心态，用一种平和的心境去对待我们所遇到的问题呢？

我们用什么样的态度去对待生活，生活就会同样回馈于我们什么样的人生。因此，当我们的内心情绪开始不平时，不妨先静下心来，告诉自己一定要冷静，不要太过于执著。用平和的心态去看待这一切就好。这样一来，你就会发现生活原来是如此幸福美好。

冲动不是魔鬼而能让你变成魔鬼

一个周末的晚上，梦婷在阳台上浇灌那些种植的花花草草，刚好看见和她隔着一条防火巷的邻居雅丽在阳台上整理旧物。雅丽的动作十分干净利落，物品之间发生的碰撞声，就像是来自她内心深处的抱怨。

这个时候，雅丽的丈夫从客厅端来了一杯热茶，双手捧到她的面前。这是一幅多么令人感动的画面啊，差点让人为之落泪。为了不打扰这对夫妻，梦婷轻轻地放下水壶朝屋里走。正打算转身的时候，听到雅丽的抱怨声："别在这里假惺惺地装好心了，我不需要！"也许雅丽需要的并不是一杯热茶，而是丈夫可以来分担她的家务。但是，在丈夫对她表示关心的时候，雅丽实在不该一时冲动把所有的坏情绪都发泄到丈夫身上。

很多时候,一时冲动表现出来的情绪化,很有可能会成为你自身幸福的杀手,让你变得面目可憎,受尽他人指责,冲动不是魔鬼,可是却能够把我们变成魔鬼。

我们所追求的幸福生活是一种平衡。我们应该努力去寻求自身情绪和常识之间的平衡关系,不能总是因为一点小事就大发雷霆。虽然平淡如水、没有波澜的生活会令人烦闷。但如果任由自己的感情肆意宣泄,那么你就有可能永远都不会拥有幸福。

在任何的领域保持平衡的生活都是获得幸福的关键。只有真正掌控好自己的情绪,才不会冲动地去说一些伤害他人的话、做一些伤害他人的事,才不会让自己去吞咽因为一时冲动而种下的苦果。

一个良好的生活态度应该是从多个视角去审视自己的生活,并从中找到情感和理性的最佳搭配,这才是我们在追寻幸福道路上最为值得尝试的一件事。

我们可以从下面这个故事中,体会到一时情绪化的冲动是多么危险的一件事。

在巴格达有一位非常富有的商人,有一天,他派家中的仆人去市场购买食物。可没过多久,仆人就匆匆赶回来了,并且脸色苍白浑身颤抖地对他说:"主人,刚才在市场里,我被一个女人狠狠地推了一把,我回头一看,发现是死神在推我。她还对着我做出了一副十分凶狠的样子,现在,请把您的马借给我吧,我必须尽快从这里逃走,才能躲过这个厄运。我要去萨马拉,只有到那里死神才不会找到我。"

商人听后非常生气,觉得死神威胁自己的仆人就等于和自己过不去。但他还是将自己的马借给了仆人,仆人骑上马后,快速地朝远方奔去。

然后,商人来到了市场,他看见死神正站在人群当中,就气冲冲地走向死神问道:"今天早上,你为什么要凶狠地威胁我的仆人?"死神听后吃惊地说:"我根本没有威胁他,我只是意外能在这个地方看见他,因为今天晚上,我们约好要在萨马拉相见的。"

一时冲动的情绪化行为很有可能会成为个人心理发展的障碍,让人变得不理智,甚至还会做出一些不堪设想的事情。

日常生活中,过多的情绪化行为,会影响人和人之间的和谐相处。对于整个社会来说,当人的情绪化行为逐渐演变成一种个人倾向时,就很难被社会所控制,严重的还会给社会带去损失。

那么,我们究竟应该怎样去控制自己的情绪化行为,让自己变得不那么容易冲动呢?

首先,要勇于承认自己情绪上的弱点,不要去刻意回避自己的情绪。很多人的性格都非常容易冲动,并且冲动起来就很难自我控制,这个时候要怎么处理呢?关键就是要正视自己的这个弱点,在此基础上,再仔细分析自己喜欢冲动的原因,然后再找一些方法去努力克服。这样一来,就可以时刻提醒自己:不要冲动,冲动是魔鬼!

其次,要学会正确认识和对待社会上存在的各种矛盾。在看待问题时,要多看光明和积极的一面,这样才能让自己发现生存的意义和价值,让自己变得更加乐观向上,从而也增加了克服挫折的勇气、希望和信心,即使在遇到一些不平的事时也不会只顾冲动地发泄,而不顾及后果。

最后,要学会正确发泄自己的消极情绪。一般来说,当人在处于逆境的时候就非常容易产生不良的情绪,当这种不良的情绪得不到很好的宣泄时,就很容易冲动地去做一些不顾后果的事情。这个时候，就需要在适当的时候将这种不良的情绪发泄出去。例如，找朋友喝茶聊天，找一些自己感兴趣的事情做，并从中找寻自己的精神安慰和寄托，让自己的不良情绪得以平复，切莫因一时让冲动迷失了自我。

给自己一分钟，冷静下来

著名的德国学者康德曾经说过："生气是拿别人的错误来惩罚自己。"的确，很多人在遇到一些不顺心事情时，都会不问缘由地怒气冲冲，生气抱怨，这样做不但不能解决问题，反而还会严重影响到自己的心情，让问题变得更复杂。

我们不妨先来看一个小故事。

一对刚结婚不久的男女，去海边度蜜月。这一天，他们来到海边游泳，正在他们游得非常开心的时候，一只鲨鱼向他们游了过来。这对男女发现后，就拼命地朝岸边游，可是他们游的速度太慢了，鲨鱼很快就要赶上他们了。这个时候，只见那个男的用脚使劲地踢那个女的，然后又将自己的手给咬出一道很大的伤口。

那个女的，对于丈夫突然做出的这种举动感到十分茫然，她不明白为什么在这种关键时刻丈夫要狠心踢自己。当自己费尽全力游上岸的时候，看见丈夫还在海里被鲨鱼追赶着。她的内心非常复杂，既担心又愤怒，幸运的是，一只船恰巧经过,把他救了上去,可是这个男子由于失血过多,已经昏迷不醒了。

女的看见丈夫这副模样,十分难过,可是一想到刚刚他在海里拼命踢自己,就气愤不已,并冲动地把结婚戒指从手指上拿了下来,扔给躺在地上的丈夫。这个时候,一位老人走了过来,对那个女的说:"刚刚我们在船上看到所有的一切,他踢你是为了让你更快地游向岸边,而他之所以咬破手就是为了用血去吸引鲨鱼追他,只有这样,你才有足够的时间游回岸边。"女的听完老人的一番话,抱着丈夫痛哭不已,为自己刚刚的冲动行为感动后悔万分。

在日常生活中,很多时候,我们都会在没弄清楚事情真相的时候就先生气,等到我们了解事实的缘由后,又会后悔不已。既然如此,为什么我们不在生气想要冲动地做一些事情的时候,先给自己一点时间,让自己冷静一下呢?

其实,每一个人都厌烦生气,可是为什么又会有那么多的人总是会因为一点小事生气呢?因为大家都有着许多的烦恼。但不管你的烦恼是什么,有多么令人气愤,你都要弄清楚,每个人都是为了追求快乐和幸福才来到这个世上的,既然大家的目的都是一样,那么为什么不将所有的事情都看开一些,并且我们生气冲动的结果往往都是,不仅事情没有得到很好的解决,反而给我们带来了更多的麻烦。

市场上有一位妇女正站在一座居民楼的顶层上,想要跳楼自杀。当地的民警接到报警后火速赶到现场,经过一个多小时的苦心劝说后,这位妇女终于放弃了跳楼自杀的念头,被大家带到了安全的地方。

经过民警的一番询问,才得知,这名妇女原来是在农贸市场卖菜。一个星期前,她和附近的一位卖菜的老汉发生了争吵,事情的起因是因为老汉卖菜的价格要比她的稍微便宜些。原来,这位妇女的菜摊和老汉的菜摊是紧紧挨着的,前几天老汉故意将自己的菜价调得比她的便宜些,导致很多原先喜欢去她家买菜的顾客都去了老汉家。这位妇女非常生气就去找老汉理论,可是两个人说着说着就吵了起来,争吵了许久也没有得出个结果。回到家以后,这位妇女越想越生气,就将这件事情告诉了丈夫。

第二天一大早,这位妇女就和她的丈夫一起来到了菜市场,打算找老汉"算账",在争吵的过程中,丈夫一时冲动地将老汉给打了一顿。老汉的家人急忙报了警,由于老汉只是受了一点轻伤,在经过民警调解过后,这位妇女和她的丈夫就赔偿给老汉医疗费、营养费等共计1000元,但是这位妇女越想越觉得自己这钱赔得冤枉,一时气愤难耐,就冲动地想要跳楼自杀。

经过民警的苦心劝解后,这位妇女说:"我当时实在是太生气了,才会因为这点小事冲动地想要去跳楼,如果真要跳下去了,不仅害了自己,还会伤害到我的家人。"

事实上,这个故事就是为了告诉我们在遇到一些事情的时候,千万不要一味冲动地去做一些令自己后悔的事情,而是应该先冷静下来,给自己一点时间,让自己的心绪得以平复,然后再作出相应的决定行为。毕竟冲动是解决不了任何问题的,很多时候,给自己一点时间,反而是化解矛盾的良策,让事情得以更好地解决。

当我们在日常生活里和工作中遇到一些令自己非常气愤的事情时,不妨先静下心默念一遍下面这首《不气歌》:

人生就像一场戏,因为有缘才相聚。相扶到老不容易,是否更该去珍惜?为了小事发脾气,回头想想又何必。别人生气我不气,气出病来无人替。我若气死谁如意?况且伤神又费力。

这首轻松幽默的诗向我们传达了这样一个道理：当我们在遇到打击和伤害的时候，不妨想开一点，给自己一点时间冷静一下，以免伤害自己。

其实，我们每个人都知道生气只会伤害到我们自己，既然如此，我们就该在遇到生气的事情时先冷静下来，思考一番，先把那股火气压一压，然后再好好想解决的办法，把原本不利的事情转变成有利的事情。也许一时冲动会坏了一件好事，但是只要肯静下心来认真想一想，就会把原本不好的事变成好事。

人生匆匆，如白驹过隙，生活中有那么多令我们开心的事情还等着我们去享受，我们又何必再花时间在生气上呢？我们每个人都要学会，在遇到事情的时候养成冷静乐观的性格，做一个有头脑、够理智的人，去包容人生遇到的那些不平事，只有这样，我们的生活才会过得更加和谐和快乐。

不动声色的智慧最具光芒

日常生活中，我们每个人可能都存在着各种各样的矛盾，例如同事不和或者夫妻之间闹矛盾，等等。这个时候，如果只是一味冲动地发脾气和抱怨，反而会让矛盾变得越来越严重。我们不妨学会用"冷处理"的方法，将心中那团冲动的火气给浇灭。"冷处理"，不仅仅可以很好地处理遇到的问题，同时还是为人处世的一种重要手段。

学会冷处理,你就可以冷静地面对所遇到的各种复杂的问题,可以从容不迫地化险为夷,转忧为喜;学会冷处理,你就可以做到大事化小,小事化了,让矛盾逐渐消失,转变成和谐的局面。无数的生活实践告诉我们:学会冷处理,是解决冲动的最有效办法之一。

在美国,有一名男子因为伤害他的前妻,而被法院责令到心理专家那里接受管理辅导。可是,这名男子并不愿意这样做,因为他始终认为自己的做法没有错,更不应该接受什么辅导。男子甚至还辩解道:"我一般都是不愿意和别人发生冲突的,我总是尽量克制自己,哪怕在生气的情况下,我也不会随便骂人,包括我前妻,因为我不想伤害别人的感情或者是让他们感到难堪。那天我原本不打算和她发生争吵的,我本来是打算离开的,可是她站在门口挡住了我的去路,我才会一时冲动地推了她一下,然后她就打电话喊来了警察。"

既然是不想伤害任何人,为什么还要如此粗鲁地推开自己的前妻呢?心理专家相信他的本意也许并非是要伤害前妻,只不过他无法很好控制自己的情绪,当他看到前妻挡在了门口,就一时冲动地上去推了一下,而这个举动也成为了他上法庭的重要证据。

在推开前妻的前一秒,他为什么不先想一下推人的后果呢?为什么不试着冷处理一下呢?如果他能够做到耐心听前妻的意见,那么等她吵累了,自己再安静地离开,那么又怎么会有上法庭一事呢?

每一天,我们每个人都要面对许许多多的选择。有的选择非常简单,例如今天穿哪一件衣服,早点到底吃什么,等等;而有的选择却又是非常复杂的,例如到底要不要雇用这名员工?老板为什么给小张涨了工资而不给我涨,我是要去找老板说理还是私下里大骂老板一通?要不要问问孩子,她昨晚回来那么晚到底干什么去了？到底该不该控制一下自己的火气——即便你有足够的理由发火。

很明显，有的选择是比较妥当的，而有的选择却是恰恰相反的。生气只会让你缺乏理智，发火也只会让事情变得更加麻烦，这个时候选择冷处理，就会体现出你的大度和智慧。一个富有涵养的人，是很少会用发火去处理事情的，因为他们知道，发火是解决不了任何问题的，只有冷处理才会将问题很好地处理掉。

李婷和金辉的性格都是非常自我的人，他们在结婚以后，总是不断地发生争吵，彼此之间又不肯互相谦让。李婷怀孕以后脾气变得更加暴躁，金辉一气之下，在外面就有了外遇。在他们的女儿刚满一周岁的时候，两个人就离婚了。当金辉和林林再婚的时候，李婷跑去婚礼上大闹了一场，说金辉是一个不负责任、花心轻浮的感情骗子。还说林林是一个只会勾引别人丈夫的狐狸精，最终也会被金辉这个花心公子给抛弃。整场婚礼被弄得十分狼狈，参加婚宴的宾客也是议论纷纷。

其实，林林并非是李婷和金辉之间的第三者，23岁的林林是一个非常单纯善良的姑娘，她是在他们离婚以后，才和金辉相识并相爱的。李婷在婚礼上的大吵大闹让林林非常伤心难过，可她并没有抱怨，也没有冲动地指责任何人，而是选择了"冷处理"去解决这件事。

在李婷大闹婚礼的时候，林林阻止了娘家的一些朋友，让李婷尽情地发泄心中的情绪。李婷不仅大声责骂着一对新人，甚至还掀翻了婚礼上的许多物品，可是自始至终都没有任何人回应她，最后她只好愤怒又难过地离开了。第二天，林林独自去看李婷和她的女儿，并给她们送去了一笔钱，说这是她和金辉的一点心意，希望孩子可以得到很好的抚养，让李婷不要那么劳累,还说金辉对不起李婷,她也觉得非常愧疚,想要尽自己最大努力去补偿她们。

李婷也并非是一个蛮不讲理的人,当她得知林林并不是自己当年婚姻的第三者时,再看着这个比自己小七岁的女子可以如此大度,任由自己在她的婚礼上大吵大闹,就觉得非常不好意思,再看到她给自己孩子送来了抚养费和说出的那番话,就更加感到愧疚了。就这样,李婷再也没有去找过金辉和林林的麻烦了。而金辉也因为林林的这个做法而更加珍惜这份感情和婚姻。

在金辉和林林的婚姻中,每当金辉发脾气的时候,林林总会坐在一旁安静地听着,等到金辉说够了,林林就会端上一杯水说:"累了吧,那就先喝点水休息一下吧。"如果不是什么大事,那么这杯水就是两人矛盾的结点,如果涉及一些原则性问题的话,那么林林就会在金辉冷静的时候,说出自己的想法。时间一久,原本脾气暴躁,容易冲动的金辉也开始不再乱发脾气,开始平心静气地和林林过日子了。

如果当年李婷可以像林林这样懂得"冷处理",而不是出现问题的时候就会冲动地大吵大闹,也许后来她就不会和金辉走上离婚这条路,更不会在婚礼上大吵大闹,被众人指责了。当林林在面对问题的时候,并不是冲动地去和李婷互吵,而是采用了另外一种方法去处理问题,这样做的结果不但让丈夫的前妻对自己慢慢地消除了敌意,甚至还让丈夫对自己更加感动和尊重。

什么是"以柔克刚"?就是林林的这种克制冲动的"冷处理"做法。夫妻和情侣之间,是需要相互磨合的。而磨合,就是一种"冷处理"。就好比我们的舌头和牙齿一样,也会有发生碰撞的时候,更何况是两个具有独立个性和见解的人?人和人之间相处,难免会出现一些摩擦,当出现矛盾的时候,千万不要一时冲动地去肆意发泄心中的情绪,不妨先冷静下来,给自己多一点理性的分析,多想想对方的优点,及时进行沟通,这样一来,还有什么问题不能解决呢?

因此,当我们在遇到一些想不通的事情时,不如先暂时将它放一放,把注意力先转移到别的地方去。遇到事情的时候也要多一份冷静,学会冷处理,避免冲动,长此以往,你会发现你的人际关系越来越和谐。

第9章　心平者不纠结,纠结则郁

"世上本无事,庸人自扰之",说的就是纠结抑郁者。人们往往抓住一些小事纠结不放,长此以往,心里的疙瘩越积越多,越塞越满,最终郁结于内,越来越不快乐。不如将心中的垃圾倒空,像山间小溪一样,唱一支欢快的歌。

不做自缚之蛹,心宽而体胖

生活中难免会遇到各种各样的烦恼,这些烦恼多得就像是沉淀在水底的泥沙,所有人都不希望烦恼跟随着自己,但往往它就这样莫名其妙地找上门来,躲也躲不掉。你越是厌烦,想要把它赶走,它就越是紧紧黏着你不放。因为在你的心里,你始终没有将这些烦恼放下,而是一直牢牢地拽着它不放,将自己束缚住,最后导致你的生活被弄得一团糟。如果你肯放下这些烦恼,想开一些,那么它自然也就会离你而去。

这世间的一切烦恼都是来自于我们的心里,所有悲哀喜悦的源头也都在心中。当我们在面对同样的人、事、物和环境时,你是选择烦恼还是选择开心,其实都是由你自己去决定——只要你能做到敞开心怀,坦然地去面对一切,那么你心中的各种阴霾就会被一扫而空,得到最终的轻松和喜悦。

古语有云"境由心生",其实说的就是:你所面对的人和事,你生活在什么样的环境下,都是根据你的心而来的。你吸引什么,你就会遇到什么。所以说,当你想要改变自己所处的环境,首先要做的就是改变自己的内心世界。

接连下了好几天的倾盆大雨,似乎还没有停下来的意思。有那么一个人,非常讨厌这样连续不断的雨,于是就站在院子中央,指着天空开始大声咒骂:"呸!你这个不长眼睛、稀里糊涂的老天,下起雨来就没完没了了,你看不见大雨把我害得有多凄惨吗?屋子里面不停地漏雨,衣服全都湿了,家里到处都是雨水,刚收的粮食也被雨水泡了,木柴也都湿了,你看看你把我害得有多惨,这样对你到底有什么好处?你到底还要下到什么时候才肯停下?"

这个时候,路过的风对他说:"你骂得这样起劲,完全不顾自己站在雨中被淋湿了,老天肯定被你骂得吓坏了,以后肯定也不敢再随随便便下雨了。"

"哼!它要是真能够听到那就好了。"骂天者气呼呼地大声回答。

听他这么回答,喜欢打抱不平的风就觉得有些过分了,于是就回头对老天说:"喂,你没听到下面有人在大声骂你吗?你下雨应该是为了救活那些干渴的庄稼,可是如今却因为自己的私利连累了他人受害,从而怨恨你,你这样做真的是不应该啊!"

突然,只听空中传来一声沉闷的声音,老天回答说:"我不可能去满足这个世上所有人的要求,住在热带地区的人整天骂我太热,烤得他们非常难受;住在寒带地区的人又骂我小气,不肯给他们多一点的阳光照射;住在温带地区的人倒是一年春夏秋冬都享受了,可是他们又骂我春天风沙不断,秋天阴雨连绵。对于我来说,这些骂声我早就已经习惯了,我也管不了那么多,只是全心全意做好自己的职责就可以了。"

风听完这些话以后深受感动,于是就对骂天者说:"你听着,老天不想听也没有时间去听任何人的指责谩骂,所以你站在这里大声骂也是没有任何作用的。"

骂天者一听既然如此,觉得自己完全没必要在这里白费力气,所以就默默走开了。

生活中像这样不称心的事情时时都有,如果我们对此只是一味地去纠结,那么就犹如作茧自缚,得不到解脱。这个时候,不妨敞开心怀,打开自己的一扇心窗,拥有像天空这样广阔的胸怀,生活也就自然好多一些欢声笑语,而少一些烦恼忧愁。

用伤害再去回应伤害,只会让伤害越来越深,最终死死纠缠在一起成为一个打不开的死结。唐伯虎的有句话就说得非常好:"冤家宜解不宜结。"很多时候,当我们在遇到一些事情的时候,不妨先各自回头看看,敞开心怀多宽容一些,那么也就自然会收获到轻松和快乐。宽容就好比人的一双灵巧的双手,可以很容易地就解开伤害这个死结。敞开心怀吧,不要再纠结于内心的那些烦恼,将自己的内心给紧紧束缚住,要知道心宽才会地广,才会在人生的旅途中随处可见美丽的风景。

查理和亨利是邻居,生活在美国的一个小镇上,但他们之间的关系并不友好。虽然谁都弄不清楚到底是什么原因让两家的关系变得如此糟糕,但有一点是可以肯定的:他们彼此之间并不友好和睦。如果非要说出个原因来,那就是他们不喜欢对方,可又都不明白到底不喜欢对方哪一点。

查理和亨利两家经常会因为一些小事发生一些争吵,即便夏天在后院开除草机除草时,车轮常常会碰在一起,但往往这个时候,他们都不会理睬对方。

有一年的夏天,查理和妻子外出旅游去了。刚开始的时候,亨利和妻子并没有发现他们不在家。可是有一天的傍晚亨利在除完自己家院子里的草的时候,发现查理家院子里的草已经长得很茂盛了。

所有路过的人都能一眼看出查理和他的妻子出远门了,而且离开的时间也不短了。亨利心想,这样一来,不是很容易招惹小偷过来吗?然后,一个想法迅速地出现在了他的脑海里。

"每一次我看到那些长得十分茂盛的草坪,就会非常犹豫,我真的不想去帮助我不喜欢的人。"亨利轻轻地说,"虽然我已经非常努力地从脑海中抹去帮他们除草的想法,但应该帮忙的想法却怎么也挥之不去。于是,我在第二天的时候把邻居家的草坪给除好了。"

"一个星期以后,查理和妻子旅游回来了。他们回来没过多久,我就看见查理不停地在街上走来走去。他在我们这条街上每家门前都停留了不少的时间。"

"最后,查理过来敲了我家的门,我打开门以后,发现他站在门外,用一副十分好奇的表情看着我。过了一会儿,查理才开口对我说:'亨利,是你帮我除掉院子里的那些草吗?在我的印象里,他是第一次称呼我为亨利。我问了这条街上的所有人是谁帮我除的草,他们都说不是自己,杰克说是你帮我除的,是这样的吗?'"他的语气里面含有一丝责备的意思。

"是的,查理,的确是我做的。我带有一丝挑战语气回答,我以为他会对我发火。可是,让我意外的是,查理低着头犹豫了一下,像是想要说些什么。

直到最后,他才用非常低的声音对我说了一声'谢谢',说完以后就立刻离开了。"

就这样,他们之间打破了以往的沉默和不和谐。从此以后,两家人的关系也变得越来越和睦。其实,很多时候,只要我们肯敞开自己的心怀,一切都会有所改变。不管是朋友之间,还是同事、邻里之间,都是一样的道理。有的时候,横在我们之间的,只是那一个小小的心结。我们需要做的,就是不要束缚自己的心灵,放下纠结,敞开心灵的窗户,放宽心态,那么什么问题都会迎刃而解。

每个人都应该拥有宽广的胸怀,敞开自己的心怀,去拥抱生活中所拥有的和即将要得到的一切。如此一来,你就会发现自己的生活变得越发幸福和快乐。

唱一支快乐的歌,让心不复杂

生活中有太多的小事,根本不值得我们去计较和为之纠结难安,我们应该用一种包容平和的心态去积极地面对,学会看开一些、看淡一点、看远一些、看透看准一点,要是能够做到这几点的话,那么我们的人生就会过得更加幸福和快乐。

其实,这世上的每一个人,都想要把事情做到更好,但同时每个人又无法将现实中的事情,做得如想象中那样完美。在我们的生活中,有时总会遇到这样或者那样让我们烦恼的事情。例如，领导不问缘由指责你；邻居无故痛骂你；孩子学习成绩不理想，等等，这些事情总会让我们感到十分地烦恼，内心无法平静，甚至还会纠结抑郁难安。

俗话说，烦由心生。其实，那么多的烦恼，都是因为人的本性拥有着贪婪、忌妒和虚荣等心理欲望，这种本能的欲望在受到外界的诱导以后，就会让我们的心灵处于一种不平衡的状态里。所以说，我们不应该为了那些不值得的小事而破坏了自己的情绪。只有这样，我们才能寻得快乐。

有一本书上面记载了这样一个小故事。

记得在他小的时候，他总是感觉自己的情绪非常坏，总是会因为一点点小事而感到生气。就连有人不小心碰到他，他也会很生气。如果有人让他情绪不好，他就会大声地骂对方，或者用力地打对方，要不然就是大声地哭闹。每一次在他情绪不好的时候，大家就会躲得远远的。

有一次，他和弟弟闹起了别扭，他的脾气一下子又来了，他开始大声骂起弟弟来。这个时候，妈妈轻轻地走了过来，拿着一个镜子放在了他的面前。他看到了镜中的自己，眉头紧紧皱在一起，面容也是皱巴巴的，十分恐怖和好笑，原来一个人情绪不好时是这样难看啊。后来妈妈告诉他，当我们情绪不好或者在为一些事情烦恼的时候，可以先想一想曾经那些令我们开心的事情。

从这以后，每当他心情低落或者纠结郁闷的时候，他就会去想好的事情，这样一来，那些令他生气的小事也就没有了，情绪也就没有那么坏了。时间久了，也就逐渐地改掉了自己身上的这个毛病。

上面这个小故事让我们明白，在面对生活中那些烦恼的时候，其实，根本没有必要去太较真，多包容一些，用一种快乐的心情，就会发现事情其实没有那么糟糕。

　　有一天,有一位可爱的小女孩来到一间珠宝店的柜台前面,然后把一个放着几本书的帆布包放在柜台上面。当一个穿着时尚、英俊帅气的男子走进来,也站在柜台前面看珠宝的时候,小女孩非常有礼貌地将自己的帆布包从柜台上面给拿了起来,可是这个男子却忽然非常愤怒地看着小女孩,他说,自己是一个十分正直的人,绝对不是想要去偷她的包。他觉得小女孩的动作侮辱了他,于是就非常生气地走出了这家珠宝店,这个小女孩感到很惊讶,她没想到自己一个好心的动作,竟然会引起他如此的愤怒不堪。

　　后来,小女孩终于想通了,这个男子和她好像生活在两个不同的世界,但实际上大家生活的世界却是一样的,其中存在的差别就是小女孩和他对事物的想法不同,她没有想到一个简单的动作,在对方眼里会变得如此复杂。

　　现实生活中,人们总是忙着用物质来让自己的生活得到满足。于是,一切烦琐、复杂的东西就充斥在我们的周围,从而也让我们的心灵变得更加复杂,纠结不已。每个人都渴望过着一种简单愉快的生活,可是这种生活要怎么做才能得以实现呢?其实,一切都还源于我们的心灵。只要我们拥有一个快乐简单的心,在遇到一些复杂事情的时候用一种快乐的态度去对待,那么我们就会产生一种满足感、幸福感。到最后,你也就会发现那些原本让你头疼的事情,其实并没有那么可怕。

放下小纠结,追求大境界

很多时候,真正将人们击垮的,并不是那些看似是灭顶之灾的危机,反而是一些微不足道的小事。事实上,我们很多人都能够勇敢地去面对生活中所遇到的那些大危机,却时常被一些小事情弄得焦头烂额。

芝加哥的一位法官,在处理了 4 万多件的离婚案过后说道:"很多人的婚姻生活之所以感到不幸福,最基本的原因往往都是因为一些生活上的小事情。"而纽约的一位地方检察官也曾这样说过:"在我们处理的大批刑事案件中,有一半以上都是因为一些很小的事情:喜欢逞一时的英雄,为了一些小事吵吵闹闹,讲话的时候不顾别人的感受,行为粗暴——正是因为这些小事情,才引起了一起又一起的伤害和谋杀。"

罗斯福夫人在刚刚结婚的时候,担忧了很长一段时间,因为她的新厨子做饭做得很差。一段时间以后,罗斯福夫人对朋友说:"我不明白为什么自己以前会为这点小事纠结,因为现在,我根本不会在意这些小事。"这才是一个成年人的做法。就连凯瑟琳女皇——这位最为专制的女皇,也会在厨子将饭菜做得不好的时候,一笑了之。

有这么一条法律上的名言说道"法律是不会去管那些小事情的。"同样,一个人走在寻找幸福生活的道路上,也不该总是为了一些小事情去纠结担忧。因为担忧是解决不了任何问题的,同样也改变不了目前的逆境。大部分时候,要想去克服一些小事情所引起的困扰,最好的办法就是将自己的看法和重点进行转移,这样一来,就会让你拥有一个全新的、能令你开心一些的看法。

一位老太太有两个女儿,大女儿家是开雨伞店的,小女儿嫁给了一个开洗衣店的。这样一来,晴天的时候,老太太就担心大女儿家的雨伞卖不出去;雨天的时候,又担心小女儿家的衣服晒不干;整日担忧不已。后来有一天,有个人对老太太说:"老太太,你真有福气,晴天的时候小女儿家顾客不断,雨天的时候大女儿家生意兴隆。老太太仔细一想,的确如此。从这以后,老太太每天都过得无忧无虑,非常开心。

的确,如果在我们的生活中,我们总是一味地去纠结一些小事情,那么我们的生活又有何快乐可言呢?唯有放下内心的那些小纠结,才能迎来更好的生活。

摩瑞斯说:"我们经常会被一些小事情、一些根本不值得关注的小事情弄得心烦不已……我们每个人活在这个世上的时间都只有短短的几十年,而我们浪费了很多不可能再补回来的时间。去为一些很快就会被遗忘的小事纠结忧虑。不要这样,让我们把自己的生活只用于值得做的行动和感觉上,去想一些伟大的思想,去经历一些真正的感情,去做一些必须做的事情。因为生命真的太短促了,不该再去顾及那些微不足道的小事。"

1943年,杰克先生认为这世界上所有的烦劳似乎都降临到自己的头上来了。这40多年来,他一直过得都十分顺畅,还有一些生活上遇到的小事,可是每次他都可以很好地应付过去。可是如今,接连不断的麻烦向他走来,他因为下面的这些烦恼,彻夜难眠,十分纠结,忧愁不已。

他开办的商务学校,因为男孩子都入伍作战去了,所以面临着严重的财务危机,甚至有可能会倒闭;他的大儿子也当兵入伍了,他感到十分地牵挂担忧;他名下的一片土地,正被政府征收用于土地建造机场,可他所得到的补偿却非常少;最为悲惨的就是,他即将要无家可归了,因为城市里的房屋居住紧张,他担心无法找到一个合适全家居住的房子。弄不好他们一家还要住到帐篷里面,而且可不可以买到一顶好的帐篷,他也感到非常担忧。

他农场里面的水井干枯了,由于他房子附近正在挖一条运河,如果自己再花上500美元去重新挖个井,就等于是把钱都丢到水里面了,因为这片土地已经被征收了;他每天一大早就要起来去很远的地方运水生活,他担心自己的后半生都要在这样劳累的日子中度过了;他住的地方离他的商业学校比较远,他总是担心自己的老爷车会不会在开到一半的时候抛锚。

他的大女儿提前一年高中毕业了,她打定主意要继续上大学,可是他却担心不能及时筹集好学费。

杰克每天都被这些问题弄得忧虑万分,最后他决定将这些问题都写下来,因为他觉得这些问题已经超出了自己的控制范围内,他已经觉得束手无策了。

两年后的一天,杰克在书房整理物品的时候,忽然发现了这张纸,上面记载了他曾经有过的所有烦恼。但有趣的是,他发现之前自己担心的那些事一件都没有发生过:

担心学校会倒闭是毫无意义的,因为政府开始拨款训练那些退役的军人,所以他的学校很快就招满了学生;担心当兵入伍的儿子也是毫无意义的,因为他平平安安地回来了;担心土地被征收也是毫无意义的,因为附近发现了油田,所以停止了征收;担心每天运水劳累也是毫无意义的,因为土地没有被征收,他就可以花钱再挖掘一口水井了;担心车子会在半路上抛锚也是毫无意义的,因为在他的细心保养下,车子一直没有出过问题;担心女儿的学费也是毫无意义的,因为女儿在开学前找到了一份不错的工作,可以利用课后的时间工作,而这份工作可以让她不再担心学费的问题。

这些难忘的经验让杰克深深地明白了一个道理:为了一些根本不会发生的事情去纠结忧虑,是一件多么愚蠢的事情啊。

事实上,我们细心回想一下就会发现,我们的今天正是你昨天所忧虑的明天。当我们在为一些小事情忧虑纠结的时候,不妨先问问自己:我所忧虑纠结的这些事情到底会不会发生呢?

云飘水流过,挥一挥手向过去告别

这世上的每一个人,都注定着无法逃脱那些所谓的不幸和不快。即便你走遍天涯海角,寻得一个看破世间红尘的得道高僧,他也同样无法摆脱现实中的猜忌、心理上的纠结和生活中的烦恼。要知道生活中没有什么是永远一帆风顺的,谁也没有办法从世俗的烦恼中摆脱出来。

可是,如果我们总是一味地去想着那些让我们烦恼不安的事情,那么我们就只会一直抱怨生活的不公,纠结内心的困扰,将每一天的心情都弄得十分糟糕。如此一来,我们的生活哪还有快乐可言?

有一个年轻人。在他刚过完24岁生日的时候,就惨遭他人陷害,在牢房里面整整度过了10年的时间。后来这个冤案得以平反,他也得以释放。可是,他却开始了日复一日的反复控诉和咒骂:"我真是太倒霉了,在我最年轻的时候居然遭受冤屈,在监狱里面度过了人生最美好的时光。那里根本就不是人待的地方,房间里阴暗潮湿,气味难闻,狭小的窗户从来也见不到一丝的阳光,我真的被折磨得生不如死。我不明白为什么陷害我的那个人没有得到惩罚,就算把他千刀万剐也难消我心头之恨啊!"

72岁那年。在贫病交加中,他终于卧床不起。临终之时,牧师来到了他的床前,轻轻地对他说:"可怜的孩子,在去天堂之前,先忏悔一下你在人世间的一切罪恶吧!"

躺在病床上面的他依然对往事耿耿于怀:"我不需要任何的忏悔,我需要的是不停地诅咒,诅咒那些给我的人生带来不幸的人。"

牧师握住他的手问:"你因为遭受冤屈而在监狱里待了多少年?"

他悲愤地将数字告诉了牧师,牧师听完长长地叹了一口气:"可怜的孩子,你真是这个世界上最不幸的人,对于你遭受的这些不幸我感到十分同情和难过。你被关了10年。可是当你走出牢房去享受外面自由的时候,你却用心中的仇恨和咒怨将自己囚禁了整整38年。"

在人生漫长的道路上,我们难免会遇到许多心酸的挫折和悲欢离合。即便那个时候我们的心中充满了无限的委屈和愤怒,可过去的毕竟已经过去了。如果我们还是将这一切包袱都背负在身上,那么我们的人生岂不是走得太过劳累?又如何去体验这人生的种种乐趣和快乐?如果往事不堪回首,还硬要逼着自己去回首,那么烦恼岂不是会永远跟随着你?纠结于往事中,只会让你陷入无限的失落,破坏每一天的生活。

幸福快乐不会主动找上门,它只会属于那些热爱生活和珍惜生命的人。有的时候,事情既然已经发生了,那么我们就不应该再为这些已经发生的事情去纠结,而应该做到让这些发生过了的事情就此过去。

　　许多人都认为,初恋的失败是最令人痛苦的,甚至还会有人因此而绝望自杀,其中的原因之一就是这个时候他们往往会产生一种错误的观念:从此以后,我再也不会拥有真正的爱情了,我也不会有这种刻骨铭心的感觉了。他们会把一次恋爱的失败当成是这辈子爱情的终结,而实际上这种想法是错误的。因为只要他们再一次投入恋爱中去,并为对方牵肠挂肚,朝思暮想,那么他们再回头想一想曾经的想法和举动时,就会觉得自己当初非常幼稚可笑。

　　其实,当我们在生活中遭遇到各种不幸和挫折时,应该先冷静下来思考一下可能会出现的三种结局:最好、中等、最坏,同时还要不停地提醒着自己,我不一定就是最坏的结局,有可能会是中等或者最好的结果,凡事一定要尽量往最好的方面去想、去努力。

　　你一定要坚信,这一切都将会成为过去,没有什么大不了的。

　　伟大的所罗门王有一天晚上做了一个奇怪的梦。梦中一位智者告诉他一句至理名言。这句至理名言涵盖了人类的所有智慧,可以让人们在得意的时候不骄傲;在失意的时候不绝望,自始至终都保持着一种勤勤恳恳、奋发向上的状态。可是,遗憾的是,当所罗门王醒来的时候却怎么也想不起梦中的那句至理名言了。

　　于是,所罗门王找来了这个国家里最有智慧的几个人,向他们讲述了自己所做的那个梦,要求他们把那句至理名言给想出来,并拿出一枚大钻戒,说:"如果你们想出了那句至理名言,就把它刻在这个戒面上。我要把这枚戒指天天都戴在手上,以便时时刻刻地提醒自己。"

　　一个星期以后,几位智者非常兴奋地前来给所罗门王送还钻戒,只见戒面上刻了六个字:"一切都会过去。"

　　人生一世,从表面上来看,似乎有很多事情都是和将来的幸福生活是有关系的,例如金钱、名誉、地位,等等。其实只有过来人才会了解,这一切不过都是过眼云烟。在人的一生中,只有那种平和的心态与时时快乐的感觉才是最为真实可靠的。那些看似让我们纠结难安的事情,其实都是一时的,等到过去以后,你就会发现它根本没有什么关系。

　　所以说,我们在经历痛苦的时候要学会调整自己的情绪,学会微笑着对自己说,何必纠结至此,这一切都将会过去,挥一挥手,勇敢地和他们告别。要相信,只要拥有一个好心情,幸福和快乐就一定会降临。如果我们一直纠结下去,无法释怀,那么幸福就好比挂在驴子前面的那根胡萝卜,永远都是可望不可即的。

　　繁花凋谢了,还有再盛开的时候;春天过去了,还有再来的时候;树木枯萎了,还有再复苏的时候;心情低落了,也还有再好的时候。所以,当你感到不幸福或者不快乐的时候,请务必要放下内心的纠结,不要一直计较下去。因为这一切终将会过去。

闲言碎语耳边风,不留一片在心中

在日常的生活中有一些人为了一些鸡毛蒜皮的小事,或者是几句闲言碎语,再或是自己的不幸,唉声叹气、忧愁不已……

其实,人生在世,总是难免会听到一些别人给予自己的各种各样的评价,有好的一面,自然也就会有不好的一面,如果你总是一味地纠结于别人对你的评价,哭丧着脸过日子,那么生活无疑也会痛苦、无奈许多。但是如果你能做到将这些闲言碎语付之一炬,那么就可以让自己原本灰暗的心境变得光亮快乐许多。

有一位精通卜算的禅师,常常会为附近的居民排忧解难,因而深受当地人们的尊重。有一天,闲来无事,禅师就给自己算了一卦。卦象的结果十分不乐观,显示的是,在后天的凌晨,当启明星消失的时候,这位禅师就会死去。

禅师对这个结果既惊讶万分,又哀伤不已。虽然修禅之人要对生死看得很淡,但是自己的身体一直都非常好,没有任何不良的征兆,所以难免心中会有一丝情绪。等到禅师将自己的心情平复下来以后,就把这个消息告诉了自己的弟子们。没过多久,附近的人们就都知道了这个消息,大家对这个结果都感到十分伤心。在众人的心中,禅师不仅卦象算得很准,而且还非常乐于助人,于是人们就纷纷来到了寺院里面,想要为禅师送行。

禅师在交代完自己的身后事以后,开始静静地坐在那儿等待启明星的离去,自己死期的来临。

这一天,东方的天空开始被朝霞一点一点地染红。禅师默默地站在床前,哀伤地看着楼下为自己祈祷的人们,心情十分沉重。他不知道自己会以什么样的方式和世间告别,也不知道,万一当启明星消失以后,自己如果还没有死去,又将如何才好?楼下站满了对自己充满敬意和信任的人,如果卦象的结果出错,他们一定会对自己议论纷纷,那么自己多年来的名声就会没有了。

启明星开始逐渐地暗淡了,一点点地变弱直至消失了。楼下响起了一片欢呼声,大家都为禅师能够躲过一劫而感到高兴。但是,当所有人都沉浸在庆幸的喜悦当中时,禅师却从楼上跳了下来。

其实,一个人如果总是把自己的生活焦点和生命的重心放在看别人的眼光、脸色和喜恶上面,想尽办法去克制自己,迎合别人,是一种十分愚蠢的行为。人生在世,不可能做到满足所有人的要求,就算可以,也只能扭曲自我,最终失去自我,失去自我的生活乐趣和整个生命的价值。这个禅师正是如此,这个世界原本就是不圆满的,人也不可能是十全十美的。就算卦象的结果出错,别人会对自己议论纷纷,只要自己能够做到坦然面对不就可以了吗?

阮玲玉,很多人在说起这个名字的时候,都是带有一种深深的叹惜之情。阮玲玉自杀的时候只有25岁,正值芳华。她就是被社会上那些闲言碎语给逼迫而死。鲁迅先生曾经为她写了一篇《论人言可畏》的文章。是的,各种各样的舆论给予一个女人的压力是巨大的,面对着各种各样的闲言碎语,阮玲玉选择了自杀。她用自己生命的代价去做最后的抵抗无疑是悲哀的。因为,生命对于每个人来说只有一次,失去了就再也回不来了。在生命的珍贵面前,那些闲言碎语又算得了什么呢?

这个世上,没有一幅画是不被别人评价的,也没有一个人是不被别人议论的。如果你是一个沉默寡言的人,那么有可能别人会说你是一个"城府很深"的人;如果你是一个非常健谈的人,那么有可能别人会说你是一个"夸夸其谈"的人;如果你去赞美别人的话,也有可能别人会说你是"别有用心";如果你善意地批评别人的话,那么还有可能使别人暴怒不已,认为你这是在"多管闲事"。所以,不管你怎么说,怎么做,都逃脱不了别人对你的评价议论。

俗话说:"坐起来说人,站起来被人说。"评价别人和被人评价都是一种非常正常的生活现象,生活中,又有哪个人能做到不被人说,不说别人?"谣言止于智者",不管别人怎么说你,你都不必在心里太过纠结,更不要去理睬,舌头长在别人的嘴巴里,说什么也是别人的自由,可是要如何做却是属于你自己的权利和选择。

当然,要做到不被他人的闲言碎语所左右,是一件不容易的事。陶渊明有云:"心远地自偏。"一个人只要拥有了对生活的信念,就不会在意那些闲言碎语,更不会因为别人所说的一番话而影响到自己的生活。

记得日本著名的哲学家西田几多郎曾经写过一首诗:"人是人,我是我,然而我有我要走的道路。"的确,我们每个人都有着属于自己的生活目标和生活方式,如果我们自己都不能选择自己所喜欢的生活方式,走自己想要走的人生路,而是时时刻刻在意纠结别人所说的闲言碎语,这不就等于在为别人而活吗?这样的生活还有什么意义可言呢?所以,当我们在面对那些闲言碎语的时候,请牢牢地记住一句话:闲言碎语耳边风,不留一片在心中。

第 10 章　心平者不悲观，悲观则弃

　　我们时常觉得自己不幸，是因为看事情太过悲观。悲观者容易自卑，于是不敢去尝试，心中更没有希望，渐渐地，陷入自暴自弃的陷阱。把心打开，让乐观的阳光照射进来，试着换个角度想问题，你就不难发现，原来世界如此简单。

你并不是一无所有，只要你还拥有希望

　　很多时候，我们的生活常常会陷入一种"绝境"中，这种绝境会让我们心灰意冷。绝望到失去了生活下去的勇气，就像是世界末日将要来临一般。

　　但是，事情的发展也并非就是绝对的，绝望中有时也会孕育着无限的生机，让人萌生希望。只要你还拥有希望，你就不是一无所有。因此，当你在绝望的时候一定要抱有一种不绝望的心态——不肯低头，拥有希望。只要拥有了这种心态，那么不管在什么情况下，你都可以勇敢地走向前方，拥抱幸福

快乐的生活。

中国台湾女作家杏林子,在童年时是一个非常美丽可爱的女孩子,12岁那年,突然患上了"类风湿关节炎",这是一种免疫系统失调的病。身体的关节都会不断地受到侵蚀并发炎,现今的医学还无法完全治疗好这种病。自从杏林子得了这种病以后,她时时刻刻都在痛苦中苦苦挣扎,数十年来,她躺在病床上面,生活完全无法自理,行走也只能依靠轮椅,连睡觉的时候都要戴上呼吸器。

这种身体上的剧烈疼痛让杏林子的身心都疲惫到了极点,多少次,她都想就这样停下来放弃一切。可是内心深处却总有一个声音在督促她前进。她深深地明白,如果前进也许还有一线生机,而放弃却只有死路一条。不能选择死,那就只有选择继续生活下去。

从这以后,她不再整日唉声叹气,开始积极地面对生活。生命也焕发出新的生机,孕育出新的希望。于是,她开始全身心地投入到写作当中,用手中的笔来抒发内心的情感。就这样,一个长期深受病痛折磨(这个病持续了48年)、只有小学文化程度、连拿笔写字都非常困难的杏林子,从34岁开始写作直至去世,在整整26年里,共创作了散文、剧作等作品共计80多部。她除了拥有一大批的忠实读者以外,还深受文学界大师们的好评,看过她作品的人,都被书中的内容深深激励和鼓舞着。

这么多年来,尽管杏林子的生活苦不堪言,可她并没有放弃,她也并非一无所有,她依靠着心中的希望,勇敢地生活了下去,给无数人树立了好榜样。

"行到水穷处,坐看云起时",在人生漫长的旅途上,很多时候我们真的以为自己走到了绝境,其实,这说不定正是人生的一个转折点。的确,人生的境界就该如此。在人生的旅程中,我们只顾埋头前行,走到后来才发现自己陷入一种绝境之中,前方已经没有路可以让我们继续走下去。

这个时候,悲观、绝望的心情就会无限滋生,那么,我们到底该如何去面对呢?不如先往四周或者回头看一看,也许还会有另外一条路可以到达终点,即使已经无路可走了,也不妨先抬头看看天上的云卷云舒,虽然深陷绝境中,但心灵还可以无限畅想,还可以很自由、很快乐地欣赏大自然,体会宽广深远的人生境界。于是,内心深处便生出一丝希望来,你再也不会觉得自己是一无所有,已走到了人生的穷途末路之中。

有这么一个成语叫"绝路逢生",意思就是只要还拥有希望,肯用心去想、去做,就一定可以想出一个办法来,再通过积极主动的奋斗,就能够走出困境,获得成功。

这个世上原本就没有什么绝境,关键就看你有没有一个良好积极的心态。只要你心中还拥有希望,你就能从一粒沙中看见整个世界,从一朵花中看见整个春天,通过对当前局面的仔细分析比较,找到自己的优势和希望所在,就可以做到转危为安,找到新的出路。

有17位来自四川的民工,他们准备一起前往新疆工作,原本打算步行到车站以后再乘车到工地上,可是他们走错了方向,没有找到车站,却走进了一片茫茫的沙漠之中。

当地的派出所在接到他们的求救信息以后,火速出动了警车,前往沙漠中进行营救。可是沙漠一望无际,没有任何的参照物,要想在这样的环境里寻找他们,是件非常困难的事情。营救人员拨打他们的手机,可是沙漠中手机的信号时有时无,刚说了几句话,手机就断了线。寻找了很久也依然是毫无收获。时间就这样一点一点地过去了,白天里沙漠的温度高达50℃,再加上没有任何地方可以遮挡阳光，这样的环境对人体是一种极大的挑战。

在经过了很长时间的搜索过后，营救人员终于找到了其中3位失踪的民工，可另外还有14个人仍然是下落不明，营救人员只有继续寻找各种办法，深入沙漠进行寻找。这个时候，天空忽然刮起了狂风，满天的黄沙顿时让人分不清楚方向，为了减少伤亡，营救人员只得停下来，将车子停到了高处，并亮着车灯，希望可以给黑夜中失散的民工指引方向。可是，一晚上过去了，那些民工并没有出现在大家的眼前。

第二天，等到狂风稍微减弱了一些，营救人员又再次进入搜救当中，终于找到了一位民工，可是这位民工已经死去多时，见此，营救人员心想，也许其他民工也是凶多吉少。可是，大家并没有就此放弃搜救工作，没过多久，奇迹出现了，在一个泥潭中找到了其余失散的民工，他们脱掉了身上的衣服，在这个沙漠里面的泥潭里来回滚着，泥巴包裹着他们的身体，他们就这样神奇地活了下来。此时，距离他们走进沙漠已经过去了整整56个小时。

面对着茫茫无际、酷热难耐的沙漠，他们没有放弃，他们抱着想要活下去的希望，一直坚持着，直到营救人员的到来。

曾经有一位作家，在股票交易中损失惨重，顿时负债累累。生活也一下子从锦衣玉食到贫困潦倒。然而，他并没有放弃，开始节衣缩食，勤奋创作，希望能够依靠赚取到的稿费去偿还那些债务。他的朋友们为了帮助他渡过难关，开始组织募捐，很多人都慷慨解囊，一些有名的大公司、大集团也纷纷出高价请他写广告词……可他统统拒绝了。他把自己关进书房里，一个月、两个月，一年、两年，就这样日复一日，年复一年，他始终坚持着一个信念，他创作出来的一本又一本新书，在当时都引起了极大的轰动。很快，他就偿还了所有的债务，并开始过起了全新的生活。

这位作家就是世界著名的大作家马克·吐温。他用自己的亲身经历告诉我们：只要拥有希望，坚持心中的信念，就一定可以达到目标。所以说，无论你的情况变得有多糟糕，你都不可以失去信心，都要相信，一定会有时来运转的机会。

古语有云："自古英雄多磨难。"一个普通人之所以成为一个领域或者一个时代的英雄，是挫折和磨难激励了他们，因为英雄和普通人最大的区别就在于：英雄不会在困境中退缩，在绝境中放弃，而是始终抱有希望，他们牢牢地告诫自己，并不是一无所有，只有拥有希望，就一定能够取得成功，并在困境中磨炼自我，在绝境中证明自我，从而书写了一篇充满励志的篇章。很多时候，只有当我们深陷绝境，内在的潜力才会得以勃发。只要心中还有希望，希望就会带我们走向更高更远的地方。

信念是打开命运之锁的钥匙

美国芝加哥有一个名叫迈克的人，在10年前，生了一场大病，等到他康复以后，却又发现自己得了肾脏病。于是，他开始四处寻找医生医治，甚至还去找过巫医，可是谁都没有办法医好他。

没过多久，迈克又被发现患上了另外一种病，血压也随之高了起来。他赶忙去医院检查，但是医生告诉他已经没救了，只要患上这种病就意味着离死亡不远了。同时,还建议他赶紧准备好自己的身后事。

迈克只好万分悲痛地回到了家中,并写下了遗嘱,然后就开始向上帝忏悔自己以前所犯下的各种错误,并一个人坐在书房难过地陷入沉思当中。家里人看到他那种伤心痛苦的样子,也都感到十分地难过。

就这样,一个星期过去了。一天,迈克突然对自己说:你到底怎么了?你现在这个样子简直就像个傻瓜。你在未来的一年恐怕还不会死,既然这样,那为什么还趁现在活着的时候让自己过得快乐一些呢?

从这以后,迈克开始积极地面对生活,脸上也开始绽放出笑容来,并试着让自己表现出轻松愉快的样子。刚开始的时候,迈克很不习惯,但是他还是努力强迫自己变得很快乐。紧接着,他开始发现自己感觉好了许多,几乎和他所装出来的一样好。这种现象让迈克感到十分开心,也越发让他有信心起来。一年以后,迈克不仅没有死去,反而活得十分健康和快乐,甚至连血压也降下来了。

"有一件事情我可以非常肯定的是:假如我一直想到自己会死去的话,那么那位医生的预言就会实现。但是,我给自己一个积极健康的心态,给自己身体一个自行康复的机会。做别的什么都是没用的,除非我先不悲观,先开朗起来。"迈克先生非常自豪地说。

是的,迈克现在之所以还活着,是因为他并没有被病痛的折磨和打击给击倒,他给自己树立了一个康复的信念,从而让他可以很快地从悲观的心态中走了出来,积极地面对生活,最终让自己的人生获得了转机。

一个极为乐观的人能够做到自我激励,能够寻求到各种方法去实现自己的目标,在遭遇困境和磨难的时候做到自我安慰,树立积极良好的心态。

麦特·毕昂迪是美国有名的游泳运动员。1988年的时候,他代表美国参加奥运会，被大家一致认为是极有希望继1972年马克·史必兹之后再夺七项金牌的人。但是，毕昂迪在第一项200米自由式的游泳比赛中竟然只取得了第三名，并在随后的第二项100米蝶泳比赛保持领先的情况下，硬是在最后一米的时候被第二名赶超，从而与金牌失之交臂。

当时许多人都认为，毕昂迪两度丢失金牌将会影响到他后来的表现。可谁也没想到，他在后5项比赛中竟表现得异常出色，接连夺得5项冠军。对于这一切，宾州大学心理学教授马丁·沙里曼并没有感到意外。因为他在同一年的早些时候，曾经给毕昂迪做过一个乐观影响的实验。

实验的方式是在一次游泳表演之后，毕昂迪表现得非常不错，但是教练却故意告诉他他的成绩很差，并让毕昂迪稍作休息之后再表演一次，结果他表现得更加出色。参与同一实验的其他队友却因此影响了成绩。

2008年的北京奥运会上也曾出现过同样的一个情形，津巴布韦游泳名将考文垂在参加的三项比赛当中，前两项都获得了银牌，特别是在第二项比赛中，她在预赛的时候甚至还打破了世界纪录，但是却在最后的决赛中输给了竞争选手。

在第三项比赛开始之前，考文垂身上背负着巨大的压力，所有的津巴布韦人民都希望她可以为他们的国家夺取一枚金牌，考文垂是他们心里唯一的希望。在压力和失败面前，考文垂没有选择退缩，她仍然保持着乐观的心态，坦然面对着所有的人。最后，她果然没有让大家失望，在女子200米自由泳中勇夺金牌。

从这个故事里，我们深深地体会到了：一个拥有信念并抱有积极乐观心态的人在面临困境的时候，是不会被失败和挫折打倒的。他们始终抱有一种信念，相信事情一定会有好转。要知道，只有拥有一个乐观的心态才可以让陷入困境的人不再感到冷漠、无力和沮丧，并最终取得成功。

通常，乐观的人会认为失败是可以改变的，结果反而会转败为胜。而悲观的人却会认为一切都已注定，自己已无力改变唯有认命。不同的解释会对人生的选择造成不同的影响。

心理学家曾经做过一个"半杯水实验"，这个实验就比较准确地检测出了乐观者和悲观者的情绪特点。悲观者在面对半杯水的时候，会说："我就只剩下半杯水了。"而乐观者在面对半杯水的时候却会说："哇，我还有半杯水呢！"由此可见，对于乐观者来说，外在的世界总是处处充满了光明和希望。

所以说，当我们在遭遇困境的时候，千万不要过度悲观地去看待问题，而应坚持自己内心的信念，并抱着积极乐观的心态，相信这样，你就一定能够走向胜利的终点。

寻找一份平衡，你不是最不幸的人

生活中，当我们在遭受到一些重大挫折和打击的时候，通常会产生一种错觉，那就是觉得自己是这个世界上最不幸的那个人。如果真是如此，你这样痛苦不堪倒也罢了，可是事实真是这样吗？你知道这个世界上有多少人比你更加不幸吗？

有一位老人，他的儿子忽然意外死去了，他感到非常伤心痛苦，终日沉浸在痛苦中无法自拔。他去向神父祷告，问有没有一种办法可以让他的儿子复活。神父看了看这位老人，然后说："我可以满足你的请求，但是前提是你必须先拿一个碗，一家一家地去乞讨，如果你发现有一家没有死过人，你就让他给你一粒米，等你讨够了十粒米，我就会让你的儿子复活。"

老人听完以后便赶忙出去乞讨，可是一路走来居然发现没有一家是没有死过人的，到了最后他连一粒米都没有乞讨到。于是，他恍然大悟：亲人离世原本就是任何一家都避免不了的事情。他忽然觉得心里平静了许多，觉得自己再也不是那个最为不幸的人了，并从这以后，慢慢地从痛苦中走了出来。

当老人发现自己并不是自己想象的那个最为不幸的人时，他找到了他人生的平衡，并逐渐地从痛苦中走了出来。有一位哲人曾经说过：苦难会让你的人生更有意义。当你明白了这点你就会对痛苦抱着一颗平常心了。从客观的方面来说，生活中既包含了鲜花、欢乐和阳光，同时也有着挫折、打击和痛苦，就好比古人所说的那样：月有阴晴圆缺，人有悲欢离合。

在漫长的人生道路上，每个人的一生都不可能总是一帆风顺、事事如意，难免会遇上一些挫折、打击和不幸。只不过有的人的人生会相对顺利多一些，而有的人的人生会相对挫折多一些，但是想要总是一帆风顺的人却是不存在的。

也许，在你人生的某一阶段你可能是非常不幸的，但如果因此你就说自己是最不幸的那个人，恐怕就有些言过其实了，要知道这个世上比你更加不幸的人可谓比比皆是。

我们都听过这么一句话：困难是人生的一笔财富。可是，要想把困难变成财富是要具备一定条件的，而这个条件就是：你勇敢地战胜了苦难并不再受苦。只有这样，苦难才会变成一笔值得骄傲的人生财富。等到将来，你再说起曾经的那番困难时，你就不会感到自卑和难过，反而会有着一种豪气。同样，当别人在听说了你的苦难以后，也不会觉得你是在一味地诉苦，而觉得像是在听一个励志的传奇，不仅不会同情可怜你，反而会尊敬佩服你。但是如果你总是没办法走出苦难，并且只会一脸哀愁地四处向人诉苦，那么你就会成为鲁迅笔下的那个"祥林嫂"了。

很多时候，人们往往都喜欢将苦难认同为不幸，因此怨天尤人，失去了人生的斗志，最终败在了苦难的面前，结果苦难就真的转化为不幸。我们必须明白，我们所遇到的苦难只是我们生活的一部分，是生活复杂性的一种表现形式而已，既然逃脱不掉，那就学会勇敢面对。只有最终战胜了苦难，才会获得人生更大的幸福。因为困境或磨难对弱者来说是致命的打击，可是对强者来说只是奋发向前的动力。

因此，有人说："快乐并不在于你得到了什么，而在于你能够从不幸中寻求到一份平衡，正确看待自己的不幸，并从中解脱出来，这才是一种最高级别的快乐。"

有一位年轻美丽的姑娘，在一次意外的车祸后，不幸在脸上留下了一道难看的疤痕，原本相爱准备结婚的男友也因此离她而去。从那以后，在她的眼里，生活已经没有任何的意义了。在一个周末的清晨，她悄悄地走出了家门，打算到附近的公园里找一个安静的地方结束自己的生命。

她精神恍惚地走在公园的小道上，无意间，她看到身后走来了一对夫妻。妻子失去了双腿，坐在轮椅上面，而推着轮椅的丈夫却是一个盲人，戴着一副大大的墨镜。丈夫推着妻子，很快地就走到了前面。前面的道路正在翻修，所以坑坑洼洼，轮椅经过的时候开始不停地颠簸摇晃。见此，姑娘非常担心，害怕这对夫妻会不小心跌倒受伤，于是就赶忙加快脚步跟在他们后面，希望自己能帮上忙。

清晨的太阳渐渐地升上了天空。这对夫妻也停了下来，妻子情不自禁地拉起丈夫的手指向了太阳升起的地方，开心地说："你快看，今天的太阳又大又圆，真美啊！"丈夫满脸笑容地扬起头，朝着东方看去，久久地凝望着，一脸的幸福和满足在清晨阳光的照射下显得格外沧桑。"真好，我还有一双眼睛可以看到这世上美好的一切。"妻子动情地说。"是啊，真好，我还有健全的四肢，可以推着你看这美丽的朝阳和所有美好的事物。"丈夫开心地回应着。

此时此刻，仿佛整个世界都沉浸在这种温馨和宁静的美好之中，原本不幸的人生，因为他们对生活的挚爱而变得格外美好。姑娘也一下子醒悟了过来，他忽然发现生命是这样美好，自己身上的这点不幸和他们比起来又算得了什么呢。

在我们的生活中，那些最不幸和最幸运的人往往只是占据了极少数的一部分，而大多数的人通常都是处于中间的状态。在某一段的时间和范围内，你很可能是最不幸的那个人，但要是换在大范围内，你所遇到的这件事和其他人相比也许根本就算不了什么。痛苦是人生的一种体验，每个人都会有着不同的体验和感受。只要你把握了其中的平衡点，那么你就不是那个最不幸的人。

换个角度,把精力放在好事上

一个杯子,从侧面看会是个长方形,从上面看会是个圆形。同样,每个人的生活也正如一个杯子一样,很多时候只要换一个想法、换一种心情或者是换一个角度。那么,同样的际遇,就会给人带去不一样的影响。

安娜是一位年轻美丽的美国女人,刚结婚不久就随着丈夫到沙漠腹地参加军事演习。她独自一人留守在一间集装箱一样的小铁皮屋里,这里天气酷热,四周生活的也都是印第安人和墨西哥人,他们都不懂英语,所以无法和安娜进行交流。安娜感到十分孤独无助、焦躁难安,于是她写了一封信给自己的父母,告诉他们自己想要离开这个地方。

很快,安娜的父亲就给她回了信,信上面只写了一行字:"两个人同时从牢房的铁窗口向外看,一个人只看到了满地的泥土,而另外一个人则看到了满天的繁星。"

刚开始的时候,安娜并没有理解父亲信中的含义,在反复读了好几遍以后,她才感到十分地惭愧,于是决定留下来在这篇沙漠中寻找属于自己的那一片"繁星"。安娜不再像以前那么悲观消沉了,她开始积极地和当地上交往,学习他们的语言和风俗文化。她非常热爱当地的陶器和纺织品。由于安娜待人十分热情友好,所以当地人都愿意将自己珍藏已久的陶器和纺织品送给她做礼物。

这一切,都让安娜十分感动,同时也让她的求知欲与日俱增。她开始积极地投入研究沙漠植物的生长情况,甚至还掌握了有关土拨鼠的生活习性,并观赏起沙漠的日出日落情况,等等。

如此一来,原先缠绕着安娜的那些悲观和孤独也开始逐渐消失,取而代之的是积极地冒险和不断地进取。后来,安娜将自己的一些新发现和感触都写成了一本书,两年后,这本名叫《快乐的城堡》的书也出版了,安娜终于通过自己的努力找到了属于自己的那一片"繁星"。

其实,原先的沙漠没有变,当地的居民也没有变,变的只是安娜个人的人生视角。视角不同也会让一个人变成另外一个人,并让人生也跟着不同。

有一对孪生的小姑娘,一起走进了一座玫瑰园。没过多久,其中一个小姑娘哭着跑了出来,对妈妈说:"这个地方坏透了,虽然里面有很多花,可是每朵花的下面都长有刺。"没多久,另外一个小姑娘也来到了妈妈的面前:"妈妈,妈妈,这个地方简直太棒了,每丛刺中都长有许多美丽的花。"

乐观的人说:"夜色越是黑暗,星星也就越发明亮。"悲观的人说:"星星愈是明亮,说明夜色愈是黑暗。"

世间万事万物都是存有多面性的,既有好的一面,也有不好的一面。关键就是要看你会从哪个角度去观察。假如你看到的是事物积极美好的一面,那么你的心情就是快乐的;相反,你总是看事物中不好的一面,那么你的心情也会是痛苦和沮丧的。

古语有云:"人生不如意事十之八九。"在日常生活中,我们难免会遇到一些挫折和打击,但是只要保持一种乐观开朗的态度、积极向上的想法、心平气和的心境,换一个视角去看待问题,那么你的生活将会呈现出一副晴朗明媚局面。

英国文学史上最颓废的厌世主义者约拿丹·史威佛特，每次在过生日的时候都会穿一身黑衣，并在餐桌上摆满了素食，以此表示对自己的出世感到遗憾。即便如此，他也依然热情地赞美着幸福快乐是促进健康的重要力量。

杰克和皮特是认识多年的好朋友。杰克如今住在纽约城内，曾经是皮特的演讲经纪人。一天，杰克在芝加哥碰见了久未见面的皮特，就好心好意地带皮特回到了纽约的一座农场。途中皮特问杰克如何才可以消除忧虑，于是，杰克就给皮特说了下面这样一个令人难忘的故事。

"我曾经是一个非常忧虑悲伤的人"，杰克慢慢地说道，"但是，十年前的一个春天，我走过纽约城内的一条街道时，有个情景让我一下子消除了所有的忧虑。整个事情发生的过程只有短短十几秒钟，可就是在一刹那，我对生命的意义有了全新的了解。这一切要比前些年所学到的还要多。最近这两年，我在纽约城内开了家杂货店，由于经营不善，不仅花光了我所有的积蓄，甚至还为此欠下了一大笔债务，估计要花上五六年的时间才可以偿还。我刚刚在上个星期六停止了营业，准备去银行贷款，以便在芝加哥再重新找份工作。我觉得自己是一个很失败的人，失去了所有的信心和斗志。"

"忽然间，我看到有个人从街道的另外一头走了过来，那个人没有双腿，只是坐在一块安装着溜冰鞋滑轮的小木板上面，两只手各用木棍支撑着前行。他慢慢地横过街道，轻轻地提起小木板打算登上路边的人行道。就在那一刹那，我们的视线相遇了，可是他对我抱以坦然的一笑，并非常有精神地向我打了声招呼：'早安，先生，今天的天气真好啊！'我看着他，忽然意识到自己是多么的富有啊。我有健全的双足，可以到处行走，为什么我还要这样地悲观呢？这位失去了双腿的人都可以过得如此开心，我这个四肢健全的人还有什么做不到的呢?"

"我打起了精神,原本只打算去银行借100元的,可是现在我改变主意了,我非常有信心地表示:我要到芝加哥去寻找一份工作。最后,我借到了钱,也顺利地找到了工作。"

从这个故事里我们能够体会到,很多时候,我们眼中所谓的痛苦和不幸其实算不了什么,只要你肯换一个视角去看一看周遭,你就会发现你并不是最不幸的那个人。

第二次世界大战的时候,有一个士兵在战争中被炮弹的碎片刮伤了喉咙,流了很多的血。于是,他写了张纸条问医生:"我还能活下去吗?"医生回答说:"可以的。"他又接着问:"那我还可以说话吗?"医生还是很肯定地回答了他。最后,这个士兵在纸条上写道:"我还真幸运,那我还有什么好担心的呢?"

是啊,看完这些,你完全有理由停止自己的悲伤和忧虑,并勇敢地对自己说:"我还有什么好忧虑的呢?"最后,也许你就会发现,你现在所遇到的事情根本就是微不足道,不值得你去担忧的。

在我们的生活中,很多人都会在自己一帆风顺时,觉得生活美好幸福,而一旦遇到了挫折和困境,就会觉得生活充满了黑暗,甚至还会悲观消极得如同世界末日来临了一般。所以说,个人的主观性在一定程度上影响和改变着人们的日常生活和事业。

其实,我们每一个人的身上都拥有90%的优点,而只存在10%的不足。但是问题的关键点是,你要如何发现并正确对待这90%和10%之间的关系。当你拿着自己的90%的优点和别人10%的不足进行比较时。你会由衷地发出感叹:原来我有这么多的长处,是这么幸福的一个人啊!

艾迪·瑞肯贝克和朋友一起在太平洋上悲观绝望地漂流了21天之后，说道："我从中学到了一点——人只要还有淡水可以喝，有东西可以吃，那么就没有什么好抱怨的了。"

在我们的生活中，同样会有90%的事情是好的，而另外10%的事情是不好的。如果你想拥有一个幸福快乐的人生，就该学会转换视角，把精神放在这90%的好事上面。

第三辑
心淡如海

"智者乐山山如画,仁者乐水水无涯。从从容容一杯酒,平平淡淡一杯茶。"这是一首田园小诗,说的是智者从容淡定,因此装得下山明水秀,于是怡然自乐。淡定是一种人生境界,因此能够淡对名誉不争,淡对邪财不取;淡定更是一种勇气和力量,于是能够挺过困境挫折;淡定还是一种心胸的宽博,看淡成败,不计得失,最终大彻大悟,笑傲人生。

第11章　心淡者，淡对名誉不争

不追求名利，生活简单朴素，才能显示出自己的志趣；不追求热闹，心境安宁清静，才能达到远大目标。诸葛亮在《诫子书》中这样告诫儿子，也是在告诫那些为了功名碌碌一生的世人。其实，等到风云看淡之后，你会发现放下了功名才真正做到明志。

冷静淡定，目标明确奇迹就会出现

想要寻找走出迷宫的出路，就要冷静下来。我们只有静下心思考，才能找到自己真正需要的东西，为自己制定更加明确的目标，也能让自己走得更远。有时冲动是一时的，在冲动的情况下所做的决定并非是明智的，要想确定自己的目标，就要让自己先学会冷静。

非淡泊无以明志，非宁静无以致远，不能心淡如水的人，难以找到自己的道路。若要明确自己的志向,走向更远的地方,淡定就是一种必备的素养。

　　有一次一位探险家到没有人烟的沙漠中去探险。沙漠神秘而危险,稍微不留意就会迷失其中,他深知这点,所以压住心中的杂念,异常注意着周围的环境。然而意外还是出现了。

　　有一天,他突遇了暴风的袭击。在沙暴袭击的时候,他本能地趴到了地上,闭紧眼睛,等到沙暴过去之后,他睁开眼睛发现情况糟糕透了,因为他慌乱之中丢弃的背包不知道被风沙带到了哪里,更为可怕的是,他挂在衣服上的水壶带子被吹断,水壶也不见了!

　　对于沙漠之中的人来说,水就是生命,在荒无人烟的沙漠中丧生的人不计其数,找不到方向唯有等死。他有些慌乱了,因为此时的他一无所有。没过几分钟,他就觉得生命开始流逝。

　　偶然间,他将手伸入口袋中,摸到了一个蝴蝶的标本——那是他曾经承诺给女儿的礼物。原来他并非一无所有,他还有一个标本。他将这个标本作为自己的精神支柱。他平静了下来,然后开始搜索脑海中的经验和知识,然后开始寻找出路。

　　烈日、饥饿、口渴,这些都像恶魔一般缠绕着他,在他的耳边不停地说:"放弃吧,停下来。"但是他手中握着蝴蝶标本,非常坚定而淡然地前行着。一个昼夜过去了,他的周围还是一片沙漠,他仍然平淡如水。

　　直到三天后,他终于走出了沙漠,虽然此时的他身体几乎到了极限,但是他还是非常淡定地握着蝴蝶标本,仿佛那是他的人生信条一般。也正是因为他冷静了下来,面对困难能够淡然以对,才能走出沙漠。

　　在沙漠之中丧生的人不计其数,走出来可以说是一个奇迹。其实,有时候被困沙漠中的人并非因为身体到达了极限死去,而是因为失去了理智,变得绝望,所以意识自杀。要想顽强地活着,就需要一颗强大的内心作为支撑,淡然是必不可少的一种品质,只有遇事能够淡然以对,才能为自己找到一条出路。

现代的生活节奏快,我们就变得非常焦躁,无论什么都想一下就达到目标,要知道,罗马不是一天建成的。确定目标并不困难,难的是坚持的过程,在这个过程中也许会发生很多事,但是我们如果能够保持淡然,按部就班地进行,那么自己的目标就一定能够实现。

曾经有一名年轻人,他出生在一个非常贫困的家庭中,家里条件非常有限,连保证基本的温饱都是问题,更没有多余的钱供他读书。所以他很早就进入了社会中,虽然他的家庭没能为他提供非常优越的条件,但是他自己下定决心,无论先天条件如何以后他一定要成为连锁超市的总裁。

目标远大,需要一步一个脚印,年轻人并不冒进,每当有一点进步,他在开心过后都会淡然地继续前行。

刚开始,年轻人跟着一群人做苦力,干着非常辛苦的搬运工作,先是码头,后来到了超市。即使是搬运工,他也觉得自己终于和超市有了联系。目标非常远大,他的每一步都走得非常稳健,他坚信着他会成功,无论遇到什么问题,他都能够保持内心的淡然。

后来一个偶然的机会,年轻人成为了一家超市的促销员,他觉得他离成功又近了一步。他努力踏实地工作,他的淡然,吸引了很多人的目光,他从来不会大肆宣扬产品的各种性价比,只是不停地做着自己手里的事情。

他的销售成绩非常好,经理表扬了他,还给他发了奖金,接踵而至的一切都没有打乱他踏实前行的步伐。他宠辱不惊,他的这份淡定受到了经理的赏识。

终于,在两年以后年轻人成为了经理的助理。后来经理被总部调走,他成为了这家超市的经理。他离梦想越来越近,虽然经过了很长的时间,但是他还是望着自己的目标稳步前行,不急不恼,从来没有忘记过自己最开始的梦想。终于在多年后,他成为了连锁超市的总裁。

时间是非常考验人毅力的东西,随着时间的流逝,我们的目标和初衷是否会发生改变,就要看我们是否一直在淡然中度过。不以物喜,不以己悲正是表明了我们对事应该有的态度,确立好了目标,就要下定决心,无论遇到什么事情都淡然以对,按着自己的目标前行,如果遇到问题时乱了阵脚,那么目标离自己就会越来越遥远。

淡泊以明志,宁静以致远。没有一颗强大的心,难以支撑强大的灵魂。无论是荣耀、地位、财富,还是困境、挫折、失败,都要淡然以对。只有内心的宁静,才能让自己到达自己理想的高度。

心不淡,只会为名利所累

名利,是很多人都会向往的,追逐名声、财富和地位甚至成为了人的一种本能。有时我们会受到名利的诱惑而追逐,却忽略了自己内心真正需求的。面对名利,我们需要一颗足够淡然的心,唯有如此,才能把握名利,而不是被它支配。在能够控制的范围内,名利会为我们带来很多,但是如果我们没有淡然的内心,那么名利就会成为我们的负累,我们所追求的幸福,也成为了一种负担。

除了我们内心的向往会让我们追逐名利外,有时人们的眼光也会影响我们。对于我们真心想要的东西,我们追逐的过程也是一种快乐,然而为了他人的眼光而追逐,那么只能让自己感到不堪重负。

从前有一个男人,他带着自己的儿子到集市上去卖驴。两个人从家里徒步出发,一路上有说有笑,听着鸟语,闻着花香。

当路过一个村子的时候,有一对老夫妇,看见他们两个人牵着驴走路,于是老头说:"老婆子,你看那儿有两个傻子,明明有驴,却非要徒步前进,牵着驴走,真是愚蠢到家了。"老太太也跟着附和。男人和儿子对望了一会儿,然后男人将儿子抱上了驴背,他牵着驴走。

当路过第二个村庄的时候,遇到了一群正在玩的小孩,于是小孩子们讨论开了。一个小孩指着坐在驴背上的儿子说:"你们看呀,有一个不孝子,竟然自己骑驴,让父亲走路,真是太不孝顺了。"听完这句话之后,两个人看了看,儿子下了驴背,让父亲骑了上去,继续前行。

到了第三个村庄,遇到了一个三口之家,女人抱着孩子对她丈夫说:"你看,真是狠心的父亲,孩子那么小,竟然让小孩子走路,自己骑驴,真过分。"儿子和父亲思考了一会儿,两个人都骑了上去。

路过第四个村庄的时候,正巧遇到了两个放牧人,一个放牧人对另一个人说:"那头驴真是可怜,竟然要承受两个人的重量,那两个人真是太残忍了。"父子两人不知道应该怎么办,父亲一气之下,带着儿子将驴背了起来。

终于到了集市,没想到刚到集市,人们就议论开了:"你们看那两个傻瓜,竟然背着用来驮人的驴子。真是愚蠢到家了。""他的驴子一定身体不健康,不能买他的驴。"父子两人听着这些议论,终于什么都没有说,牵着驴子徒步回家了。

仅仅因为他人的几句评论，父子两人就乱了自己的阵脚，只想着一味迎合他人的评论以留下一个美名。没人喜欢骂名，所以有时我们为了他人的眼光而选择迎合，选择追逐，但那些也只是自己的负担。走自己的路，任他人评说，对待议论淡然一些，自然就不会被这些所累。

除了他人的看法外，有时我们追逐名利是因为内心的一种向往，尤其对于自己未曾到过的高度，人们总是充满了憧憬和好奇。然而，随着声明的增长，我们可能会失去淡然的心，声明成为了让自己感到不快乐的源头。骑虎难下只能选择继续维持自己的声明，如果心不淡，很可能为此付出巨大的代价。

从前有一名漂亮的女孩子，她非常憧憬明星，于是下定决心无论如何要成为一个明星，为此，她给自己制订了魔鬼训练计划。她本来长得很可爱，脸上有一点点婴儿肥，但是为了成为明星，她决心成为骨感美女。

女孩减肥成功之后，真的成为了一名骨感美女，搭配着她独有的性感嗓音，在出道的一开始，就被经纪人打造成了性感、冷艳的形象。她喜欢唱歌，也喜欢笑，但是为了自己成为明星的梦想，她按照经纪人的要求扮性感、装冷酷。

渐渐地，女孩越来越出名，几乎人人都知道了这名看起来不爱笑的冷酷美女。因为出道形象的关系，她不得不保持这样的形象。曾经她生活得非常恬淡，唱自己喜欢的歌，看自己喜欢的节目。但是成为了明星之后她处处都要注意自己所保持的冷艳形象。

她的幸福只停留在她成名的初期，因为她的名声越来越响，她过去的照片也被翻了出来，人们抨击她伪造自己，不是天生的骨感美女。她感到痛苦，感到难以接受，她不想跟歌迷承认自己曾经为了成名而努力减肥，因为她已经习惯了保持自己的冷艳形象，即使这个名声已经成为了他的负担。她没有和歌迷解释,也没有接受歌迷评论的淡然,最终选择了服毒自杀。

保持名利有时比追逐更加困难,因为身在名利之中的我们如果缺乏一颗淡然的心就非常容易迷失自己。得到和付出是成正比的,在得到名利的同时意味着我们要付出很多。故事中的女孩为了维持自己的形象不得不选择伪装,为了得到,所以付出更多,在这些得失面前,只有保持淡然,才能不被声明所累。

名利并非不祥之物,只是我们在名利面前难以保持平常心,缺失了一份淡然。要想不变成名利的奴隶,我们就要学会看开,时刻保持一颗平常心,淡然面对一切。

淡然地去了解这个世界,才能心如大海

螳臂当车,无疑是自不量力。淡定不仅仅是指在荣誉、名利面前能够保持平常心,也包括能够客观地认识自己,认识他人。我们要想客观地看待一切,认识一切,就离不开一颗淡然的心,如果内心不够淡然,我们就可能成为当车的螳螂。

知足不辱,知止不殆。假如我们的行动只是按照自己的个人意愿和本能来行动的话,就有可能会自取其辱,也可能面临失败。正所谓知己知彼,百战不殆,只有了解自己和他人,才能找到应对的方法。

从前有一只高傲的蜈蚣,它觉得自己非常了不起,于是向蛇发起了挑

战。它决定和蛇赛跑，约定如果赛跑输掉了，就要心甘情愿成为对方的奴隶。

蚰蜒听说之后，前来劝说蜈蚣："你为什么要和蛇赛跑呢？蛇比你身长要长得多，而且爬行的速度非常快，你怎么可能赢得了它呢？这样简直就是自取其辱。你快放弃吧，趁现在还来得及。"

没想到蜈蚣一点都不担心，反而自大地说："蛇没有脚，我的脚那么多，怎么可能连它都赢不了呢？开什么玩笑，我一定会赢得比赛的胜利，然后让它做我的奴隶！"蚰蜒见蜈蚣不听劝，也就没有再说什么，默默地爬走了。

比赛的那天终于到来了，蜈蚣得意扬扬地爬过来，它看着蛇轻蔑地笑了笑，然后就待在原地闭目养神。比赛开始了，开始的信号一出，蛇扭了一下身子，然后就快速地冲了出去。蜈蚣大吃一惊，没想到蛇竟然有这样的速度，它一着急，不小心几只脚互相绊住了。它马上调整自己的状态，终于协调好自己的身体之后，正准备前进，才发现此时的蛇已经在终点看着它了。

因为对自己和对手都没有足够的了解，所以使得蜈蚣自取其辱。我们有时可能因为太骄傲，而失去了客观观察一切的能力。生活之中，有时我们就像是蜈蚣一般，因为对荣耀的渴求，所以本能地追逐。但是我们在看待问题的时候缺少一颗淡然的心，所以容易变得自负，让自己成为他人的笑柄。

如果我们能够多去了解自己和他人，也许对问题就会有新的认识和解释，对于追逐的一切也许就会有一个新的看法。

在一个农舍中，有一只非常漂亮的公鸡，它有着非常嘹亮的歌喉，每天都准时报时，偶尔还会唱几句，抖抖漂亮的羽毛，然后在鸡群当中来回走动，因为这样能够听到对它的赞赏。

有一天，它一如既往地唱着欢快的歌，当它从一只母鸡身边走过的时候，母鸡异常生气地说："你这么喜欢唱歌吗？你觉得你的歌声很迷人吗？你不觉得你的歌喉非常让人难以忍受吗?这声音简直没有人能够承受。"说完之后,就扭头走开了。

听到了母鸡的侮辱公鸡非常生气,于是冲着母鸡大叫:"你有什么资格对我的歌声妄加评论?你连唱歌都不会,你只会咯咯地叫,除了下蛋一无是处。"说完还准备上前去理论。

这个时候另一只母鸡走了过来,然后对公鸡说:"不要计较了,原谅它吧,它其实很喜欢你的歌声,只是现在这首欢快的歌不太适合,天知道,昨天它的孩子被可恶的狐狸叼走了。体谅一下它吧。"公鸡听完之后感觉很抱歉,于是找到母鸡道了歉。

在遭到质疑的时候,愤怒是一种常态。但是,如果失去了冷静和淡定,那么我们也就没有了观察客观事实的能力。事出皆有因,愤怒也是如此,如果我们试着去了解事情经过,那么愤怒也许就会在了解的过程中停止,这样我们才能学会包容,做到真的心宽如海。

通常在事情发生之后,我们应该学会了解事实。只有了解了实情,我们才容易做到原谅。在了解事情的过程中,不要带有情绪是必要的,所以要学会心淡如海,只有保持内心的淡定平静,才能做到心如大海。

名声愈大,你的世界就愈小

得到和付出是成正比的,要想得到多少势必就要付出多少。

名声会将一个人曝光于公众眼中,所以名声越大,属于自己的空间就越小。想要追逐名利,就要相应地付出。想要成为公众人物,就意味着要对自己的一切行为负责,自己的人生也就不再只属于自己。

名声越大,所要担负的社会责任就越重。如果没有足够的心理准备,没有一颗强大的内心,那么就不适合做一个公众人物。作为一个声名显赫的人,要清楚自己要负的责任。

汤玛士·华生是著名IBM公司的总裁,他每天都非常繁忙,工作事务基本上塞满了他全部的时间,他的日程上密密麻麻地记载着需要做的工作,几乎没有休息的时间。每天他都为了工作而忙碌。在美国,他也算得上是一个能够呼风唤雨的大人物,几乎无人不知,无人不晓。

一天,华生发现自己的身体出了问题,他开始血压升高,而且精神状态也非常不好,总是有心神不宁的症状出现。因为身体上的原因,也影响到了工作,他的工作频频出现失误。

无奈之下,华生在百忙之中抽出了时间去看了医生。检查过后,确诊为心脏病,这样的病需要加强休息,但是因为关心自己的公司和生意,于是他还是坚持工作。医生劝他也不能让他改变,他说:"我的公司不是一个小公司，我是公司的总裁。我每天的工作都多得做不完，休息的话，公司会出现问题的。我需要负责的不是我自己，我需要为一个公司负责。"

华生说得没有错，因为他已经不是一个平平庸庸的人，而是家喻户晓的人，所以他的人生也不再是他自己的了。因为名声和责任是成正比的，如果我们站到了一定的位置，就意味着我们要对更多的人负责。

名声过大，我们所能掌握的属于自己的世界就越小，自由也就越有限。名声过大未必是好事，即使是美名，也会让自己的人生转向自己无法控制的方向。

其实，潇洒地活着也是一种幸福，声明带给我们的不能弥补我们所失去的。做一个平凡人也不错，享受生活的美好与宁静并没有什么不好，我们实在没有必要将自己推向风口浪尖，心胸豁达一些，将声明看得淡一些，我们的世界自然也就广阔一些。

第三辑 心淡如海

 第 12 章　心淡者，淡对邪财不取

有人说："金钱是一种祝福，不过只有在离开它之后我们才能受益。"其实金钱本身并无善恶之分，只不过因人心而变。以一颗平淡、不争的心去接近它，它就会张扬善良，并为人类作出巨大贡献。我们要做的就是要管住自己的内心，看淡金钱，看淡一切，邪财不取。

去除身外之物，就驱除了一切邪佞

古语有云，"画地为牢"，以示惩戒之意。今天人们依然在画地为牢，只不过困锁的不是别人而是自己。金钱、权势、名利，等等，不断将欲求的枷锁捆绑住自己，为了这些生不带来死不带去的身外之物，人们不惜去消磨自己的快乐，交换自己的幸福，甚至出卖自己的良心。

世上人喜爱求取功名，于是不惜一切代价，然而功名一旦有了就放不下；

世人皆图钱财，钱财一旦有了唯嫌不够，还要挣更多；人不能没有事业，然而一旦有了就更加放不下，不惜牺牲自己的快乐幸福，甚至青春岁月。正是这些身外之物缠绕着我们的身心，使我们陷入世俗红尘的泥淖中不能自拔。

名利、欲望、奢求就如同"罗刹"一般，始终诱引着人去想它。为了钱，我们东西南北团团转；为了权，我们上下左右转团团；明知道它是可怕的，却又忍不住去注意它。当你惹它注意时，才发现它有多么可怕，但你已经无法摆脱它了。

一个年轻人想去智者家求学，路上他碰到一件极为有趣的事，就想以此来考考智者。年轻人来到智者家，恭恭敬敬地拜访完智者后，便入了座，与智者一边品茶，一边闲谈。突然，年轻人冷不防地问了智者一句："什么是团团转？"

"皆因绳未断。"智者随口答道。

年轻人听到智者这样回答，顿时目瞪口呆。智者见状，便问："你怎么这样惊讶啊？"

"不，老先生，我惊讶的是，你是怎么知道的呢？"年轻人说，"我今天在来的路上，看到一头牛被绳子穿了鼻子，拴在树上，这头牛想离开这棵树，到草地上去吃草，谁知道它转过来转过去都脱不开身。我以为先生没看见，肯定答不出来，哪知先生一下就答对了。"

智者微笑着说："你问的是事，我答的是理，你问的是牛被绳缚而不得解脱，我答的是心被俗务纠缠而不得超脱，一理通百事啊！"

年轻人顿悟。

虽然智者的回答并不干牛的事，但因为他对世事看得穿看得透，所以一个答案能解千愁。想想我们自己，不是也被一根无形的绳子牵着吗？就像那老牛一样围着那些不相干的身外之物团团转，总得不了解脱。

只要名利之绳、欲望之牢还在,我们就只能转来转去,但究竟也转不出个人生三千烦恼。那么我们怎样才能寻得超脱,找得自在呢?恐怕得斩断和丢掉欲望才行。

斩断名利之绳,对活在现代社会的我们而言,就是要斩断心头的压力和欲望。压力也好,欲望也罢,只会让我们把人生的道理想得越来越复杂,结果生活也越来越复杂,这绳便越缠越紧,再也不能解开。其实如踏踏实实做事,规规矩矩做人,得功名利禄便得,不得也无所谓,必要的时候放下,这才是最现实且可行的办法。

所谓丢掉,不仅是指物理上的抛弃,更是心理上的"放空"、"看淡"。我们之所以总是与烦恼、变故不期而遇,就是因为丢不掉那些个身外之物,以至于让它们牵绊着我们的身心。只有放空自己,才能有更大的空间来容纳其他,在你的家里,办公室里,目光所及的任何事物,任何看法和回忆,甚至某个人,只要是让你心情沉重的或产生不好的情愫的,就应该把它丢掉。

去除了一切身外之物,就驱除了一切邪佞魍魉。人,其实是一个有趣的平衡系统。当你的付出超过你所得的回报时,你便会取得某种心理优势;反之,当你所得的回报超过了你的付出,甚至达到不劳而获的地步时,便会陷入某种心理劣势。人是用物质上的不合算来换取精神上的超额快乐的。有时,太过追求物质利益,看似得了便宜,其实却在不知不觉中透了支。这就是要我们大胆地去丢掉,去去除。

一个妇人,丈夫开了一家公司,生意红火,但这让他不得不没日没夜地忙碌。她的儿子又去了很远的地方读书,几个月才回家一次。

妇人一个人在家里,终日无所事事,便觉得不快乐。

男人心疼女人,便时常劝她说:"你去亲戚朋友家走走,跟他们聊聊天,打打麻将。这样才会开心。"女人于是照做了,也果然开心了一段时间。但是一段时间后,她觉得话题已经聊完了,麻将也打腻了,就变得又不开心了。

有一天,她突发奇想要开个花店,男人怕女人无聊,就同意了。花店很快开张了,女人每天去花店做生意,变得忙碌起来了。女人因为忙碌而感到开心,可是过了几个月,男人精算了一下,发现女人不但没有赚钱倒赔进去不少。男人知道女人不是经商的材料,但他不动声色。

后来有人问他:"你妻子还开着花店吗?"他说:"还开着。""是赚是赔?"他说:"赚。""赚多少?"男人只神秘一笑。经再三追问,他才悄悄告诉别人说:"赚到十万分的快乐。"

有的人只计较钱有没有赚,名有没有得,却从不计较是不是得到了快乐,是不是赚到了幸福。看来,事例中那位丈夫才是真正的智者,他虽然损失了一些钱,却买到了妻子的快乐,夫妻的和谐,使得一切邪佞之事无插足之地。

去除,简单地说,是一种生活态度,是人生拼搏的另一种境界,它不是消极承受,也绝非放弃人生应有的追求。只有敢于去除,才能斩断捆绑于心的精神枷锁,从而轻装上阵;只有去除,才能赶走一切邪佞,使快乐丛生。

其实去除身外之物很简单,你可以从身边每一件事做起。如女人要尽量素颜,大家应该多吃素食、少坐车多走路等,这些都可以使生活变得简约而轻松,但把它要当成一种生活态度,不仅仅是一种生活方式。只有这样,你的去除计划才能持之以恒。

不要为一点点钱财，出卖了你洁净的心灵

钱，究竟有着怎样的魔力？为什么人们常说："钱不是万能的，但没有钱是万万不能的。"难道得到了金钱，就等于拥有幸福了吗？难道为了得到钱，就能出卖自己的灵魂，牺牲自己的品德吗？

美国人安比尔斯编撰的《魔鬼辞典》中对金钱做出了这样一种诠释："金钱是有文化修养的标志，也是进入上流社会的通行证。金钱是一种祝福，不过只有在离开它之后我们才能受益。"

许多人都喜欢钱财，并把拥有更多钱财当成毕生的事业。微软公司的一位高管就对财富与金钱有着特殊的喜好，认为财富是上帝赐予的礼物；美国石油大王洛克菲勒也说，钱是他心爱的独生子，非常钟爱他；还有一位美国大亨说金钱是对辛劳和美德的奖赏。

看来，金钱是能够让人赢取幸福和快乐的，但这条路绝不简单。除了这极个别的几个富翁外，大多数人也都喜好钱财，甚至为钱财迷失了双眼，出卖了心灵。钱能带给人的不仅仅是幸福感，更多的还是贪婪和罪恶。

伟大的戏剧家莎士比亚有一部著名的悲剧叫《雅典的泰门》。这个故事说的是，雅典贵族子弟泰门坐拥财富而且慷慨好施，于是身边聚集了很多阿谀奉承的"朋友"。这些人有的是贫苦穷人，有的是达官贵族，他们为了骗取泰门的钱财，甚至愿意为他做牛做马。

于是，泰门很快家产荡尽，负债累累。那些曾经依附于他的所谓的"朋友们"马上与他断绝了来往，而那些债主们则无情地逼他还债。经过这次世事变迁，泰门看尽了人类的贪婪和忘恩负义，变成了一个愤世者。

出于报复，泰门再次举行宴会，向曾经的门客发了请帖，那些人一见宴会如此奢华，以为泰门是在装穷考验自己，于是又蜂拥而至，虚情假意地向泰门解释。泰门气急败坏，揭开盖子，把盘子里的热水泼在客人的脸上和身上，把他们痛骂了一顿。

从此，泰门离家出走，宁可躲进荒凉的洞穴，过野兽般的生活也不愿意回到富丽堂皇的城市。然而，上帝总是在眷顾他，泰门居然在挖树根时发现了一堆金子。看透世态炎凉的泰门，宁可把金子发给过路的穷人、妓女和窃贼，最终在绝望和孤独中悲愤死去。

这是一部悲剧，莎士比亚借泰门之口大发感慨，以揭露在金钱的诱惑下人心的丑恶。听一听泰门的心声吧：金子！黄黄的、发光的、宝贵的金子！这东西，只这一点点，就可以使黑的变成白的，丑的变成美的；错的变成对的，卑贱变成尊贵；老人变成少年，懦夫变成勇士。呵，你是可爱的凶手，帝王逃不过你的掌握，亲生的父子会被你离间……

这番话将金钱的危险性揭露得一览无余。金钱的魅力可以改变人的眼光、扭曲人的灵魂。钱，除了能充当一般等价物从而购买商品外，还可以出卖人洁净的心灵。有道是："有钱能使鬼推磨。"

哲学家史威夫特所说："金钱就是自由，但是大量的财富却是桎梏。"如果我们把金钱当做上帝，它便会像魔鬼一样折磨身心。因为，我们要学会明智地对待金钱。金钱本身并不邪恶，只不过人的内心会因为它而变得邪恶。所以，我们要做的就是要管住你的内心，看淡金钱，看淡一切邪财不取。所谓:"君子爱财,取之有道。"只要你能保证自己的内心洁净不变,金钱依然是可爱的。

有这样一个寓言故事。

一个贫穷的农夫生性老实,经常做一些善事。后来他的事情传到了上帝的耳朵里,就偷偷在他的鸡窝里放了一只会下金蛋的鸡。第二天,农夫果然在他家的鸡窝里发现了一只金蛋,农夫喜出望外,但转念一想觉得一定是有人在跟他开玩笑。农夫是个谨慎的人,为了保险起见,他还是带着金蛋去了金匠那里,一经检测,发现它果然是纯金的。

后来,农夫把金蛋卖了,得到很多钱。那天晚上,他为此同家人大大庆贺了一番。

第二天早上,农夫抱着试试看的想法,看鸡还会不会下金蛋。于是鸡窝里一摸,果然又有一枚金蛋,一连好几天都是如此。

开始,农夫一家人喜出望外,但金蛋越多,人就变得越贪婪,很快他就对每天才得到一枚金蛋感到不满足了。于是,他心生邪念,要将鸡杀死,从而一次性取出所有的金蛋。然而,等杀死鸡后他才发现所有的蛋都还是小小的正在长着的蛋,而他一枚金蛋也没有得到。

农夫本来因为他的慈善心肠得到一只会下金蛋的鸡,但他为了得到更多的金蛋而迷失了双眼,抛弃了灵魂,结果杀死了鸡,再也得不到金蛋了。

寓言中的鹅代表我们的资本,而鸡蛋代表着利息。没有鸡就没有鸡蛋。没有资本就没有利息。多数人花光自己所有的钱财,有些人甚至花费比收入更多的钱,从而背负债务,于是偷窃、赌博,走上不法之路。

其实,我们每天都在重复着杀鸡取卵的勾当,于是钱不但没有得到,反而丢失了本来的人性。取有道之财,合法之才,人们方能光明磊落、坦坦荡荡、心地无私地活着。一个正直的人不会吝啬接受财富，但对不合法之财却从不沾惹。因为不合法之财会让自己受到欲望的牵制，最后受到精神和良心的折磨，落得一生不得自由的悲惨下场。

不要因为一点钱财而出卖了你洁净的心灵。孔圣人就说过关于义、利的看法，即君子得财要正当，如果一个君子扔掉了仁爱之心，那怎么能成就君子的名声？君子就应该时时刻刻都不离开仁道，在紧急的时候不离开，在颠沛的时候也不离开，这样才是一个真正的君子。

做到这一点，就要求我们能够将钱财看淡一点，将心胸包容一点，当你能容得下万事万物之时，就不会因为一点钱财动心而生邪念。

清醒一点，睁开被欲望蒙蔽的双眼

"钱财不积则贪者忧，权势不尤则夸者悲，势物之徒乐变。"这是庄子在《徐无鬼》中所说的一句话。意思是说，追求钱财的人往往会因钱财积累不多而忧愁，而贪心者是永不满足的；那些追求地位的人常因职位不够高而暗自悲伤；迷恋权势的人，特别喜欢社会动荡，以求在动乱之中借机扩大自己的权势。

世上总有一些人会因为在钱财、名利、地位等方面得不到满足而方寸大乱。面对公司破产、职位被贬等情况，有些人就会蠢蠢欲动，在私底下或背后耍阴谋诡计，结果让自己越陷越深，虽然职位高了，物质生活越来越好了，可欲望也越来越大了，竟再也得不到快乐了。

追求钱财的人因钱财积累不够多而忧愁，而贪心者永不满足。人生自有其乐趣,并不需要一味地依靠物质,将财富看得过于重要,不停地追逐,即使财富到手,也会失去生活的幸福,这是十分可悲的一件事!

无可否认,财富具有无可比拟的魅力,人们追求财富,是为了更好地生活;美色也同样具有无可企及的诱惑,人们追求它是为了满足自己的私欲。欲望让人们蒙蔽了双眼,最后倾其一生对其穷追不舍,不仅得不到生活的幸福,反而会跌入万恶的深渊。

两个非常要好的朋友在林中散步,同时欣赏着夕阳西下的美景。这时,有个小和尚从林中惊慌失措地跑了出来,两人见状拉住便问:"小和尚,出了什么事,为何如此惊慌?"

小和尚上气不接下气,忐忑不安地说:"我正在林子那头移栽一棵小树,却忽然发现了一坛金子。"

两人听后哈哈大笑,说:"挖出金子来有什么好怕的,你真是太好笑了。"接着,他们贪婪地问道:"你是在哪里发现的,告诉我们吧,我们不怕。"

小和尚极力劝说:"你们还是不要去了吧,那东西会吃人的!"

两人自觉好笑,异口同声地说:"我们不怕,你告诉我们它在哪里吧。"

于是,小和尚只好告诉他们金子的具体地点,两个人飞快地跑进树林,果然找到了那坛金子。

其中一个人说:"如果我们现在就把金子运回去就太过张扬了,还是等到天黑再运吧!这样,现在我留在这里看着,你呢?回去拿点饭菜,我们在这里吃过饭,等半夜的时候再动手。"于是,另一个人照做了。

没想到,留下来的这个人竟心存歹意,想:要是这些黄金都归我,该有多好!等他回来,我一棒子把他打死,这些黄金不就都归我了吗?

不料,回去的人也在想:我回去之后先吃饱饭,然后在他的饭里下些毒药。他一死,这些黄金不就都归我了吗?

不大一会儿,回去的人提着饭菜来到树林,结果他刚进树林,就被他的朋友用棍子一棒子打死了。然后,那人得意扬扬地拾起饭菜吃了起来。吃着吃着,他的肚子就像火烧一样疼痛起来,这才知道自己中了毒,不免后悔万分。临死前,他才想起和尚的话,自言自语道:"和尚的话真对啊,我当初就怎么不明白呢?"

本来非常要好的两个朋友只因为一坛金子,就在瞬间心生歹意变成了仇人。直到临死,才如梦方醒,知道自己是财迷心窍,被贪婪的欲望蒙蔽了双眼。可见,财有时不但不能给人带来幸福,甚至有时能够夺走人的性命。尤其一旦被欲望蒙蔽了双眼,人心便彻底迷失了。

人们经常在富贵的诱惑中迷失自我,忘记了生活的本意,结果得到的财富越多,失去的幸福也越多。

在很久以前,人们还靠捕猎来维持生活,可是又没有很好的猎捕工具,因此条件极其艰苦。有个人冥思苦想想出了一个捕捉火鸡的方法,他把箱子制作成一个有进无出的陷阱,一旦火鸡钻了进去,只要把进口堵上,火鸡就插翅难飞了。

第二天,他就来树林里验证这个方法。他抓来一把玉米,从箱子外面一路撒下去,一直撒到箱子里面,然后他在箱子盖上系了一根绳子,自己攥着绳子的一端,远远地躲在一边,等着火鸡的到来。不一会儿,一群火鸡果然看到了玉米粒,便沿着玉米的路线欢快地啄食起来。很快,领头的有3只火鸡钻进了箱子里,随后又接连钻进去5只,还有外面两只肥大的火鸡还没有钻进去。那人苦苦等着,心想一共10只火鸡,如果这下都抓到了,一个礼拜都不用出来觅食了。

当这人正异想天开的时候,率先进去的一只火鸡已经吃饱了,并且大摇大摆地从里面钻了出来。这人一看着了急,懊悔刚才就应该拉下绳子,可他想外面还有两只呢,如果这两只都进去了,丢了那一只也就丢了,正想着,又有两只火鸡跑了出来。他还在犹豫着,又有两只跑了出来。

最后,这个人眼睁睁地看着那群火鸡心满意足地离去了。箱子里竟什么都没留下,包括他的玉米粒。

很多人希望从越来越富足的物质中得到安逸快活的闲暇时光,但很多人却因此而偏离了最终的目的。最后,只是为了钱、权、欲望而去追求,就像那个发明了捕捉火鸡的人,他本来想活捉一只火鸡,但一见火鸡成群结队地接近自己的圈套,便心生贪欲,不淡定了,结果赔了夫人又折兵。

贪欲犹如一只拦路虎,让许多人烦躁不安,不能静心,如果懂得满足,让自己远离贪欲这只拦路虎,那就能给自己的心灵一片轻松,在宁静中自由地驰骋。因此,为了解脱自己,将金钱看淡一些吧,为了享受快乐,将心放宽一些,欲望减少一些吧!在已经拥有的时候就应当知道满足,从而平心静气地拉下那条欲望的绳子,那么结果就将是另一番景象了。

清心寡欲,保留本性的淳朴

如今在很多发达国家,都流行一种简朴甚至于清贫的生活方式。比如追求奢华浪漫的法国人像是改了性格一样,再不会选择那些更现代、更时尚、更奢华的生活方式了,相反,他们越来越趋向"清贫"地生活。这点从着装上就能得到验证，那些白领阶层，穿着都十分随意，衣料大都是棉布或化纤的，很少有羊毛、羊绒织品。这与法国人民历来的追求时尚大相径庭。

在德国人眼中，他们的奔驰轿车跟他们的国家一样值得骄傲，但谁要是开着奔驰私家车招摇过市，一定会遭到鄙视的目光，因为德国现在家用车都普遍选择小排量的轿车。

向来高调的美国人也开始简朴起来了。比如宾馆里的电视机，大都比中国落后10年；纽约的大街上居然还运营着1873年设计的木制缆车；在高级的商务会馆，现在依然有人在使用着砖头般的"大哥大"。所以，千万不要再被美国电影中的奢华场景欺骗了。

这种突如其来的清贫之风，之所以吹向那些经济社会都比较发达的国家，其中一点原因就是对自然环境的保护意识，另外一点也是最重要的一点就是人们在尝尽奢华之后一种返璞归真的愿望。

在追求了高品质的物质生活后，人们开始反思，究竟这种生活是否真的能带给人快乐和幸福呢？调查显示，美国在过去30年里，随着国民生产总值增长超过一倍，觉得自己"非常幸福"的美国人口比例下降了5%，或者说减少了约1400万人。而且，越来越多的人患上抑郁症。

当人们不再为温饱发愁，而开始追求小康甚至更富裕的生活时，财富反而成为一些人走向幸福的绊脚石。最大的原因就是人们在追求财富、满足欲望的过程中迷失了淳朴的本性。当人们认为有钱就能买到一切的时候，会发现钱唯独不能买到最简单的幸福。

一个富人去拜访一位哲学家，向他请教为什么自己有钱后变得越发狭隘自私，什么也容不下了呢？哲学家将他带到窗前，问："向外看。告诉我你看到了什么？"富人说："我看到了外面世界的很多人。"哲学家又将他带到一面镜子前,问:"现在你又看到了什么?"富人回答:"我自己。"哲学家笑道:"窗子和镜子都是玻璃做的,区别只在于镜子多了一层薄薄的银子。但就是因为这一点银子。便叫你只看到自己而看不到世界了。"

当你的欲望越来越多,目标越来越大时,就会像狗熊掰棒子一样,丢弃了最初的愿望,迷失了自己。

石油大王洛克菲勒出身贫寒,创业初期靠的是勤劳肯干,那时人人都夸他是个好青年。然而随着财富的累积,他变得越来越贪婪,当他富甲一方之后,就更加冷酷残忍了。那时,宾夕法尼亚州油田地带的居民深受其害,对他恨之入骨,甚至还有人制作他的木偶像,然后将那木偶像处以绞刑,以解心头之恨。诅咒和谩骂几乎每天充斥着他的耳朵,就连他的兄弟也对他十分厌恶,可以说洛克菲勒的前半生就在众叛亲离中度过。

53岁的洛克菲勒,在尝尽人世繁华后,被疾病缠身,人瘦得不成样子。医生向他宣告了一个残酷的事实,那就是他必须在金钱、烦恼、生命中选择一个。一语惊醒梦中人,这时的他终于领悟到,是贪婪的欲望控制了他的身心,他听从了医生的劝告,退休回了家,每日打高尔夫球,去剧院看喜剧,还常常跟邻居打成一片。他开始过上了一种与世无争的平淡生活。

洛克菲勒发现当他逐渐放下那些华而不实的欲望后,烦恼少了,身体也健康了不少。后来,他甚至开始考虑如何把巨额财产捐给别人。但因为他臭名昭著,起初人们并不接受,说那是肮脏的金钱,可是他没有放弃,他通过努力,人们慢慢相信了他的诚意。

那时,密歇根湖畔一家学校因资不抵债行将倒闭,他听说之后马上捐出数百万美元,从而促成了如今的芝加哥大学的诞生。他甚至将慈善活动投放至全世界,北京著名的协和医院也是靠洛克菲勒基金会赞助而建成的;1932

年中国发生疫病灾害,是洛克菲勒动用基金会资金进行资助,才有了足够的疫苗预防而不致成灾;此外,洛克菲勒还为黑人创办了不少福利事业。从这以后,人们开始用另一种眼光来看他。

洛克菲勒的前半生为金钱迷失了方向,后半生千金散尽,才重返生命的正道。据统计,他一生赚进了十亿美元,捐出的就有七亿五千万。他用前半生创造了无与伦比的财富,用余年的岁月找回了因为财富而丢失的世界,那就是用金钱买不到的平静、快乐、健康和长寿,以及别人的尊敬和爱戴。

做完这些事情后,享年98岁的洛克菲勒觉得了无遗憾了。

人的幸福感是很奇怪、很奥妙的。当有了钱以后,我们未必会感到幸福,甚至有可能很不幸福;而贫穷是不幸的,但当事人如果能够接受现状,安贫若素,并从生活中找到快乐因子,充分享受每一个微小的快乐,则未必感觉不到幸福。

在满足欲望的征程上,我们的幸福变得越来越单调、脆弱、不堪一击,当财富蒙蔽双眼,我们最原始、最朴素、最简单的幸福也就迷失了。

一位常驻非洲维和部队的工作人员在给朋友的信中写道:"我太佩服鲁滨孙了。能在孤岛上生活那么多年,对于我来说,现在最幸福的事情就是能回到国内,同家人团聚。"刨除一切利欲享受,人们才能露出那最简单真挚的淳朴。

清心寡欲,才能保留住本性的淳朴。在生活中,只要我们不远离真善美,不被金钱欲望所奴役,那么幸福就会主动来敲门。

不要把"财富"看得太狭隘

社会发展的步伐越来越快,现代知识也日新月异,人们的心变大了,于是脚步便跟不上心的步伐了。不难发现,越来越多的人不满意自己的现状,越来越多的人把目标定位在财富上,一旦不能实现就觉得备受打击,恨不得为此去作奸犯科,只要能成为比尔·盖茨或巴菲特。

财富真的是我们所追求的终极目标吗?财富究竟是一个怎样的概念。如果人们能够从某种意义上来解释何谓财富的话,那么财富这种东西相对来说还是比较容易得到的。

比如,你要是把财富理解为拥有一辆法拉利,或是在某个豪华地段有一栋豪华别墅,或者成为某著名企业的领导人,或是将这些条件放在一起的话,那么你一辈子也许就只能做个可怜的穷光蛋了。

因为你眼中的"财富"实在太狭隘了,如果将一辈子的时间用在这些方面,你就太可怜了,说明你究竟还是不知道自己不可或缺的是什么。

如果将高额存款与自由相比,孰轻孰重?也许你为了争取到象征财富的高额存款而一生忙忙碌碌,没有时间欣赏夕阳西下,没有时间修理后院的草坪,甚至没有时间为你的孩子钉一个小小的秋千……你的一生只围绕生意、事业、聚会、谈判而转,这样的人生真的是你所期望的吗?这些东西真的是你不可或缺的吗?

我想,如果你一定要把自己的富有、幸福同巨额存款联系在一起,那么只能说你做成了一件了不起的事,而不能说你这一生就了无遗憾了。

不要再让自己生活在富有者的阴影中,别人的生活是别人的,你看到了他们外在的风光,却不知道他们因此付出了怎样的代价。当你能够这样想的时候,就会觉得如释重负,像得到了解放一样,感到非常轻松,非常愉快。

据说,在发现新大陆后,第一批欧洲人到达美洲并且试图同当地人做生意时,是非常艰难的,因为当时的欧洲人不能为当地印第安人提供任何他们所需要的商品。比如,欧洲人的长靴,高级天鹅绒洋裙,带着孔雀翎毛的洋帽,高级雪茄烟等。但欧洲人必须要让印第安人接受这些文明东西,因为他们需要从印第安得到动物的皮毛。

于是,欧洲人开始说服并影响印第安人,他们把玻璃球的作用夸张、美化,把酒之类的商品说得神乎其神。当印第安人的富者终于接受他们的商品并开始效仿英国文明时,欧洲人便得到了他们想得到的兽皮等。

到17世纪末,一个叫做约翰·巴尼斯特的英国殖民主义者说:"欧洲人已经成功地使印第安人去喜欢那些他们原来根本就没有见过的欧洲商品,以及他们过去根本就不曾有过的这些商品,现在通过通商,他们就可以获得。而且,他们非常喜欢这些商品,已经到了根本就不能够离开它们的地步。"

看,改变人类的财富观就是这么简单。其实,你真的对这些商品感兴趣吗?它们对你来说真的是不可或缺的吗?如果是,为什么在得到之前你依然过得好好的,如果不是,那为什么还需要靠别人的劝说才能意识到你对它们的需要呢?

答案是,通过这种形式对某种东西表达出来的需求并非是真正的需求,而是出于一种虚荣心理。那么去掉虚荣心,这种可有可无的需求愿望自然就失去了存在的基础。

把心放宽,让自己与更加广博的世界连接,这样才有机会发现究竟什么才是你不可或缺的,而不会轻而易举地被金钱诱惑,迷失了双眼。

当鲁滨孙漂流到一个孤岛上时,他身上所有的财物只有一支笔和一张纸。然而他觉得这已经很富有了,他在纸上画了两张表,将于自身不利的情况写了下来:我一个人在一个孤岛上,根本就不用指望有谁会来救我;我没有衣服穿,连护身遮羞的东西都没有等。然后,他在另一张表上记下对自己有利的情况:我还活着,没有被淹死,而其他的同伴都已经葬身鱼腹了;这是一个热带地区的孤岛,根本就用不着穿衣服,即便有衣服也未必穿,如此等等。

然后,他将有利条件和不利条件加以比较之后,做出一个决定,把那些不利的,而且又无法改变的情况从头脑中划掉,集中考虑那些对自己孤岛生存有利的条件和情况。于是,他得到一个惊人的结论:"从现在起,我即使只身在孤岛的情况下,仍然能够觉得自己生活得很幸福很富有;如果不是在这样一个热带孤岛上,而是在别的什么地方的孤岛上,也许我就不会像现在这样幸运了。"

鲁滨孙身无分文,并孤身一人流落到荒岛上,这样的人居然觉得自己很富有很幸福。看来,人们要想生活得幸福愉快,就要正视自己的现实处境,然后发现自己切实所需是什么。

要敢于承认生活中所存在的问题,更要切实明白你究竟需要的是什么,这样再看眼下的你是不是能够通过些许努力就能实现这些目标。就算一时难以实现,能不能制订一个长期计划而最终得以实现。这样计划之后,你再来评定自己是幸还是不幸。

只要明白，钱财不是你追求的终极目标，那么你就有希望过上幸福的生活。那些为了钱财而不顾身体健康，不顾天伦之乐的人，就算拥有再多的钱财，也注定不是一个富有的人。

是否富有不是取决于外界情况的。有的人穷得像鲁滨孙一样，身体不健康，身无分文，甚至孤苦伶仃地生活，但只要他们活得开心、自在，他们就是富有的。

凡是追求所谓永远幸福的人，那他肯定是不会有幸福的；凡是那些一生都在苦苦追求物质财富的人，他肯定一生都会觉得自己是很贫穷的。当你能够发现这样一个真理时，你便做到了心如大海。

第13章　心淡者，淡对波折不恼

人生就好比一场旅程，必然要经受风雨无常，这个过程何其艰辛，于是人人都希望能守住一份安逸。然而，这种惰性会让我们忘记"居安思危"的道理，于是等到一切都看尽，会发现波折才是能让你真正成长起来的瑰宝。

不要祈求安逸，它是人生的陷阱

我们每个人一生几乎时时刻刻都在受着安逸享乐的诱惑。每当夏季烈日炎炎酷暑难当之时，就会想起冬日的严寒，以及一家人围坐在火炉边的惬意和温情；然而到了冬日冰天雪地、天寒地冻的时候，又会想起夏日里，畅快淋漓地冒着大汗吃着雪糕的激爽与痛快。

人人都向往安逸自在的生活，但人生不会轻易赏赐你安逸，因为安逸实在是一场陷阱。

古人有"生于忧患,死于安乐"的名言警句,后来又有"艰难困苦,玉汝于成"的鼓励。这就在告诉我们,成功总是与艰苦相伴的,而与安逸享乐无缘。那些贪图享乐,害怕挫折困难的人,是永远都无法走出平庸的泥沼的。

安逸是通往成功的最大障碍,安逸的暖流会消磨人的意志,人一旦渴望并接受了安逸,就如同掉进了温柔的陷阱,再也出不来。逐渐地,便失去了努力的动力和奋斗的方向,成为"蛀虫",坐吃山空,难以自持和自立。所谓的"富不过三代"指的就是这个意思。

也许你不敢相信,比尔·盖茨坐居首富地位,居然对他的孩子们十分吝啬,他甚至严格控制孩子们的零花钱。他自己也十分节俭,也从不让孩子们多花钱。

比尔·盖茨给孩子们灌输这样一种观念:家里的钱都是爸爸妈妈辛苦赚来的,你们要花就应该靠自己的劳动来赚取。于是在家里盖茨设置了家务劳动赚钱的规矩,对每一项劳动都明码标价,绝不多给孩子们一分钱,让他们明白钱是靠自己的劳动得来的,而不是可以不劳而获的。

试想,如果比尔·盖茨由着孩子们花,他赚的那些钱也可以保证他们一辈子衣食无忧。但若真是那样,盖茨就等于养了一群蛀虫,孩子们就不会有什么未来。比尔·盖茨深知道太过安逸的环境会对孩子们产生多大的危害,因此宁愿自己唱白脸让孩子们觉得父亲严厉苛刻,也不愿意孩子们在安逸的环境里长大、长歪。

人的一生就好像是一次旷野中的旅程,必然要经受风雨无常,因此在红尘世人都希望获得一份安逸的生活,然而这就很容易让我们忘记"居安思危"这个道理。有一首禅诗形容得好:"四蛇同箧险复险,二鼠侵藤危更危;不把莲花栽净域,未知何劫是休时。"这来自一则小故事。

有一位行者在途中被一只猛虎追赶，可荒郊野外的，根本无处藏身，于是心急如焚。拼命跑着，突然发现眼前出现了一口枯井，行者欣喜若狂，奔到井边，井边正好有一根藤，于是他便顺着藤往井下躲去。

谁知，当他快要到达井底时竟看见盘着四条毒蛇，都吐着红芯子，昂头盯着他看。行者一看吓了一跳，只好攀着藤挂在半空，不再往下。正当他想松一口气时，却发现两只老鼠正在咬他的救命井藤。一旦藤被咬断，他将跌落井底，受粉身碎骨与毒蛇咬噬之苦。一想到此，行者便恐惧忧骇，急忙想解决办法。正当此时，一群蜜蜂从井口飞过，滴下几滴蜜来，恰巧竟落在行者嘴边，他一尝，甘甜丝丝入心田。一下子沉浸在甜蜜中，竟忘记了身处险境，最终跌入井底。

这几滴蜜也正是人世之安逸。人在安逸中常常忘记了自己的使命，甚至原来的自己；在安逸中常常不能忍受挫折，心也容易受影响、受波动；在安逸中自己的信心也很容易流失，甚至失去原本光明的本性，所以，居安思危，安逸之人一定要守住自己的本心。

中国历史上就有"从来贫贱多才俊，自古纨绔少伟男"的说法，这句话说明了环境对于人的影响的深刻性。过于安逸的环境，并不会让人得到锻炼和成长，相反只会让人失去斗志，没有奋斗的动力，待在原地不愿前行。成功的人往往都是那些经历过大灾大难或者贫苦生活的打磨的人。

除了在金钱上的安逸，还有思想上的安逸。如果一个人对自己目前的状态过于满足，就失去了任何想要进取的动机。这种安逸不仅从经济上危害人，更重要的是它会让人彻底失去前进的内在需求，让人整日"混日子"，没有任何进步可言。其实，每日认真努力工作也是一天，浑浑噩噩混过去也是一天，为何不让自己的人生变得激情充沛一些呢？

纵容自己在太安逸的环境中,抱着安逸的思想,其实是在自掘坟墓。为此,与其祈求那害人的安逸,不如对自己狠一点。这里的"狠",指的是有意识地让自己吃一点苦,让自己在吃苦受累中得到成长。这是一种自我督促,不至于处于安逸的环境里停滞不前。

比如,今天的工作任务是下班后背诵一首古文,很多人就会给自己找各种理由,上班太累了,不如跟同事一起去放松一下,回来再背,结果玩完了回家倒头就睡,完全忘了自己给自己定的任务。时间一长,所有的计划都打乱了。

不要祈求安逸,其实是在对今后的波澜不惊做准备。心宽者能够容得下安逸,更能经得起波折,只有从容淡定地对待这一切才能度过一个波澜壮阔的人生。要知道,只有一开始就选择享受的人和一开始就执著奔波、千锤百炼的人,最后的结局往往是后者成了珍品,前者成了废料。

珍惜小小挫折,你的心胸将更加宽广

挫折能带给我们什么?是悲观,是沮丧,是丧失自信,是失去正常的判断力。也许这是大多数人的看法,于是很多人害怕挫折,想尽一切办法逃避困难。但其实你逃避的不是困难和挫折,是一次成长的机会。

挫折的确会带给我们一些悲观、失望等消极的情绪,以至于让我们对事物失去正常的判断力。这时,你的确不应该对重要的事情做出裁决,特别是可能对我们的生活产生深远影响的人生大事。但这种悲观沮丧的消极情绪不会影响我们一生的,它只是暂时的,是能够摆脱的,只要你能将心放宽一些,荣辱成败看淡一些。

当事业上经历挫折的时候,如果我们能够摆脱悲观的情绪,在失败中寻找契机,也许我们就能成功。在生活上遭遇困境时,如果我们能够乐观积极地看待,不让意志消沉,我们就会在黑暗中看到曙光。

当你能够学会珍惜挫折而不是逃避的时候,你的心胸将会更加宽广。一个人在看不到希望时,仍能够保持乐观,仍能善用自己的理智,这是十分不容易的。这时的挫折不但不会消磨意志,反而能够助你穿越绝境转败为胜,通往人性的豁达。

约翰从小立志当医生,因此在他20岁的时候,他如愿以偿地考入了医学院。刚一入学,他就被医学院严谨的学习气氛迷住了。可是,好景不长,基础知识学完了,他们进入了解剖学和化学的课程。这时,约翰每天都要面对着不同的尸体,这让他感到十分恶心。以后的日子里,他每天走进实验室都心惊胆战,唯恐又见到什么让人想呕吐的景象。

恐惧的心情一直折磨着约翰,直到有一天,他开始怀疑自己的选择是错误的,而自己也根本不适合医生这个行业。思量再三,约翰决定退学,然后选择一个更适合自己的职业。第二天,他就把这个决定告诉教授,教授只说:"再等等吧,你现在的决定并不能代表你的心声。等到你的决定忠于了你的心的时候,你再来找我。"

于是,日子就这样一天一天过去,杰克依然每天都在受着恐惧的煎熬。这样不知过了多久,他居然开始习惯了实验室里福尔马林的气味,熟悉了各种尸体的结构,渐渐地不再对实验室感觉畏惧了。四年后,杰克以优异的成绩毕业,同时还接受了一家大医院的聘请,成了那里最年轻的医生。

多年后,在一次同学聚会中,教授笑着对杰克说:"还记得吗?你当年想放弃。""是的,教授,您阻止了我。"教授说:"那时候你太悲观,还不能了解自己的心,所以我让你冷静下来。杰克,你记着,人在遇到挫折、悲观失望的时候,千万别马上作决定,要给自己一点时间想一想,之后得到的答案也许就跟原来不同了。"

当你遭遇挫折的时候,千万不要以一个悲观的心态作决定。智慧才是最有用的,它能帮助你做出正确的抉择,当有人引诱你走放弃的道路时,要静下心来,坚定自己的目标而不受外界影响。当你的心开始动摇的时候,要懂得宽慰自己,心淡者,淡对波折而不恼。放宽心,等一等,当那些消极的心境都过去之后,你才能做出正确的判断,从而走上成功的道路。

如今许多年轻人,他们在工作遭遇困难的时候选择了放弃,换成了自己完全不熟悉的领域。殊不知,这只会让你面对的困难更大更难,如果还是没有信心,任由悲观失望的情绪控制,那么就注定了一事无成。

艰难困苦能磨炼人的坚强意志,这往往是我们成事的心理基础。一生在世,没有谁的道路是风平浪静的,你选择怎样面对,就有不一样的诠释。有的人选择逃避,选择破罐子破摔,这时的挫折就成了他的致命伤,而如果你选择放宽心态接受它、挑战它,挫折反而会为你的成功增添一臂之力。

将心放宽,看淡挫折和困难,任何时候都不要放弃希望,那么你终将抵达成功的彼岸。

在一片茫茫无垠的沙漠上,尘缘法师协同几位弟子在那里负重跋涉。

炽烈的阳光烤得脚下的沙粒发烫,口渴如焚的几位师兄弟已经很久没有水喝了。水是沙漠中的信心和源泉,一旦没有了水,后果可想而知。

大师兄实在忍不住了,问师父还有没有水。

师父没有答话,只是从腰间拿出一个水壶说:"还有满满一壶,但在成功穿越沙漠前,谁也不能喝。"

几位师兄弟欣喜若狂地凑过来摸着水壶,沉甸甸地,一种生命力在他们的脸上逐渐弥漫开来。

不知走了多久,终于,他们挣脱了死亡线,成功穿越了沙漠。当他们喜极而泣时,突然想起了那壶给了他们力量和信念的水。

这时,尘缘法师打开了壶盖,一壶细沙缓缓倒出。

几位师兄弟震惊了。尘缘法师对众弟子们说:"瞧,只要你想,干枯的沙子也可以成为清冽的山泉,只要你的心里驻扎着水一样的淡定和宽广。"

沙子是沙子,清泉是清泉,怎么能够混为一谈呢?其实,只要你想,就可以。无论生命处于何种境地,无论你遭遇了怎样的挫折和打击,承受着怎样的绝望,只要心中藏着一片清凉,生命自会有一片诗意的栖息地。我们最宝贵的财富之一便是希望,所以罗素说:"从感情上讲,未来比过去更重要,甚至比现在还重要。"珍惜小小的挫折,把现在的挫折当成未来成功的信念,那么你就有勇气和力量穿越种种不幸。

每个人在一生中都可能有消沉的时候,居里夫人曾两次想过自杀,奥斯特洛夫斯基也曾用手枪对准过自己的脑袋,但他们最终都以顽强的勇气走向新生活,获得了巨大的成就。可见,一时的挫折并不可怕,可怕的是你没有宽广的胸怀容纳这挫折。

我们不能控制命运,却可以掌握自己;我们无法预知未来,却可以把握现在;我们无法左右变化无常的天气,却可以调整自己的心情。淡定一点,从容一点,与挫折共舞,你的胸膛将会更宽广。

安时处顺，生死都自在

《庄子·养生主》有："安时而处顺，哀乐不能入也。"大意是，安于常分，顺其自然，满足于现状。我们不得不说，古人的智慧真是高深莫测，是我们浮躁功利的现代人所不能比拟的。

曾有一位当代知名书法家为一位名人题字，名人表示说自己钟爱"室雅人和"，但最终书法家题了另外四个字：随遇而安。也许书法家考虑年龄和阅历，才题了这四个字。其实，随遇而安讲的就是"安时处顺"的奥妙。

安时，说的就是时辰、时间的顺序前进，该做什么就做什么，该什么时候做就什么时候做，不特立独行，不独占鳌头。往深了讲，则带有一定的禅机，即这个时刻能做些什么就做些什么，不强求，因为一切的一切都要密切观察事态发展，只有静下心来等待玄机，才能顺理成章地成就点事情。

处顺，即是一方面顺势发展，自得其乐。当时机还未到时，安守本分，不骄不躁，心淡如云。一旦时机成熟，应当顺应时机抓住机会，应势而行。处顺要与安时配合起来，只有这样，一个人才会渐入佳境，即使修不成正果，也算锤炼了修养，修炼了意志，陶冶了情操。

早春时节，师父交给小和尚一些花种，让他将花种种在自己的院子里。小和尚便拿着花种往院子里走去，可是走得太急了，突然被门槛绊了一下，摔了一跤，顿时手中的花种撒了满地。小和尚好不遗憾地看着师父，只见师父在屋中说道"随遇"。

小和尚想着还是把花种扫起来吧,于是就去拿扫帚,突然天空中刮起了一阵大风,把撒在地上的花种吹得满院都是,师父这个时候又说了一句"随缘"。

小和尚一看,这可怎么行?花种都被吹跑了,就越发急忙地去扫院子里的花种,这时天上下起了瓢泼大雨,小和尚只得跑回屋内,哭着向师父道歉,然而师父只微笑着说了句"随安"。

很快,冬去春来,一天清晨,小和尚突然发现院子里开满了各种各样的鲜花,他蹦蹦跳跳地将这个喜讯告诉师父,师父这时说道"随喜"。

一次种花事件,老师父却道出了整个人生缩影,随遇、随缘、随安、随喜,就是说让我们遇到不同事情、不同的情况时,都要以一颗"随遇而安"的心态去面对。

大文学家苏东坡曾经多次被流放,对此,他却能泰然处之,他说,要想心情愉快,只需要看到松柏与明月也就行了。何处无明月,何处无松柏?只是很少人有他那般的闲情与心情罢了。如果每个人都能放宽心,做到随遇而安,及时挖掘出身边的趣闻乐事,那么不管是生是死都能轻松对待了。

环境往往会有不尽如人意的时候,问题在个人怎么面对拂逆和不顺。知道人力不能改变的时候,就不如面对现实,随遇而安。与其怨天尤人,徒增苦恼,就不如因势利导,适应环境。由不如意中去从容地发掘新的前进道路,才是求得快乐与安静的最好办法。

曾有一位古稀老人,看透世间岁月,总结了这样一句话:活到五十岁,好看难看一个样;活到六十岁,有权无权一个样;活到七十岁,钱多钱少一个样。即使是同一个人,对自己、对社会的看法也会随着时间的推移而发生不小的变化。其实,人生的过程就是这么简单,不能复制,也不能随意剪切。

庄子大概是最能看淡生死波折的,他在《逍遥游》中说:生命长短,两事物之间没有任何可比性。使命不同，生命的价值也不同，它们之间的称谓也就不同。那些朝生暮死的菌类以及不知春秋的寒蝉所过的也是一生，五百岁的灵龟与八千岁的椿树也是过这一生。只不过前者也许羡慕后者的寿长，但却不知道后者也在羡慕前者的干净利落。前者永远不明白后者的苦恼，后者永远不明白前者的羡慕。

《养生主》的内核是"顺应自然"，然而现代人却不够淡定坦然，常常用有限的生命，追求无限的、个人本身欠缺的东西，于是遇到一些波折便深受打击，遇到困境便破罐子破摔。怎知一切皆有定数，又何必为一时的命途多舛而烦忧呢？

人的生命是有限的，而功名利禄均是无限的，用有限的生命追求无限的，怎么能不窘困呢？到了最后，庄子所阐释给我们的还是对生命所获、所失的决绝，是对生与死的决绝。

我们要相信生活会有最好的给予，应了那句话"命里有时终须有，命里无时莫强求"。因为小时候的一次意外而失去一只脚的大师，为自己取的法号为"右大师"，他对自己的遭遇并不自卑难过，因此坦然地说："这就是老天爷给我的，我不怨别人。"接受上天的给予，无论好坏美丑，都应该感谢，不屈不挠，顺逆都自在。

把一切都看做是上天赐予的，不管是顺境还是逆境，不管是成功还是失败，不管是福禄还是灾难，只管好好享受。不管过去经历过什么，不管将来又将怎样，只把握住此时此刻，珍惜现在，努力生活，远比怨天尤人的好。

对于那些已经失去的就不要太怜惜了，因为这对以后的生活没有任何价值，只会让你的心纠结着放不下、看不淡。就像右大师不会盼望上天重新送他一只脚一样，不要再祈求你根本没见过或者曾经拥有但已然失去的东西一样。

如果你不能放下，不能看淡，等到了暮年之际，看看周围的世界，就总会恋恋不舍，认为自己这一生拥有太多的遗憾，很多事情没有完成，很多愿望天不遂人愿。怀着这样的遗憾终老死去，岂不是太悲恋、太可怜了吗？心宽一点吧，安时处顺地生活，那么生死都将获得自在。

要想成功，就要容得下失败

失败是成功之母。如果你觉得这是老生常谈的话就大错特错了。单单细数那些获得巨大成功的伟人，哪一个不是先经历了无数次的失败？大发明家爱迪生在试验了近上千次的材质后才发明了电灯，从而照亮了人类的文明之路；居里夫人这位科学界的奇葩也是在经历过无数次的失败后，才成功提取出了镭……

伟人尚且如此，更不用说我们头脑平庸的凡人了。这不是要打击我们的自信心，而是要让自己学会容纳失败。失败并不可怕，没有失败过的人生反而会让人觉得枯燥乏味。如果一个人从出生开始，就一直一帆风顺，那样的人生该是多么悲哀。

把人生当做一首乐章的话，失败就是其中不可或缺的音符。有了失败的或跳跃或沉闷的音符，人生的乐章才有了节奏，才完整，才动听。

嘉华是一家连锁饼店，生意如今如火如荼，已经在北京遍布分店，下一步目标就是要将它发展成全国连锁店。老板约瑟已经开始着手向周边城市扩散、增加店面数量了。

人人都以为约瑟是个幸运儿，于烘焙业刚刚在中国起步的时候抓住了商机，这才成就了今天的嘉华。可很少有人知道，嘉华在刚开始时就不止一次地摔过跟头，这么多年他遭遇了多少次挫折和失败，才摸爬滚打着发展起来的。

嘉华刚开始在北京开办第一家饼店时，生意十分惨淡。因为那时的老百姓还都不认同这种外国的糕点，而喜欢北京传统特产。约瑟心高气傲，决心要"教育"消费者接受西方的饮食习惯，引进高端的烘焙西点，希望在北京能够刮起西式烘焙风。

然而，老百姓们却不领情，试想，在20世纪90年代的时候，普普通通的百姓家庭，谁会花十几块钱去买一块小甜点啊？约瑟毁在了自己对于市场的盲目乐观上，一投产就遭受了打击。

约瑟这时才开始往回收了收拳脚，他总结自己的失败原因，开始耐心细致地培养自己的忠实客户群体。两年以后，嘉华在北京立足，并开始陆续成立分店。

但是到了2006年，在成立到30家分店时，嘉华的业务开始停滞不前了。恰在这时，外资高端烘焙品牌进驻北京，立马在烘焙行业掀起了一阵不小的购买风潮，无形中嘉华的生意就受到了严重的影响。

约瑟心里着了急，如果不创新，嘉华就会被后起之秀打垮。深思熟虑后，约瑟开始了复合式营销之路，比如在店内增设水吧和休闲区。

自从店面升级之后，嘉华华一直保持创新，发展势头一片大好。约瑟说："失败往往为成功开辟前路。如果不是在企业发展初期的两次大跟头，嘉华不可能走到今时今日。"

如果没有经历过那两次失败，约瑟就不会对成功有如此深刻的见地。人的一生本就不可能一直一帆风顺，约瑟经历了失败，挺过了失败，才更加成熟和有担当。

我们每一个人也是如此，不管是在写字楼的小隔间里朝九晚五，还是在城市的水泥骨架上添砖加瓦，我们都是这个时代的创造者，是有血有肉的活生生的人类，那么我们就都有可能遭遇失败。也许这次的项目没有谈成，遭到老板的一顿训斥；也许哪个设计图出了差错，差点酿成大的工程失误，贻误工期；也许你的工作能力遭到了客户的质疑，以至于差点儿被老板炒了鱿鱼。失败林林总总，却正是为我们的人生添了彩。等我们老了，回头看看逝去的岁月，这些大大小小的失败与成功一样，都会让我们铭记，让我们想起来时都有深深的感喟，多么值得纪念！

所以，不妨站在自己世界的入口，对失败说一声："欢迎光临！"它们是我们人生的贵客，无论以什么样的方式，都使得我们的人生更加跌宕起伏、令人回味。

失败像是人生的点缀，有它的时候我们抱怨和痛苦，恨不得永不再见面；而一旦没有了它，我们反而又觉得人生太过空白，希望它可以偶尔光临为生活添些色彩。

因此，我们要学会正确认识失败，要理解失败在人生中是十分正常的现象，没有失败的人生鲜而有之，没有失败的人生也不完整。我们首先要能够接受失败，才能正确面对和巧妙化解它带给我们的糟糕情绪和消极影响。

接受失败，不是要你放弃争取成功，而是要你坦然面对可能出现的失败情况，不至于无法接受或情绪失控。失败并不可怕，出现了，坦然去应对即可。

遭遇失败必然会有痛苦，这时候就需要我们有坚强的信念，什么风风雨雨咬咬牙都会过去，不需要怨天尤人。当我们挺过最困难的时期，回头看时会发现那是人生中一段十分重要的记忆。在那段路上，我们锻炼了自己的勇气和坚韧不拔的精神。如果没有那一段失败的经历，就不会有后来精彩的自己。挫折期也是成功的孕育期。咬住牙挺过最痛苦的时候,成功就会应声敲门。

失败常常能够给我们留下很多经验和教训。只有将失败的经历垫在脚下,我们才能离成功更近,才算理解了失败的意义。失败是我们追逐成功的道路上的一道道障碍,只有越过这个障碍,你才会知道下次遇到这样的障碍时应该如何规避,才会更快地见到终点处的成功。

失败有可能是绊脚石,阻拦我们迈向成功;而失败也可能是垫脚石,将失败垫在脚下,让它为自己的能力加分,变"废"为"宝",是人生路上聪明的活法。

万物皆有裂痕,那是光进来的地方

一位农夫,每天都挑着两只木桶走一段长长的山路去挑水。由于用的时间久了,其中一只木桶生出一条浅浅的裂痕。每次从泉边挑到家,完好无损的那只桶里的水还是满满的,而有裂缝的那一只却只剩下半桶。

木桶因此对主人深感愧疚,在面对那只完好无损的木桶时也总是感到无地自容。就这样过了两年后,有裂缝的木桶终于不能再忍受自己的愧疚,向主人请求道:"主人啊,我已经是个破败之身,每天让您花那么多的力气,却只能挑回半桶的水,实在太不像话了。您还是找一只完好的桶来把我换掉吧!"

没想到的是,农夫听了它的话反而笑了,说:"你原来没有发现吗?我们每天挑水必经的路上已经长出了一排灿烂的山花?这可全是你的功劳啊!"

现实生活中,也有许多这样的"木桶",他们总为身上的裂痕感到羞耻和惭愧,殊不知,有些人正透过你这裂痕欣赏无限的光芒。上帝是仁慈的,他的仁慈就在于从不创造完美的生命,当我们为身上的"裂缝"而抱怨时,却往往忘了要换一个角度去看看它带给我们的好处,忘了去感激它给我们的人生增添的亮色。

有一句话说得好"万物皆有裂痕,那是光进来的地方"。每个人都曾遭遇不幸,有的婚姻失败,有的罹患疾病,有的遭遇破产,有的痛失亲人……这些可以看做是人生的波折,但也可以看作是人生的转折。你有没有想过,婚姻破裂是因为不适合,如果两个人在一起是一种痛苦,那么分开就是一种解脱,此后又是一个新的开始,谁又能保证你不会再遇到对的那一半呢?

同理,罹患疾病也好,破产也好,痛失亲人也好,把他都当做一种裂痕,透过裂痕你总能发现新的阳光。

海伦的失明让她写出了《假如给我三天光明》。失明,对于一个正常人来说的确是一道不浅的裂痕,但正因为这裂痕的存在,让海伦比别人感悟更多,所以才写出了这样的举世巨作。这道裂痕对于海伦来说,成了她梦想的助燃器,让她勇敢地驾驭梦想、展翅翱翔。

看来,有裂痕是一种必然,但能不能把裂痕当成宝贝一样来对待,就看他有没有这样的胸襟和境界了。

最近,年轻人迈克的生活出现了问题,如今他面临一个两难的境地。一方面,他非常喜欢自己的工作,也很喜欢工作带给他的丰厚的薪水,但问题出在另一方面,他十分厌恶自己的顶头上司,尤其最近两年,他已经与上司闹到了不可调和的地步。

迈克再也无法忍受了,决定离开这个是非之地是最好的解决办法,于是他打算去猎头公司重新谋一个高级主管的职位。果然,经过咨询后,他发现以他的条件找一个相同的职位并不难。

回到家中,迈克把这一切告诉了妻子。妻子是一个中学教师,不懂职场中的事,但她明白换位思考的道理。那天,她刚刚教学生学会了如何重新界定问题,就是当眼前的问题你无法解决时,可以换个角度思考,把问题倒过来看,这样就会有一个全新的思路了。于是,她把上课的内容讲给了迈克听,这给了迈克一个极大的启示,一个大胆的想法在他脑中浮现。

第二天,迈克又来到猎头公司,这次他不是为自己谋工作,而是给他的顶头上司找工作。不久,迈克的上司接到了猎头公司打来的电话,请他去别的公司高就。上司完全不知道这是他下属的功劳,再加上他本来就厌倦了现在的工作,就丝毫没有犹豫地接受了新工作。

迈克的顶头上司跳了槽,他的职位就空缺了,而他认真地做了一个报告,申请了这个职位,于是他轻而易举地便得到了这个位置。

在这个故事中,迈克本意是想躲避自己的问题,才为自己找个新工作的。但他的太太一语惊醒梦中人,教他学会了换个角度思考去看待问题,于是他换了一种方法来解决问题,他替他的老板找了一份新的工作,结果,他一石三鸟,摆脱了厌恶的老板,做着自己喜欢的工作,还意外得到了升迁。

人生的道路哪有一帆风顺的,每一次波,每一条坎坷,都是上帝赠你的令你意想不到的礼物。当你专注于它的丑陋之处,而黯然神伤时,却忽略了它令人欢喜的一面。试着去换个角度看待,就有机会发现上帝将其赠你的深意。

"天将降大任于斯人也,必先苦其心志,劳其筋骨,饿其体肤。"从另一个角度看,那些所谓的痛苦和不顺其实都是我们应该珍惜并感激的,而我们要做的是去接受它,如果连接受都做不到,只一味地逃避、埋怨,那么怎么会有机会换一个角度遇见它的美丽本质呢?

首先我们要做的就是将自己的内心变得更加广博,从而包容这些不完美。要相信,在人生旅途中,遇到障碍是常有的事。如果你不能淡然处之,就会觉得这是一种命运的不公,从而让自己处于情绪的低谷。

接着,我们要学会换一个角度看待裂痕。裂痕与完美并非完全的矛盾体,让自己尝试着换不同的角度去看待自己身上的残缺和不完美,就是一个从不完美走向完美的过程。只要淡然处之,哪怕我们不能改变这种残缺和裂痕,那么也能从中看到另一条出路。这对你来说才是最大的收获。

最后,我们要勇敢迎向困难和挫折。要知道,能够有如此深刻而有效的历练是多么幸运的事!勇敢地迎接挫折,才不枉与裂痕相逢一场。

人生都是靠我们自己的双手创造的,换一个角度看待裂痕是在自行调整心态,而勇敢迎接挑战和挫折才是我们的武器,是我们送给自己的最好的礼物。

第14章　心淡者，淡对成败不求

你是否曾经为成功而感到骄傲,为失败而感到懊恼呢?那么请一定要记住,人生没有定数,当你正经历成功时,就要想到今后的失败;当你面临失败之时,同样要想到未来的成功。这样,你便能从容对待成败而不愠不恼,淡定看待输赢而不骄不躁。

有求者皆苦,无欲则刚

托·富勒说:"贪婪与挥霍一样,最终都会使人成为一小块面包的乞讨者。"问世间什么是苦,什么是乐;什么是成功,什么是失败,恐怕大多数人都会把苦者失败者定位于那些下岗工人、普通农民甚至沿路乞讨者,当然那些乐者就一定是有钱有势、地位显赫的名人伟人了。果真如此吗?未必。

很久很久以前,一个国王虽然坐拥天下城池,却并不觉得自己快乐,于是他要寻找世上最快乐的人。有人给他出主意,说有钱的商人是最快乐的,国王便找到最富有的商人问他:"你是最快乐的人吗?"商人摇摇头,甚至十分愤恨地回答:"一点都不快乐。商界变化无穷,我随时都有可能变成穷光蛋,所以根本没时间和心情快乐。"

之后,有人说有权的人快乐,于是他招来最有权力的大臣问:"你是最快乐的人吗?"大臣大惊失色,说道:"微臣不敢,微臣官位小,稍有不慎,就有被罢官的可能。所以微臣每日尽忠职守,为陛下分忧,为百姓效力,根本没有时间去想快乐的事。"

就这样,国王问来问去,最后问到了乞丐那里。只见乞丐衣衫褴褛,却一脸笑意,兴奋地回答:"你算问对人了,我的确是最快乐的人,因为我不用考虑要挣多少钱,要吃多美味的粮食,要穿多鲜艳的衣服。我只浪迹天涯,走到哪里,只赏我一口饭就足矣。所以,我觉得自己非常快乐。"

一个乞丐的快乐竟远远超出了富商和官员,按照常理来说,这个结果是没有办法被信服的,但事实的确如此。让我们快乐的不是身份和地位,而是一个人的欲望。一个最富有的商人之所以觉得自己不快乐,就是因为他有更高更难实现的目标和愿望,他想要挣更多的钱,想要做更大的生意,想要保持永远成功。他知道,只要他稍稍懈怠,就会有变成穷光蛋的可能。一个有权的官员之所以不快乐,是因为他对权力有着极大的欲望和恐惧,他虽然心底向往追求最高权力,却又不得不向最高权力妥协,因此他也不是快乐的。

欲望是人性最普遍的弱点。虽然人人懂得这个道理,但每看到名车、珠宝和华贵的衣服时又都会怦然心动。欲望再大些,我们就不只是想要看看这么简单了,必须要拿到手里戴在身上才能满足我们的欲望。到了那时,快乐将更难登门造访了。

其实，拥有了那些锦衣玉食、珠光宝气怎样，失去了那些豪车豪宅、尊贵权力又怎样。如果一个人能看淡一切欲望、输赢、成败，才是真正的有福之人。弱水三千，只取一瓢饮。就像那个乞丐一样，纵然世间有许多华衣丽服，有许多山珍海味，我只要一箪一瓢足矣。

当然，一个人希望得到别人的尊重，希望满足自己的自尊心，这本身是人之常情，也可以说，这是我们每一个人始终不懈努力的人生动力。但不要因为这样就把自己逼向绝境，要知道我们每个人都不是为别人而生存的，事实上，这世上除了我们自己，没有人会在意我们的人生。所以，没必要在别人的目光里辛苦地活着，委屈了自己。

李国强是个普通市民，他也是一个名副其实的股民。入市几年来，随着大盘的爆发，李国强所买的股票市值翻了几倍。看到自己赚了不少，李国强每天都心情舒畅。有一年，大盘站在了6000点的高度，身边许多朋友都劝李国强将股票抛出，见好就收，但他不听，一定要乘胜追击，结果不但没有抛出，还把自己的存款全都投入股市中去了。

不料，还不到年底，大盘下跌，朋友马上劝他减仓，但李国强还是不甘心，认为大盘还会掉头冲到8000点。结果，不懂得适可而止的李国强，眼睁睁看着自己的股票市值一点点往下跌，李国强被深深套在股市里，万分后悔当初没有听朋友的话。现在的李国强破了产，连辛苦上班挣来的钱都没了，但凡有人谈论股票，他就会皱着眉头快快躲开。

大千世界，有万种诱惑，就有万种欲望，需要你淡然对待，否则你将很难轻松快乐。只有不过分苛求自己的人才能活得快乐。不能成为第一，就坦然充当第二；不能拥有伟大，就甘愿静守平庸。用轻松的人生规则主宰自己的快乐又有何不可呢？金钱、权力、输赢能比得上一生快乐重要吗？任何事情都会"过犹不及",懂得八分哲学的人才能拥有更多的快乐,会适可而止的人才是生活的智者。

人生固然不能没有点追求,但如果过度地追求反而使我们迷失生活的方向。生活中,我们总喜欢那些做事认真的人,因为他们做事细致,为人正派。都说认真的人最值得敬佩,因为认真能把工作做出色,能让生活变精致,能让人生变得幸福和充实。认真的态度的确是人人都需要的,但如果认真过了头就成了看不开,就成了太计较。很多人都是因为认真过了头而太过执著,对自己苛求过多而导致人生过于沉重。这样就相当于为给自己的人生增添了十字架,无法享受当下幸福的生活。

不如把一切欲望看淡一点,对待输赢成败心宽一点。凡事适可而止,才能把握好自己的人生方向。这就是要我们选择在最为合适、最为有利的时机,立即停止所做的事情,以达到最佳的效果。不管是工作还是生活,都要掌握适度的原则,注意分寸和火候,做到"胸中有数",才能成为生活的高手。

看淡输赢,对自己不必太苛求

人活一世,就是在进行一场争斗,跟这个世界,跟自己。有些人因为争不过世界就为难苛求自己,结果到底还是输。想想好不容易来世走一遭,究竟是要争过世界而输了自己,还是要争了自己输掉世界呢?

其实你大可以看淡这场竞争,不去计较输赢,到那时你既能争了世界,又能赢了自己,这其中的关键,就是在一个"宽"字。生活中,我们常见一些

"洁癖",他们在生活中讲究良好的卫生习惯,只是有些讲究过了头。比如每天下班回家都要把里里外外的衣服换下来,还要放在消毒液中浸泡清洗;在办公场所也不消停,如担心放在办公室的杯子会成为传染源,于是就频繁更换杯子;每天清洗私家车内外,即使只有自己或家人乘坐,也要用消毒液擦个遍……这些洁癖者对肮脏和接触,几乎到了不能容忍的地步。

结果,医学专家认为,过分的消毒卫生措施是没有必要的,这样不仅起不到预期的效果,还会给人们在时间、精力上带来很大负担。最终,洁癖者的行为不但让他们自己累,也让身边的人很累。

这就是典型的看不开,连一点肮脏都无法容忍的人,怎么能容得下整个世界。这样的人活得太累,对自己要求太苛刻,最后会因为放不下输赢而输掉一切。

一个星期六的晚上,餐桌上觥筹交错——这是父亲的朋友来晴晴家聚会。这一次出现了很多生疏的面孔。晴晴喜欢这种场面,甚至有些渴望,因为她不想失去任何一个可以让自己"芳名远扬"的机会。

餐桌上,父亲和朋友们谈兴正浓,晴晴知道快轮到她上场了。果然,父亲突然自豪地对众人说:"我这个女儿,可了不起。"说完就转头对晴晴说:"快去把你的证书拿来给叔叔们瞧瞧。"和以前一样,晴晴高兴地跑回书房,拿起那一摞"整装待命"的证书。

父亲接过去,一一打开并对众人解说。这时候,晴晴就像明星被隆重推出一样,受到了热烈的欢迎。叔叔们都啧啧称赞,有的对她报以赞赏的笑容,有的竖起大拇指说:"真棒!这孩子真不错!""这孩子这么聪明,像她父亲。""比我家那孩子强多了!"那些赞美之词化为一阵阵波涛把她推向了虚荣的顶峰。

"这是以前得的吧?"一位正拿着晴晴的证书翻看的叔叔说道,他的声音很平静。

"是的。"晴晴回答,准备好了听他的夸赞。

"那现在的呢?"他的声音仍很平静。

"现在的?"晴晴一愣,不解地望着他。他一身黑色的西服,身体瘦弱,带着一副金丝边眼镜,坐在一个角落,实在很不起眼儿。

"没有。"晴晴小声地回答道。

"小姑娘,过去的都已经过去了,把握现在才是最重要的。"他感慨地说。

晴晴听了之后,惭愧地低下了头。

人活在这个世上,有值得骄傲的一面,就有落魄的一面,当值得骄傲的一面被自己过度张扬时,就会被落魄的一面抓住辫子,而你的一生也许就完了。

究竟怎样才算成功,怎样才算赢,这不是上帝说了算也不是别人说了算,而是靠你自己说了算。当我们的渴望太多时,就会变得欲壑难填,从而失去了心灵的自由和快乐。到了最后,我们也会因此沦为成功的奴隶,把自己折磨得心力交瘁却得不到任何有价值的东西。

一个男孩住在山脚下的一幢大房子里。他喜欢任何时尚的东西,跑车、音乐、游泳、踢球,而他的父亲也的确能供给他这些条件。总之在很多人眼里,他们都认为小男孩是幸运的。但男孩却不这样想,他从小争强好胜,什么都要争最好的,因此他给自己树立了一个很高的目标,希望长大后能实现。

有一天,上帝听到了他的渴求,于是来见他。男孩见了上帝便对他说:"我知道自己今后想要什么样的生活了。"

上帝问:"你要怎样的生活?"

男孩回答:"将来我的房子要像城堡一样,门前有两尊雕像,里面还有后花园;我的妻子要身材高挑、美丽端庄,她长着一头黑黑的长发,一双蓝色的眼睛,会弹吉他,会唱动听的歌谣;我们还要生三个健康的男孩,并同他们一起游泳、踢球,而且他们前途无量,分别成了科学家、参议员和橄榄球的四分卫;我不但要有许多财富还要成为冒险家,到时我会开着红色法拉利周游世界,并救助途中的受难者。"

上帝听了笑了笑,说:"真是一些美妙的梦想,希望它们最后都能够实现。"

一晃二十年过去了,男孩学了商业经营管理,专门经营医疗设备。再后来,他娶了一位美丽的女孩,有一头黑黑的长发,但是个子却不高、眼睛不蓝,而且不会弹吉他、不会唱歌。但是,她却做得一手好菜,画得一手好画。

男孩因为工作的原因住在了市中心的高楼大厦。虽然门前没有雕像,但是可以看见深蓝色的夜空和闪烁的霓虹灯。

他没有儿子,却有三个美丽的女儿,她们都非常听话可爱,会时不时跟父亲一起在公园踢毽子。

他没有红色法拉利,而且还要经常坐火车坐飞机出门办事。

他的日子过得倒也十分幸福安逸,可是一天早上醒来,他突然想起了多年前自己的梦。于是,他十分难过地对周围的人不停诉说、抱怨自己的梦想没能实现。他觉得这一辈子都白活过了,他还将一切都归咎于上帝,最后居然有了求死的想法。

躺在病床上的他又见到了上帝。

"你还记得我是个小男孩时,对你讲述的那些梦想吗?"他问上帝。

上帝回答:"记得。""可你并没有让我实现?这让我感觉输掉了自己的一生。"男孩伤心地问道。

上帝回答:"其实你已经实现了,只是我想让你惊喜一下,给了一些你没有想到的东西。一个好妻子、一份好工作、一处舒适的住所,这是多么搭配的组合。还有,三个可爱的女儿……"

"可这并不是我真正想要的。"男孩打断了上帝的话。

"难道你现在不幸福吗?"上帝问道。

男孩沉默了。

"我本以为你会把我想要的东西给我。"上帝说。

"那是什么?"这让男孩很惊讶,他从不记得上帝要求过他什么。

"我希望你能因为我给你的东西而感到快乐。"上帝温柔地答道。

男孩不再说话了。那天晚上他做了一个梦,梦到自己有一份好工作,住在一所能看到星空的公寓里,有一个贤惠的妻子和三个可爱的女儿,而这些就是她现在所拥有的。

从此,男孩过得非常快乐。他明白,快乐从未离开过他,而他从来不曾输过,只要他想,他就是最成功的。

不管这世界怎样变换,我们都要真诚地面对生活和自己。不要把一切都定格在输赢上,何必要这样为难自己呢?人心不足蛇吞象,要是没有学会看淡输赢成败,最终自己会毁在人生这场争斗中。

失败永远不是终点，成功属于输得起的人

人生就是一场博弈，在这场博弈中，没有永远的赢家，也没有永远的输家。失败是生命中永不或缺的乐符，有了失败，这场生命的乐谱才能够抑扬顿挫，才能够丰满和华美。输得起是一种勇敢，赢得起靠的则是一种信念。

失败是正常的，没有谁不曾失败过，如果因为失败就不敢尝试那才是真正的输家。"看成败人生豪迈，只不过是从头再来"，的确如此，成功只属于输得起的人。失败了不要紧，打起精神从头再来并不是一件难事。

生活就如行船，有顺风顺水的时候，自然也有逆风大浪的时候。这就要看掌舵的船夫是否高明。高明的船夫会巧妙地利用逆风，将逆风作为行船的动力。如果你能始终以一种积极的心态去对待所有可能遇到的"逆风大浪"，并对其加以合理的利用，将被动转化为主动，那么，你就是征途上高明的舵手。

在争取成功的道路上也是如此，我们越是害怕失败，失败越是跟着我们不放。如果我们对失败有一颗平常心，能够看淡失败，那么或许就会赢在最后。

杰克在17岁的时候，他的全部家当只有300美元，就是在这个基础上，他开始了自己的创业之路，也正是凭着这300美元，让他赚到了人生中的第一桶金。那年，他把所有钱都投在了股票上，为此赚取了168000美元。

不过，这只是一个小小的开始，没多久他所购买的股票因为战争的结束而暴跌，一转眼杰克只剩下了40000美元。杰克并没有因此而灰心丧气，丧失斗志，他想：就算是现在也比当初买股票时的本钱要多得多。所以他坚持了下来。

很快，杰克发现未列入证券交易所买卖的某些股票实际上是有利可图的。这些股票利润虽然不大，但风险极小，如果能将精力放在这些股票上，说不定就能成功。果然，不到一年的时间，他就开设了自己的证券公司。

仅仅六年时间，杰克就成为了鼎鼎有名的大经纪人，每月收益达56万美元，而那年他只有27岁。可是没过多久，经济危机迅速席卷了美国，这对金融市场的打击是空前的，无疑杰克的证券公司也陷入了危机。今后该何去何从呢？

杰克把目标放在了实业丰富的加拿大。三年后，杰克在多伦多开设了证券公司，并成为当地首屈一指的大经济商。一个月后，他与加拿大一家公司联袂开设了一家黄金公司，以每股20美分的廉价取得该公司59.8万股的上市股票。

此后，股价扶摇直上，3个月后每股由20美分涨至25美元。杰克并没有因此生骄，而是冷静地分析了形式，他见股价涨得过热，料定会出现大的滑坡，因此又悄悄将股票卖出。果然不出所料，一个月后股价大跌，而他从中渔利130万美元。

从那以后，他的事业如日中天，凭借着他对股票生意的天赋，他终于赢得了人生。

从一个仅仅只有300美元的普通人到成为拥有亿万的富翁，杰克正是因为懂得了只有输得起才赢得彻底的道理，才取得了如此成就。有的人认为认输很难做到,其实,认输之所以难做到,是因为它看起来就是承认失败。在我们所受到的教育里,强者是不认输的。所以,我们常被一些高昂的词语所激励,以不屈不挠、坚定不移的精神和意志坚持到底,永不言悔。

永远不要把失败或者挫折看得太重,它们只是我们漫长生命旅途中的障碍。要相信失败不是终点,那只不过是弱者的绊脚石,却能成为强者的起点。人生的光荣,不在于永不失败,而在于越战越勇。胸中淡定的人,往往能从失败的经验中获得成功,所以失败常常是人生的一种宝贵经验。

有机遇就有风险。机遇抓住后,风险也是时时存在的,所以我们要时时刻刻谨慎小心,从踏入追求成功旅程的那一刻起,就要做好一切准备随时应对突如其来的状况,并一一加以克服。

成功是优点的发挥,失败则是缺点的累积。所以,输了并不可怕,可怕的是输了之后不敢从头再来。失败后是选择从头再来还是放弃,决定着两种截然不同的未来,不要习惯于为自己找太多太多的借口,一旦你选择"放弃",这时,失败往往也选择了你。

美国《生活》周刊评出的100位最有影响力的人物,托马斯·阿尔沃·爱迪生名列第一。

爱迪生出身低微,学历就更不用说了,一生只上过3个月,老师甚至当着他母亲的面说他是个傻瓜,断定他将来不会有什么出息。辍学之后的爱迪生,在母亲的指导下开始阅读书籍,还在家中建了一个小实验室。后来,爱迪生外出打工当报童,还在来回乘坐的火车上成立了小实验室,结果差点引起火灾。暴怒的行李员打了他几记耳光,爱迪生因此失去了听觉。

这样的遭遇并没有让爱迪生放弃科学实验,他以坚韧不拔的毅力、罕有的热情和精力从千万次的失败中站了起来,克服了数不清的困难,成为发明家和企业家。仅从1869年到1901年,他就取得了1328项发明专利。在他的一生中,平均每15天就有一项新发明,他因此被誉为"发明大王"。

爱迪生的成功可以归功于他对输赢成败的淡然。在研制电灯时,记者对他说:"如果你真能造出电灯来取代煤气灯,那你一定会赚大钱。"爱迪生回答说:"一个人如果仅仅为积攒金钱而工作,他就很难得到一点别的东西——甚至连金钱也得不到!"他一直被称作现代电影之父,可他说:"对于电影的发展,我只是在技术上出了点力,其他的都是别人的功劳。"

1914年12月的一个夜晚,一场大火烧毁了爱迪生的研制工厂,他因此损失了价值近百万美元的财产。爱迪生安慰妻子说:"不要紧,别看我已67岁了,可我并不老。从明天早晨起,一切都将重新开始,我相信没有一个人会老得不能重新开始工作的。灾祸也能给人带来价值,你瞧,我们所有的错误都被烧掉了,现在我们又可以一切重新开始。"

第二天,爱迪生不但开始动工建造新车间,而且还开始发明一种新的灯——探照灯,由此帮助了那些在黑暗的环境下作业的人们。而这场灾难对爱迪生来说就像是一段小小的插曲。

人活在世上不可能一帆风顺,每个人成功的故事背后都写满了辛酸和失败。敢于正视失败,并以正确的态度面对失败,不退缩、不消沉、不迷惑、不脆弱,才能有成功的希望。因此,只有善待失败,看淡成败和输赢,才能赢得真正的成功。正如那首歌:心若在,梦就在,天地之间还有真爱;看成败,人生豪迈,只不过从头再来……

看淡成败，过程比结果更重要

虽然失败大多是一些令人痛苦的经验，有时甚至是一些让人生受到重创的体验。但这种体验几乎会体现在每个人身上，无论你是什么人，不管有多伟大，有多不同凡响，在人生之路上都要或多或少地经历失败。失败是正常的，重要的是面对失败的态度是什么。如果把成败看得太重，就会只注重一个结果，为此会因失败而遭受打击，一路消沉。

其实，钓胜于鱼，过程比结果更重要。看淡成败，并不是让你不再争取成功，而是要让你比起结果更看重争取成功的过程。在通往成功的道路上，更重要的是不断探索发现，总结失败的经验。只有这样，你才能体会到争取的乐趣。这样一来，就算失败了，也不会丧失重新站起来的勇气。

日本战国时期，甲斐的武田信玄是当时赫赫有名的武将，他在积聚了很大实力后，决定西征，讨伐西边的织田信长。

在这个节骨眼上，德川家康也蠢蠢欲动。1572年，武田信玄率领数万大军向西争霸，途经德川家康的居城滨松，居然旁若无人地在城下列队而过。

德川家康那时30岁出头，年少气盛，他认为这是一种侮辱和挑衅，于是立刻率军尾随，谁知却中了信玄的计，在三方原几乎全被歼灭，家康只身逃回居城滨松，回来时衣衫褴褛，还尿湿了裤脚，十分狼狈。

出人意料的是，家康并不避讳，马上差人请画师过来，要求把他的丑态画在纸上。从此,德川终生把此画挂在自己的座位旁边来提醒自己。

大败之后,德川家康深刻地汲取了失败的教训,从中体会到有勇无谋的危险以及参谋作业和企划幕僚的重要。从此,他积极地充实军备,改良战术,精心培养智囊团,如政治参谋、情报参谋、战略参谋,这些参谋使德川家康兵团形成一个布局沉稳,有计划、有组织、有效率的团队,对他后来打败群雄,扫除反对势力,掌握全国大权有极大的贡献。

他并不把织田信玄当做敌人,而是当成老师,并潜心研究信玄的兵法和战术。信玄死后,家康以武田胜赖为目标,利用学到的信玄的战法,进攻骏河并且轻易地攻陷武田在东三河的据点长筱城。这次,他轻易地攻陷长筱城,从此一跃成为少有对手的军事战略专家。

后来,当德川家康成为雄霸一方的将军后,仍然将那幅耻辱的画像挂在身旁。有人劝他将其拿下,他却说这是他奋发图强的最好见证。对他来说,那次的耻辱不重要,现在的成功也不重要,值得炫耀的应该是他努力拼搏的过程。

失败本身并不是坏事,德川家康能够看淡成败,所以才能轻易地从失败中学到宝贵的东西,为以后人生的成功奠定了一定的基础。

其实,每个人都难免会遭遇失败,失败其实并不可怕,但如果失败了你却毫无意识,甚至还自以为胜,置身于人生陷阱中而不知,这才是一种人生的悲哀。因此,在面对可能出现的败局时,我们不能将自己定格在这个结局上,放之任之,因为这种败局只是一种可能,没有必然性。最为精彩的是为梦想奋斗的过程,而能够让我们获得荣誉的最关键因素,就是内心的淡定宽广。

汤姆·莫纳根最开始和哥哥在一所大学附近开了一家小小的比萨饼店,取名为达美乐。可是没过多长时间,生意就越来越糟,在情况最恶劣的时候,哥哥把自己的股份卖给了汤姆。这对于年轻的汤姆来说是一个沉重的打击，但他一直保持着乐观的心态。当时很多人都劝他放弃算了，可他却说不管成功也好失败也好，他都要奋力一搏，到时就算失败了他也愿意从跌倒中汲取教训。

汤姆真的挺过了最艰难的时候。后来，为了扩大生意，他和一位提供免费家庭送餐服务的人合作，对方提出只支付500美元的投资，却可以取得平等的合作人资格。汤姆接受了这一不合理要求，然而，当合作方案正式开始之后，却仍看不到合伙人的500美元。

大约两年后，汤姆破产了，还要承担75万元的债务。这次跌倒让他尝尽了辛酸，但他依然没有心灰意冷，还是决定从头再来。这份信念使他在第二年就偿还了所有的债务，并赚了5万美元。但是，灾难远远没有结束，他的饼店被一场大火毁了，损失了15万美元，保险公司却只支付给他13万美元。他几乎又面临破产。

这是他生意场上的第三次跌倒，他仍然没有放弃，三年后，他再一次卷土重来，这次他拥有了12家比萨店，并且还有十几家在建设中。但是由于规模扩大过快，出现了资金短缺，使整个达美乐陷入了财政危机。

这是汤姆在生意场上的第四次跌倒。10个月后，汤姆重新接管了达美乐，他让债券人和银行给了他一段时间，让他将生意恢复起来。大多数人都同意了，但是他的专营店授权商们以反托拉斯的诉状将达美乐送上了法庭，汤姆忍不住哭了。这是汤姆经营达美乐以来又一次跌倒。

尽管如此，汤姆还是没有放弃，在接下来的9年里，他缓慢地恢复自己的生意，经过努力，他不仅偿还了所有的债务，还使达美乐生存了下来，接着他还使达美乐成为世界上最大的送货上门的商业机构，由此，汤姆成为美国最富有的企业家之一。

汤姆经历了一次又一次的跌倒,但他始终都没有退缩,每一次都勇敢地站起来,最终达到了事业的顶峰。汤姆之所以能够在无数次的重击之下挺过来,就是因为他能看待成败,支持他信念的东西不是今后的成功,而是过程中的酸甜苦辣。

有这样一句话:"成功不是终点,失败也不是终结。"过程比结果更重要,只要你能看透这一点,就能放宽心,无论大起还是大落,都能包容在内,只为那过程中的一抹苦乐酸甜。

第15章 心淡者,淡对得失不计

"逃避,不一定躲得过;面对,不一定最难过;孤独,不一定不快乐;得到,不一定能长久;失去,不一定不再拥有。"生活中每一件事对于身陷其中的我们来说,都是一种未知,但只有一点可以肯定,一件事如果你对它太过计较,那么失一定大于得。

看淡得失不计较,得大于失

生活中的每一件事对于陷于其中的我们而言,可能收获大于损失,也有可能是损失大于收获,也有可能得失相当。因此,我们有时必须得较这个真儿,但如果我们在每一件事的得失上都算计的话,我们将会活得很累。

人生福祸相依,变化无常。少年气盛时,凡事斤斤计较,这还情有可原。一个人年事渐长,阅历渐广,涵养渐深,对争取之事应看得淡些,凡事不必太计较得失,顺其自然最好。当然,如果年少时就能学会这份豁达,生活中必然会增加很多欢乐。

在人际交往过程中，如果总爱吹毛求疵，过分注重一些毫无价值的小事，不但会让别人难堪，也使自己处于精神委靡，心情恶劣的状态。这是一种浮躁的表现，这种不良的心理使得他们只顾眼下，不管将来，只计较细小事情，心中无大事也无大量；只图自己一吐为快，从不考虑别人的感受。

莉娜是一名职业校对员，曾为出版社校对过不少书刊著作。莉娜工作认真负责，一丝不苟，在业界颇有些名气。

校队的工作做久了，在生活中，莉娜也经常会不自觉地检查单词拼写和标点符号是否准确。听别人讲话时，她也会想着他的发音是否正确，停顿是否得当。

一天，莉娜去教堂做礼拜，听牧师朗读一篇赞美诗。正当她听到要害之处时，牧师居然读错了一个单词，莉娜顿时浑身不自在起来，一个声音在心里不停嘟囔："他错了！牧师竟然读错了！"之后，她再也不能专心听讲牧师布道，也不知道牧师都讲了些什么，只为那读错的单词纠结。正在这时，一只苍蝇从莉娜的眼前慢慢飞过。

莉娜耳边突然响起了一句名言："不要因为一个飞虫，而忽视了眼前美丽的风景。"对呀，怎么能因为一个小小的错误而忽视整篇赞美诗呢？莉娜突然如醍醐灌顶一般，大彻大悟。

人生中的一些事，有时必须要较真儿才能成功，但亦不可太较真儿，尤其不能在得失上过分算计。人的作用是相互的，你表现出一分敌意，对方可能就会还你二分，然后你递增到三分，他又会还回来六分……一来二去，本来一个小小的矛盾就演化了一个深仇大恨。不如在矛盾初成时，就把敌意变成善意，少一分计较，究竟谁多得一分谁少得一点有多重要？当"冤冤相报何时了"的双负,能成为"相逢一笑泯恩仇"的双赢时,你的人生才会充满快乐,你生活中的每一刻对你而言都是美妙的。

有一个答题赢大奖的电视节目,一位选手一路过五关斩六将,顺利答到了第九题。而此时,他已经没有机会再排除错误答案,也没有机会打热线给朋友,更不能向现场观众求助,答完第九题,他已经把最初设定的家庭梦想都实现了,这时主持人微笑着问:"继续吗?"他深深地看了一眼台下怀有身孕的妻子,干脆地回答:"不,我放弃!"

当时,主持人一愣,现场也都一片哗然。因为很少有人会在这个节骨眼放弃,而且这可是现场直播,全国观众都盯着你,你怎能说放弃就放弃呢?别人又会怎样看待你的"退缩"?但他似乎心意已决,主持人十分惋惜地连问了三次:"真的放弃吗?你确定不会后悔吗?"他依然点头,坚定地说,真的放弃,我不会后悔,因为应该得到的已经得到了。这样,他就只回答了9道题,实现了自己的家庭梦想,但却没有向终点发起冲击。

这时,另一位主持人依然不放弃,又激问他:"如果将来你的孩子长大了,看到了这期节目,这样问你:'爸爸,那天你为什么放弃了',你会怎么说?"他说:"我会告诉孩子,人生不一定要走到最高点。"主持人追问:"那你的孩子如果说,我以后只考80分就满足了,你怎么说?"答题者微笑着回答:"如果孩子不觉得难过,而且也的确付出了应该付出的努力,那么我认同!"

台下掌声雷动。

显然,大家都被他这种在得失面前所保持的那一份淡定从容打动了。有时候,适时的放弃并不是退缩,而是一种冷静的智慧,一种成熟的象征。成熟并不意味着你更加懂得去珍惜什么,而是你更加明白适时放弃的重要。得失之间,淡定才是美。

懂得享受当下的人懂得适当放弃、懂得超脱！生活也需要"有所为才能有所不为"，因为有所得，就必有所失。不要妄想有求必应，上帝不会那么眷顾你、满足你，如果你太过自信只能成为生活的弱者。要想得到更多，就必须要放弃某些东西。俗语常说，盲人的耳朵最灵，是因为眼睛看不见。的确如此，因为眼睛的失明，他必须竖着耳朵听，久而久之，耳朵的功能达到了超常的发挥。对于耳朵来说，这样的得到就大于失去。生活中也一样，当你追求的某种功能充分发挥时，其他功能就可能退化。因为生活是公平的，有所得就会有所失，所以，不要过分计较得失，相信生活会给你最圆满的答案。

"逃避，不一定躲得过；面对，不一定最难过；孤独，不一定不快乐；得到，不一定能长久；失去，不一定不再拥有。"请不要再计较那些个人得失，凡事不要太在意，更不要太强求，就让一切随缘。可能因为某个理由而伤心难过，但你却能找个理由让自己快乐。永远在得失面前保持一种超然的淡定，总有一天，你定能发现生活中被你忽视了的美好。

观色即是空，计得必然失

世人肉眼凡胎，凡事皆喜欢执著于虚幻的皮相，因此容易执著于"色"。由此，禅理说"色即是空"，让大家不要执著于外在的色相。如果你执著于外在的色相，纵然耗尽了毕生的心力，到头来还是竹篮打水一场空。

宋代的永明延寿禅师，有一首非常著名的禅偈："修习空花万行，宴坐水月道场。降服镜里魔军,大作梦中佛事!"意思是说,虽然一切的修行活动像空中的花朵虚幻不实,但还要认真去修行;虽然修行办道的场所像水中的月影虚幻不实,但还要静静地禅坐;人的烦恼魔障本来是空,像镜中的影子一样,但还要努力去降服;各种佛事活动本来是空,像梦中的景象一样,但还要努力去完成。

苏东坡曾在《前赤壁赋》中说:"客亦知夫水与月乎?逝者如斯,而未尝往也;盈虚者如彼,而卒莫消长也。盖将自其变者而观之,则天地曾不能以一瞬;自其不变者而观之,则物与我皆无尽也。而又何羡乎?"

文章中,苏轼借江水与明月两个意象展开自己的观点。苏轼说,从一方面看,江水滔滔不息日夜流逝;从另一方面看,江水还是一江之水。从一方面看,月亮阴晴圆缺日日不同;从另一方面看,月亮本身并没有任何增减变化。

这就是在告诉我们,看待人生是需要一个多元的角度的。佛家讲"空即是色,色即是空",缘起缘灭,生生灭灭,转眼之间,天地都不复存在,又何况短暂的人生。既然人生短暂无常,又何必因为那些琐碎的小事而太过计较。

然而不可否认的是,我们每天都生活在得与失里。不过要相信天道无私,有一得必有一失,如果太计较得到,只能失去得更多。

有一首歌这样唱道:"不管得与失,值得去庆祝,因为心中易满足。"放下得失不计较的人拥有豁达的胸怀,这是一种明智,这样的人看似吃一点亏,受一点累,但其实能收获更多。

一年冬天,杰克继承了一个大牧场。牧场在郊外,杰克为了照顾好牧场便搬了进来。有一天,他牧场中的一头牛逃出了牧场,最后冲破附近一户农家的篱笆偷食玉米,被农夫当场杀死。杰克心想实在太过分了,只不过偷食了一点玉米,那农夫居然不经主人同意就把牛杀死了。

杰克气不过便带着佣人一起去找农夫理论。可郊外天气风云突变,那天正值寒流来袭,他们只走到了一半,人和马就全部挂满了冰霜,两个人也几乎要冻僵了。好不容易抵达农夫的木屋,农夫却不在家,但农夫的妻子热情地邀请他们进屋等待。杰克只好进屋取暖,然而屋中的一幕让他惊呆了。只见那妇人十分消瘦憔悴,而且桌椅后还躲着五个瘦得像猴子似的孩子。

不久,农夫回来了,杰克听见妻子偷偷告诉他:"他们可是顶着狂风严寒而来的。"

杰克本想开口与农夫理论,可他忽然又打住了,只是伸出了手。农夫完全不知道他的来意,便开心地与他握手、拥抱,还热情邀请他们共进晚餐。

其间,农夫还满脸歉意地说:"不好意思,委屈你们吃这些豆子,原本有牛肉可以吃的,但是忽然刮起了风,还没准备好。"

孩子们一听有牛肉可吃,高兴得眼睛直发亮了。吃完饭,佣人一直等着杰克开口谈正事,但杰克似乎忘了一样,只见他与这家人开心地有说有笑。又过了一会儿,天气仍然相当差,农夫便要两个人住下,等明天天气转暖了再回去,杰克拗不过,只得与佣人借宿了一晚。

第二天早上,他们又吃了一顿丰盛的早餐,然后告辞回去了。

一路上杰克默默无语,倒是佣人忍不住问他:"我以为,你准备去为那头牛讨个公道呢!"

杰克微笑着说:"是啊,我本来是抱着这个念头的,但一进门就放弃了!后来证明我的决定是对的,我并没有白白失去一头牛,而是得到了更宝贵的人情味。毕竟,牛在任何时候都可以获得,但人情味却并不是那么容易得到的。"

大多数的人都在追求物质上的满足,为了小事斤斤计较,然而当物质需要得到满足之后，并没有得到内心真正的充实。人与物之间是无从比较的，真正的无价必定表现于无形。故事中的杰克，尽管失去了一头牛，却换得农夫一家人的笑容和幸福以及难得遇见的人情味，这段经历，更让他懂得生命中哪些才是无价的。

如果以计较的眼光看世界，世界很小，只会盯着别人或者自己那么一点的错误，而忽视了整首"赞美诗"。而真正的聪明人会主动放下计较，甚至还会让利用常人的计较心理，达成自己的目标。

一般来说，持有这种心理的人，必将自己的精神世界局限于一个极小的范围，逐渐会变得自私冷漠、吝啬、苛刻，特别是在日常生活中，就连一些小小的疾病、挫折，财物上一点小小的损失，别人对自己小小的不尊重，都很容易对他们的心理活动产生极其深远的影响，甚至陷入其中无法自拔。因此，这种不良心理的危害是很大的，应该努力加以克服。

心宽者必淡定，他们闲看云卷云舒，明白了色空不定的道理。正如百岁老人陈椿的一句话："一件事情，如果想通了就是天堂，想不通就是地狱，既然活着，就一定要活好。"有些事会不会招惹麻烦，有时完全取决于我们的心态。不要把一些鸡毛蒜皮的小事放在心上，别太过于看重名利得失；不要总是那么猜疑敏感、任意夸大事实；也不要动辄就为了一点小事而着急上火，大动干戈，只有心里放得下了这些，才会拥有一个幸福美满的人生。

看破时放下，认真时担起

如果说监狱的恐怖在于囚禁了人的自由，那么世界上最恐怖的监狱恐怕并不是那些由铁窗和围墙圈起的牢房了，而是我们为自己所造的心灵监狱。人的一生，不如意事十有八九，如果我们看不破，那么就相当于把自己的心灵锁住了，于是眼睛只盯住那些看不破的事。我们应该学会放下计较，自省自励，不要让自己活在无穷无尽的烦恼之中，不要让自己活得太累。

佛陀在世时，一个弟子历尽千辛万苦，手拿两个巨大的花瓶来到佛陀的座前，一心想求得真经佛法。

佛陀见了，只说一声："放下。"

弟子以为佛陀叫他把花瓶放下，便立刻把左手里的那个花瓶放下。佛陀又说："放下。"

弟子以为佛陀要他把右手的那瓶花也放下来，于是他便把右手里的花瓶也放下来。可佛陀依然对他说："放下！"

弟子非常不解，问道："弟子两手已空空，再没有什么可以放下的了，佛陀还让弟子放下什么呢？"

佛陀说："我叫你放下，并不是叫你放下手里的东西，是要你放下心灵的负担。"

弟子这时才明白佛陀叫他放下的真义，于是佛法已存心中。

日常生活中，很多人总是喊着活得太累，工作压力大、生活负担重、人际交往复杂，其实就是太在意了，不能将其放下。当我们把这些负担都放下时，便可以从人生的痛苦、生死的桎梏中解脱出来。

生活中，虽然我们无法左右命运的走向，却可以放弃心中的负担。如果总是不能忘记过去的无奈、悲伤、纠结、失意，受累的只能是自己。我们必须经常卸去自己的心理负担，放下太多的计较，这样才会提高生活的质量，让心灵得以释放。

天地间，人不过沧海之一粟，生命何其短暂，荣辱繁华也只不过过眼云烟，既如此为何总是执著不肯放下。那些执著的，真的是在坚定自己的信仰吗，还是只因为不能随了意而过分纠结？

看破需要改变既有的观念，而放下是改变观念的实践。从观念到实践，看破需要智慧，放下却需要勇气。只有看得破才能放得下，只有认得真才能担得起。放下不是绝对的放弃，而是为了更好地担起。

看破时需要放下，认真时需要担起，人生之事不过如此。不要因为自己执著的那点意念而毁了一生的幸福。

一天，一个妇人来找心理医生看病。一进门，她就开始诉苦，说感觉生活压力太大，还不厌其烦地向医生描述那些日复一日永远也做不完的事。其实她这一天也不过都在忙些日常生活中的小事，从每天早晨起床后整理床铺一直到匆匆忙忙赶着出门去上班，这妇人好像在按既定的程序运作，始终为了去"赶"什么而活着。

医生皱着眉头听完他的诉说后，只给了她一条建议，就是让她不妨试一下一段时间起床后干脆不整理床铺。妇人一时间愣住了，从她的表情，可以看出她心里一定在嘀咕：为什么这个医生这么不负责任，难道我的烦恼全都是因为叠那一床被子引起的吗?但不管怎样,她还是同意按照医生说的办法试试看。

两个星期后,她又来到了医生的办公室。这次她一进门就能看出她心病已解,因为她步履轻盈,显得春风满面,一身轻松的样子。她告诉医生说,42年来她头一回起床后没有整理床铺,结果发现原来不叠被子的感觉是这么爽。她还说,以前她总要求自己饭后把餐具洗净擦干再放好,现在竟不再苛求自己每次都这样做了。

医生从内心里为这位女士感到高兴,因为她至少在两个方面突破了自我,解放了自己,一是发现自己在生活中有选择的余地——这一点她以前可能从未意识到;二是不再苛求自己事事追求完美——这对她意味着自我超越,意味着一种新的生活体验的开始。

这位妇人的心病在于对事情太过认真,从早晨起来叠被开始,她这一天的生活都被安排得紧紧张张、一丝不苟,如此一来,限制了心中的自由,于是病从心生。其实何止这位妇人,在如今快节奏的都市生活中,人就像是旋在高速运转的机器上的螺丝,只有铆在上面跟着转的份儿,绝无擅自离开或者中途停下来的道理。许多人都抱怨自己"活得太累",其实不知道这种"累"并不仅仅是体力上的疲劳,更是心理上的感受和体验,是精神负担过重、极度疲劳的表现。

我们在现实生活中,每天为了生活疲于奔命,这就已经非常辛苦了,如果时刻再拿出这种辛苦和辛酸来时时品尝,岂不是跟自己过不去。对于那些烦琐的压抑的、过去的不能忘怀的事情,不如统统忘记。而对于那些快乐的值得的美好的事情多认真想想,这样以后的路走得会更轻松。也许有人会说,失败是成功之母,失败了不应该忘记,而应该刻骨铭记,还要时时拿出来激励自己,殊不知,脑袋里装太多不好的经验,就会使人对未来丧失希望,失去向前的勇气。

小说家荷摩·克洛伊说:"不要为了打翻的牛奶哭泣。否则,打翻的将不是牛奶,而是你的心血……"一生中,我们要经历的事情很多,有快乐也有悲伤。对于智者来说,他们忘记的总是那些不快乐的事,而记住的却是那些快乐的事,所以,他们过的是一种轻松而充实的生活。

看破时放下,认真时担起。这就是叫我们看破那些累人的辛酸,然后将其痛快放下;当我们需要认真时也要立刻承担起来。

走在路上,看那些匆匆赶路的行人,以及其眉间带着的疲惫,我们真的应该给自己减轻一些压力,让那些痛苦与忧虑远离我们原本纯洁本真的心灵。生命有时候也是很脆弱的,不能背负太多的痛苦与悲伤,所以我们每一个人都应该乐观一些,放弃忧伤与不快,拾起那些简单和轻松,好让自己快活一生。

失意是人生的一种必然,把心放宽

痛苦、失败和挫折是人生必须经历的。受挫一次,对生活的理解加深一层;失误一次,对人生的领悟便增添一级。从这个意义上说:想获得成功和幸福,想过得快乐和充实,首先就得真正领悟失败、挫折和痛苦的意义。

英国一家保险公司曾经从拍卖市场买下一艘船,这艘船原来属于荷兰一个船舶公司,它自1894年下水,在大西洋上曾遭遇138次冰山,16次触礁,13次失火,207次被风暴折断桅杆,但它却从来没有沉没过。

《泰晤士报》统计,截至1987年,已经有1200多万人次参观了这艘船,仅参观者的留言就有170多本。在留言本上,留得最多的一条就是——在大海上航行没有不带伤的船。

"在大海上航行没有不带伤的船。"这是一句多么激奋人心的话,在生活中我们是不是也应该这样勉励自己呢?在生活中,失意是不可避免的,但是只要我们正确地看待挫折,敢于面对挫折,在痛苦面前无所畏惧,克服自身的缺点,在困难面前不低头,那么顽强的精神力量就可以征服一切。没有什么能夺走你的一切,失意只会让你更强大。

再不济,你还可以这样勉励自己。俄国诗人普希金说过:"假如生活欺骗了你,不要悲伤,不要心急,忧郁的日子里需要镇静,相信吧,快乐的日子将会来临。"既然每个人来到这世上,都会有不如意,那么不如放宽心吧!那些因为不够漂亮而痛苦的,就跟人比一比自己的健康;那些因为不够健康而饱受磨难的,就与人比一比自己的财富和亲情吧!也许我们不够富有,也许我们的日子很苦很累,但至少我们还有生命。

生命对每个人来说都是平等的,只有一次,那么该如何把握生活、享受生命呢?就用微笑来面对吧!用微笑就能苦中作乐,这样即使在寒冷的冬天也会感到生活的温暖,漆黑的午夜你也能看到希望的曙光。用微笑来面对生活,用微笑来面对每个人、每件事,你就会看到阳光灿烂,迎接你的必定是一路的鸟语花香。总之,心宽者淡定,淡定者一定多快乐。

艾莉是一个10岁的小女孩,按照一般人的眼光来看,她长得有点丑,但其实问题并不是因为她的五官长得不好看,而是搭配有点偏离正常比例。但这一点致命伤足够让一个10岁的小女孩产生自卑了。艾莉时常在心里抱怨上天的不公,自己的不幸,根本没人见她露出过笑容。

逐渐长大的艾莉越来越自卑,这让母亲看在眼里疼在心里。一天,为了帮助女儿摆脱心理困境,母亲把艾莉拉到照相馆,一定要为女儿拍一组照片。照相馆中,母亲的要求很奇怪,她让女儿在拍照片时保持微笑,但不是让照相师拍她的整张脸,而是逐一对眼睛、鼻子、耳朵、嘴巴等五官单独拍特写。之后,母亲又偷偷拿出美国著名女星玛丽莲·梦露的头像,让照相师翻拍,同样要求照相师把五官一一分开。

几天后,照片冲洗出来了,母亲就把女儿的五官照片和著名女星玛丽莲·梦露的五官照片一一对照贴到女儿卧房的墙上。然后,拉过艾莉来,让她仔细看着那些被分割的照片,并对她说:"和世界上最著名的美女比较,你哪个地方比她差呢?"女儿迷惑不解地看了看母亲,将信将疑地端详起那些照片来。后来,她还把自己的这些照片指给那些闺中密友看。密友在不知名的情况下,有的说她的眼睛比另外一组照片的眼睛迷人,有的说她的嘴巴更性感。渐渐地,她相信了母亲的话,觉得自己并不比玛丽莲·梦露丑,终于,艾莉的心结打开了,她开始对别人微笑,对自己,对生活,都变得更加自信了。

人无完人,世上每个人都存在这样那样的缺陷,当你换个角度来看时,这个缺陷不但并不致命,甚至可以忽略不计。人有生理缺陷当然遗憾,但它既已存在,我们就该泰然处之,放宽心微笑待之。

女孩有一副动人的歌喉,唱起歌来委婉美妙,像百灵鸟一样,但令人遗憾的是她却长着一口龅牙,十分难看。于是,虽然很多人鼓励她参加唱歌比赛,但也不为她抱太大希望。在比赛过程中,女孩为了遮盖自己的缺陷,总是尽力避免将嘴张大。可这样一来,反倒影响了她的表演,结果表演搞砸了。

就这样,几次参赛下来,女孩几乎对自己绝望了。但事情总会出现转机,在一次比赛中,一个评委发现了她的歌唱天赋,并鼓励她说:"你有唱歌的天赋,我相信你一定能够取得成功,但你必须忘掉自己的龅牙。"

在这位评委的帮助下,女孩渐渐走出自己龅牙的心理阴影,在一次全国大赛中,她极富个性化的演唱倾倒了观众,征服了评委,最终脱颖而出。而她就是著名的流行乐后卡丝·戴莉。

上帝总是公平的,他在为你关上一扇窗子的同时,总会为你打开另一扇窗子。我们不必为自己的平庸和丑陋感到自卑,只要善于发现,完全可以从这些自认为丑陋的缺陷中找到有价值的一面。只要我们能以一种平和淡定的心态来对待人生,笑对人生,自己所有的缺陷看起来都是不足为道的。

人生亦当如此。人生不无遗憾,当我们与不幸不期而遇时,就要既来之则安之,淡然处之,宽容以待。当你把自己生命中一切遭遇都看做是或圆满或凄美的风景,用一种看风景的心情来笑看人生旅途时,一切都会归于淡然和美好。

福祸相依,谁说失去不是为得到埋下的伏笔

如果说让人看淡得失不计较,未免有些冠冕堂皇,让人听起来不过是一些安慰人的体面话。的确,"得到"是主动的,表现出来的是一种积极进取的生活态度;"失去"是被动的,表现出来的是一种消极的人生追求。

一生中,人们有得亦有失,但大多数人都不会主动想要"失去"。因此,几

乎任何的"失去"都是客观的,就看你能不能说服你的主观意识来接受它。能接受的就是淡定,不能接受的便选择逃避,有时明知道最后会失去,却依然选择飞蛾扑火。那么这样的人,我们能说他是明智的吗?

那么,我们究竟该怎样看待得失呢?为什么平白无故地要接受他,这放在一般人身上都不是一件容易事。选择逃避吗?能逃得掉吗?不管你承不承认,失去了就是失去了。所以,我们不如这样来看。

把得到不要看成一件简单的事,得到从来不会那么幸运,它需要客观条件的允许和主动努力配合,以及天时地利人和的佐助才能实现。而这种得到也是有限的,如果你太过贪婪,就会让你适得其反,最终失去更多。

因此,面对生活和工作中的一切,你不能随意给事物定位,认为哪个是你应得的,哪个是你不应该失去的。得到与失去没有什么应该不应该,全赖你自己怎样去看待。比如,塞翁失马说的就是这个道理,体现了古人在看待得失时的精明睿智。

东汉时靠近边塞的地方,住着一位上了年纪的老翁。老翁精通易数,会占卜算卦,能知过去未来。一次,老翁家的一匹马,无缘无故挣脱了马缰,翻阅边塞,直奔胡人居住的地方去了。邻居听说后都前来安慰老翁,只见老翁心中已有数,平静地说:"谁知道这事不是一种福呢?"

这句话果然应验了。几个月后,那匹丢失的马突然跑回家中,不但如此还带着一匹胡人的骏马一起回来。邻居们知道这个情况后,都前来向他家表示祝贺。老翁此时却无动于衷,愁眉不展,接着他坦然道:"这未必不是祸啊!"果然,老翁的儿子十分喜欢这匹新来的烈马,而且他生性好武,喜欢骑术,一天到晚骑着烈马到野外练习骑射。结果有一天,烈马脱缰,把他儿子重重地摔了个仰面朝天,以致大腿断裂,成了终身残疾。邻居们听说这件不幸的事情后,纷纷前来慰问。老翁却不动声色,淡然道:"这件事未必不是福。"果然,只一年不到,胡人侵犯边境,大举入塞,四邻八乡的精壮男子全被征召入伍,结果死伤无数,而靠近边塞的居民,更是十室九空,剩下一些老幼病残无人照料。唯独老翁的儿子因跛脚残疾,没有被招去打仗,因而父子得以保全性命,安度残年余生。

所以福可以转化为祸,祸也可变化成福。这种变化深不可测,实难预料。"塞翁失马"阐述的是老子"祸兮福之所倚,福兮祸之所伏"的祸福倚伏观。

古人尚且有此等高深的胸怀和智慧,生活在现代的我们就更应该看透这一点了:得与失有着必然的联系,你得不到时那就意味着正在失去,在你失去的时候又何尝不是一种意识不到的"得到"呢?看事情要一分为二看问题,得到和失去就是个对立统一的矛盾体,没有得到,失去就不会存在,没有失去,得到又从何而来呢?不论发生什么事,我们都应该以一颗宽广的心来对待得与失,热爱生活才是快乐的源泉。

祸能转成福,福也能变成祸。祸之所以能够转成福,是因为当一个人身处困境或灾难时,便急切地希望能够平安度过,于是千方百计想寻求解脱的办法,所以能够心存敬畏,凡事小心谨慎,不敢妄为,于是,福也由此产生。福之所以会变成祸,不过因为一句"生于忧患,死于安乐"。人们一旦养尊处优惯了,便会随心所欲地过着放荡奢侈的生活,肆意地表现出骄横的样子,于是做事轻易草率,待人辱慢失礼,专横跋扈,所以祸端就此产生。

一个人经历的患难多了,便可以磨炼他的坚强意志,而一个从未经历磨炼的人,因为无法适应各种不同的处境,反而很容易丧失生命力。所以"得"往往是"丧"的开端,"丧"则为"得"埋下了些许伏笔。由此可见,我们一世为人,身在福中,应该知足,却不能常常希求福上加福。生活中即便有所得,也应该适可而止，不可无厌贪多。这样，当福之所致，不会过于惊喜；当祸之所致，也不致过于慌乱。当我们处在幸福环境中要有所顾虑，尽量避免招惹灾祸，这样幸福才可保持长久。当我们在生活中获得某些好处，也要考虑到有得必有失，不如把所得的好处留给与他人分享，这样便能常常获得好处，所以有智慧的君子，处于安泰的时期，不敢忘有危难的存在，在平静的年代里，不敢忘记或有动乱发生。

　　需要明白的是，福祸所依的观念源于一个"宽"字。一个人只有心胸足够宽广，才能受得起大富大贵，一个人只有足够淡定才能容得下大苦大难。不论福还是祸，都能装得下了，你才能看透福祸之间的必然关联，才能更坦荡更淡然地不计得失。

第四辑
心智如海

　　心宽者本就有容人之量,因此不但有远见,更能比别人看得透彻,当他们戒除一切骄躁,从容淡定地品尝生活时,就成为了智者。所谓智者,就是有识人之才却并不探尽;能洞察人心却并不言尽;当人犯错之时,能发现错误的根源,但并不急于指责刁难;心智者得人尊敬更敬人,但这种敬绝不是卑躬屈膝;心智者胸怀天下,有容人之量,于是步步退让,但这并不是退缩,而是前进的一种策略。

第 16 章　心智者当识人：识人不探尽

"君子之交淡如水"，这个"淡"实则还有一层深意，即指君子识人不一定要探尽，探尽也不要坦言说明，这才是大智。友谊就是这样一种东西，近不得，远不得，只有距离把握得合适，给它一片空间，它才能茁壮成长。

留一点距离，保全一丝美丽

佛陀大师曾说："探戈是一种讲求韵律节拍，双方脚步必须高度协调的舞蹈。探戈好看，但要跳好探戈绝非一件轻而易举的事，很多高手均需苦练数年才能练就炉火纯青的舞技。跳探戈与处世，有着许多异曲同工之处。若想用跳探戈的方式与人相处，彼此协调，知进知退，通权达变，不但要小心不踩到对方的脚，而且要留意不让对方踩到自己的脚。这样，人与人之间才能和睦相处，恰到好处。"

不管是探戈也好，交际舞也好，跳舞双方都要把握好一个度，距离太近就容易踩到对方的脚，距离太远又不能相得益彰。这就像交友识人一样，如果一眼看去就能把这个人看个彻底,那么交往也就没了意思。不如给彼此间留个距离,这样才能保全一丝美丽。

"君子之交淡如水,小人之交常戚戚。"人们常说:"朋友是用心经营的。"很多人却会错了意,以为经营就是要多加联系,其实不然。真正的朋友,不需要世俗的虚化,它是深藏在心灵深处的,即使岁月流逝,时间的风沙也不会磨损曾经的容颜。真正的友谊要有一点距离,不论是时间上还是空间上,因为那是一种心与心的默契,这样的友谊不需要刻意联系,不需要刻意维系,只要永远平淡如水就好。

君子之交淡如水还有一层的意义,就是说不但要在维系友谊时保留一点距离,更要在识人洞人方面保留一点距离。有时候,一个人看得太真切太彻底,就失去了交往的乐趣。比如小人之交,虽然过于亲密,但往往不能长久,而且经不起利益的隔断。

说到这里,有人便开始抱怨做人难,与人相处更难了。的确,人世间,别说是朋友,就是夫妻、父母、兄弟也总是"意有所至而爱有所亡"。于是,朋友之间总希望友谊地久天长,便有意地缩短彼此间的距离,过多、过密地交往起来,结果反而与期望相反,彼此关系不但没有越来越好,反而越发疏远破裂了。

蕨菜与它的邻居小花成了好朋友。每天太阳公公刚露出头来,蕨菜和无名小花就会扯着嗓子互致问候。时间长了,它们都把对方当成了自己最知心的朋友。可这时,它们发现,两人的距离实在太远了,说话实在不方便,便决定互相向对方靠近。而且它们都天真地以为,彼此间只有距离越近,感情才会越深。

就这样,蕨菜拼命朝小花扩散枝叶,无名小花也尽力向蕨菜的方向倾斜自己的茎干,通过两人不懈的努力,它们的距离果然越来越近了。然而,事情并不像它们想的那样简单,由于蕨菜使劲靠小花生长,它的枝叶像一把张开的大伞,不仅遮住了无名小花的阳光,也挡住了它的雨露。小花因失去阳光渐渐枯萎,伤心之余开始怀疑与蕨菜的友情,甚至认为蕨菜动机不良故意谋害自己,于是心里开始痛恨起蕨菜来。而蕨菜由于枝叶过盛,经不住狂风暴雨的蹂躏,因此一场风雨过后枝叶所剩无几。这时的蕨菜心痛之余把罪过都归于小花身上,于是一对好朋友成了不共戴天的敌人。

其实友谊是一种很奇怪的东西,有时彼此间的空间距离拉得越近,心里的距离就会变得越远。看那蕨菜和小花,究竟是什么使两个朋友反目成仇了呢?不过是希望友谊越来越甜的愿望!甜蜜过了头,就会生出一种咸涩的味道。所以,若想保持友谊的口感,就不必刻意去维系、拉近彼此间的距离。给自己和对方都留下一点距离,不近不远,遥遥相看正好,这样才能保留下一丝美丽。

友谊产生之初总是甜美的,正因为它太甜美了,所以让我们产生了一种错觉,恨不得要与对方互换灵魂,以便零距离接触。殊不知,太了解了反倒不是一件好事。试想,友谊形成之初,究竟是什么在吸引着我们,难道不是彼此间共同的喜好吗?正所谓道不同,不相为谋。但事实上,人世间不可能有完全相同的两个人,最初觉得两个人相似,但随着认识的时间久了,观察地深入了,就会发现两个人还是有很大区别的,于是又觉得这段友谊不够好,为此心生芥蒂。

其实,果真是这段友谊不够好吗?恐怕只是我们的要求太高了吧!是我们不容许友谊之间存有一点距离,正是这么一点心愿最终害了友谊。

每个人都是不同的个体,来自不同的层面,因此有着不同的性格特点、生活习惯、做事方式与理想追求。我们必须容忍对方有一些不为我们所知的一面，这一面或许与我们的性格有着明显的反差，但只要你不在意，只要你的心胸够宽广，它绝不会成为友谊的陷阱。

你要相信，你第一眼所见而生的好印象，自始至终都有。那时，对方的缺点就已经存在了，只是你没有发现；而现在你之所以觉得他不再美好，并不是因为美好消失了，只不过是你将眼光放在了曾被忽略的缺点上。友谊的好坏与你内心的期望值息息相关。既然如此，不如给对方留下一点距离。友谊要想天长地久，其实就这么简单，留一点距离，不刻意、不强求、顺其自然。

君子之间的交往淡如水，这个"淡"不是说君子之间的感情淡得像白开水，而是指君子之间的交往，君子识人一定不会探尽，探尽也不会说明。友谊就是这样一种东西，给它一片空间，它便能茁壮成长。

识人不必太苛刻，珍惜擦肩而过的缘分

穆尼尔·纳素夫说："一个宽宏大量的人，他的爱心往往多于怨恨，他乐观、愉快、豁达、忍让而不悲伤、消沉、焦躁、恼怒；他对自己的伴侣和亲友的不足处，以爱心劝慰，述之以理动之以情，使听者动心、感佩、尊重，这样他们之间就不会存在感情上的隔阂、行动上的对立、心理上的怨恨。"

有的人喜欢以"走自己的路，让别人说去吧"来作为自己的座右铭。然而，这句话流传到了今天，却演变成了：要走自己的路，而前提是让别人无路可走。其实，识人不必太苛刻，时常给他人留条路，你又难保不会发现这也是在为自己留条路。

有一个人在河边钓鱼时,遇到一个捕螃蟹的老人。老人身背一个装满螃蟹的大蟹篓,但篓上没有盖。钓鱼人见了出于好心,提醒老人说:"大爷,你的蟹篓忘记盖上了。"老人慈祥地看着他,笑着说:"谢谢你小伙子,我告诉你,蟹篓不用盖也可以。因为只要有蟹爬出来,其他的蟹就会把它钳住不让它跑,就这样,它们一个都跑不掉。"

这是螃蟹的天性,即便自己没有出路,也绝不会给他人留条出路。其实,我们人类又何尝不是如此,生活中,还不是处处充满着这样无硝烟的战争。

北宋时期,有位名将叫狄青。有一次,边塞战事吃紧,而那边情况又复杂,正当狄青苦于无人时,他的好友韩将军向他推荐一名叫刘易的猛士。这刘易不但熟知兵法,还最善于打这种恶仗,于是对狄青来说可谓如获至宝。但人无完人,刘易有个很不好的嗜好,那就是特别喜欢吃苦菜。只要一顿饭吃不到,就会呼天叫地,骂爹骂娘,甚至还会出手打人。边塞地方苦寒,哪里能天天有苦菜吃,于是时间久了,士兵们都害怕刘易。

狄青和刘易到了边塞后,整天忙于军中事务,起早贪黑。刘易每日吃不到苦菜,几乎整天大发雷霆。这天,士兵来送菜,刘易又大发雷霆,把盛饭菜的器皿全都掀翻在地,并在军营中大闹不止。士兵们谁也不敢上前规劝,只得报告给狄青,狄青听后非常生气。身为军人,就要忍受军区的苦寒,怎么能够因为吃不到苦菜就这样大吵大闹呢?这成何体统,按说是要受处分的,影响严重时还要问斩。但是狄青考虑到刘易是个人才,而且刘易性格刚烈,与他发生正面冲突,不仅会破坏刘易的情绪,而且还会影响自己与韩将军的朋友关系。但是如果任其这样下去,就会动摇军心,影响戍边大业。

思量再三,狄青只得一边亲自出面安抚刘易,一边派人回内地去取苦菜。其他将领见狄青如此对待刘易,非常不服气,说:"狄将军你骁勇善战,屡建奇功,那个刘易何德何能,狄将军不仅放下军威安慰他,还派人去给他弄苦菜吃。照我说,应该去找刘易比一比武艺,杀一杀他的锐气,让他无路可走。"狄青连忙劝阻:"刘易本不是我的部下,你们与他一旦起争执,传出去就会给敌人以可乘之机。何况,我们现在最要紧的是要加强团结,而不是互相堵住对方的路。"

后来,刘易无意中听到这些话,非常感动。狄将军不但派人专程去取苦菜,给了自己一个出路,还劝阻将领不要争强斗胜,是真正的宽宏大量、顾全大局。而在这种情况下,自己实在是不应该再给狄将军添麻烦了。于是,刘易非常懊恼地找狄青请罪。从此以后,刘易再也没有为苦菜的事发过脾气,并且逢人便夸狄将军好气量好胸襟。从此,两个人成了刎颈之交,双双建功立业。

刘易本是狄青借用的将领,关系尚浅,但他还是以博大的胸怀宽容了对方的缺点。如果狄青当时问了刘易的罪,不仅让刘易没有了退路,还会影响到自己的边防事业。以一种宽容的心态去对待他,反倒成就了一个皆大欢喜。

待人不要太苛刻,只有当一个人懂得为他人留余地的时候,他的人际关系才会和谐友好、充满温情,才会留住每一个擦肩而过的缘分。在日常交往活动中,一旦对方未能满足自己的要求,或是有什么过错,我们也不应该怀恨在心,也不要抱怨自己识人不明。因为怨恨只会加深彼此的误会,而且还会扰乱我们的正常思维,引起急躁、偏激的情绪。彼此的交往是缘分,不必计较太多,也不必苛求对方尽善尽美,多一些宽容和体谅,得饶人处且饶人,那么,彼此之间一切不愉快都会迎刃而解。

正所谓"莫把真心空计较,唯有大德享百福。"寺院里有一对师兄弟,由于法系不一,师兄常常找师弟麻烦,每次都对他冷语相讥,还背地里说师弟的坏话。师弟本就年轻,经常受到师兄的欺负,难免心生怨气,但他每次都告诉自己,佛家讲结缘,也便压下心中不平,放低姿态与师兄相处。不仅如此,有时师兄需要助力,师弟还能够大方提供助力。渐渐地,师兄找师弟的麻烦少了许多。几年之后,师兄弟二人各奔东西,均成为大德高僧。难得的是,这两个人居然保持了长久的友谊,每年都会定期见面,捧对方的场。

在佛家看来,"怨亲平等"。待人宽和些,识人不探尽,要明白给他人留一条路,自己也就有了余地。人生有相逢,这就是一种缘分,即便擦肩而过也应该备加珍惜。人际交往中结怨总是不如结缘嘛,这是佛家所讲的智慧,也同样是中国五千年伦理社会所推崇的智慧。人人头上有青天,各自相安无事,自然皆大欢喜。给他人留路,既是对别人的尊重,也能让自己尝尽善果,包揽善缘。

包容对方的缺点,以"空"心容万物

朋友多是件好事,但是如果能交到真心的朋友,就是一件棒到无与伦比的事情了。那么,究竟该怎样识人,怎样交到真心的朋友呢?其实很简单,首先要真诚待人,不但要学习他人的优点,更要包容他人的缺点。

世界上没有十全十美的人,几乎人人都有优点和缺点。当一个朋友具有许多优点时,对你来说是件值得高兴的事,因为你认为他值得做你的朋友;但对于朋友的缺点,往往就不那么开怀了,你只能悄悄地告诉他本人,因为没有人愿意张扬自己的缺点!但不要因此就认为你的朋友是不值得你交往的。你要正视朋友的缺点,要以一颗恕己之心恕人,不要因此破坏了友谊。

俗话说,海纳百川,很多人将"大海"作为浩瀚胸襟的代名词。其实,这世上没有什么是比人心更能包容的,只要把心腾空,就可以包容万物。

有个小徒弟看到各位师兄们,每天都要一早一晚去禅师房中参禅,便心生羡慕也请求师父指点。

"还是等等吧,你年纪还太小了。"虽然禅师这么说,但洞阳还是坚持要参禅,大师拗不过也就同意了。

于是晚上参禅的时候,洞阳便恭恭敬敬地来到禅师房中,先磕了三个头,然后在师父的旁边端坐下。

"你可以听到两只手掌相击的声音,"禅师轻轻说道,"现在,你去听一只手的声音。"

洞阳鞠了一躬,返回寝室后,专心致志地用心参这个禅。

突然,一阵轻妙的音乐从窗口飘入。"啊,有了,"洞阳叫,"我懂了!"

第二天早晨,当禅师要他解释"只手之声"时,他便演奏了一首乐曲。

"不是,不是,"禅师摇头道,"那并不是只手之声,你还是没有听到。"

洞阳心想,如果不是音乐是什么呢?于是,他把住处搬到了一个僻静的地方。这里万籁俱寂,什么也听不见。到了晚上,他反复思量"什么是只手之声呢?"突然他听到了滴水的声音。"明白了,明白了。"洞阳在心里说道。

于是他再度来到师父的面前,模拟了滴水之声。

"那是滴水之声,不是只手之声。再参!"禅师连连摇头说道。

于是,洞阳继续打坐,谛听只手之声,毫无所得。接着,他又听到风的鸣声,也被否定了;他又听到猫头鹰的叫声,但也被驳回了。

只手之声也不是蝉鸣声、叶落声……

洞阳往禅师那里一连跑了十多次,可都没有答对。究竟什么是只手之声呢?结果这个问题竟想了一年,依然没有找出答案。

最后，洞阳在思索中终于进入了禅定从而超越了一切声音。这时，他才觉得自己再也不想东想西了，他真正达到了无声之声。

东阳终于"听"到只手之声。

很多时候，我们之所以放不开对方的缺点，就是因为我们的内心还不够空。就像洞阳那样，一味想听"只手之声"，反倒听得不真切了。一旦他不再想东想西了，人就踏上了心灵的解脱之旅，心里便感受到万物之丰富，当你真正入了禅定，就能从"空无"体验到前所未有的"富有"。于是，以前所见的缺点已不再是缺点，你便能容下万物了。

星云大师说："空才能容万物，茶杯空了才能装茶，口袋空了才能放得下钱。鼻子、耳朵、口腔、五脏六腑空了，才能存活，不空就不能健康地生活。就像两个人相对交谈，也需要一个空间才能进行。所以，空是很有用的。"

与其被满满的外物所累，何不索性全部放下，倾听那无比奇妙的"只手之声"，获得心灵的自由和解脱呢？道理虽然是这个道理，但毕竟因为人性是自私的，所以大都有这样一个通病，即见不得别人的不好，于是常常不公平地对待他人，不能以恕己之心恕人。

其实事物往往是相互的，这种褊狭的行为，往往使自己最终"自食其果"。因为自己怎样对待别人，别人也会用怎样的方式对待自己，最后"报应"便降临到自己身上。

只赞美一个人的优点，不提他的不足之处，也不是对待朋友的正确态度。很多时候，人们知道自己的某些缺点，却不愿意被他人指出来，所以你应当悄悄告诉朋友他的不足之处，然后再和他一起找出造成这些缺点的原因，分析这些缺点带给他的不利影响，再帮助他慢慢改掉这些缺点——这才是对待朋友最好的方法。如果这些你还做不到，不妨先换个角度想一下问题。

慈航法师身相圆满，有个如同弥勒佛一般的大肚子。慈航法师逢人便说，他的肚子之所以大还有一段因缘：

原来，慈航法师本也是个极瘦小的人。可有一次，他如厕时忘记拿手纸，偏偏茶房头在他旁边如厕，于是慈航法师便向他要手纸。可是这位茶房头却不是个善类，随手将用过的手纸递给了法师，弄得法师满手污秽。

还有一次，慈航法师搬房间，叫了茶房头来帮忙，可他竟然趁别人不注意拿了他六十个银圆，但慈航法师依然没有揭穿他。最后，茶房头走时，慈航法师又给了茶房头十五个银圆。

茶房头前后得到七十五个银圆，一下子摆起阔来，寺里人见了都觉得疑心，就问他怎么就富起来了，茶房头就推说是慈航法师送了他些银圆。慈航法师只是沉默不语。慈航法师知道，一个人的荣誉一旦毁了就很难再恢复过来。

"可是，从此以后啊，"慈航法师笑着说，"我的肚子就大起来了。"

你我皆凡人，不是圣贤又怎能无过？当我们在遇到窘困时总是希望得到别人的谅解，希望对方不再咄咄逼人；同理，在他人遇窘时，我们也应该以"空心"包容一下对方。

疑人不必用，用人莫生疑

曹操刺杀董卓失败后，与陈宫一起逃亡，一路来到世伯吕伯奢的家中。曹吕两家乃两代世交，因此吕伯奢一见曹操来访，并不因为他是朝廷要犯而将其拒之门外，反而还想杀猪宰羊来款待他。可当时神经紧张的曹操听到霍霍磨刀声，又听说要"缚而杀之"，便大起疑心，以为吕伯奢一家要把自己绑起来杀了，于是不问青红皂白，拔剑误杀一家无辜。

这是《三国演义》中塑造曹操多疑性格的一幕悲剧。其实，生活中我们又何尝不曾像曹操一样犯过猜疑病，有时这种疑心病还会让我们无中生有，认为人人都不可信、不可交。

怀疑是人性的弱点之一，是害人害己的祸根。一个人一旦掉进怀疑的陷阱，必定处处神经过敏，事事捕风捉影，对他人失去信任，对自己也同样心生疑窦，不但影响人际关系，还有损自己的身心健康。

我们莫不要把这疑心的病根推给这个缺乏信任感的社会，是我们狭隘的内心让信任成了一种奢饰品。于是，当我们看报纸、杂志、电视广告，甚至电视节目时都会以怀疑的目光来揣测每一个人。不管怎样，信任的确离我们的生活越来越遥远。

然而事实上，信任是我们生活中不可或缺的一件事物，因为一旦缺少了信任，我们的生活就将失去阳光，世间也便缺少了温暖。而能拯救这一切的，非信任莫属。

那时，对外运输主要靠油轮运输，在烟波浩渺的大西洋上不知有多少船只和人力丧失生命。一艘货轮正行驶在大西洋上，而一个在船尾搞勤杂的黑人小孩不慎跌落到波涛滚滚的海水中。那孩子虽然通水性，但在一望无际的大西洋上跌了水，根本起不了任何作用。

孩子于是大喊救命，但风急浪高，船上没有人听见呼救声，他眼睁睁地看着货轮拖着浪花越走越远……

求生的本能克服了对死亡的恐惧，那孩子在冰冷的海水里拼命地游，他用尽全身的力气挥动着瘦小的双臂，努力使头伸出水面，睁大眼睛盯着轮船远去的方向。

　　然而，船越走越远，船身越来越小，到后来，那船就消失在孩子的视线中，眼前只剩下一望无际的汪洋。孩子没了力气，实在游不动了，他感觉自己就要沉下去了。还是放弃吧，只要放弃就再也不会感到累了，孩子曾在心里这样想。但每到这时候，他便想起老船长慈祥的脸和友善的眼神。船长一定会发现我的失踪的，到时他一定会来救我的！想到这里，孩子仿佛就重获新生一样朝前游去……

　　不知过了多长时间，船长终于发现那黑人孩子失踪了，当他断定孩子是掉进海里后，就下令返航。这时，有人劝船长："这么长时间了，就是没有被淹死，也喂鲨鱼了……"又有人说："为一个黑人孩子，值得吗？"船长犹豫了一下，但还是决定回去找。于是船长大喝一声，下令返航。

　　终于，就在那孩子沉下去的时候，船长赶到了，救起了孩子。

　　当孩子苏醒过来之后，跪在地上感谢船长的救命之恩时，船长扶起孩子问："你怎么能坚持这么长时间？"

　　孩子回答："因为我知道您会来救我的，一定会的！"

　　"你怎么知道我一定会来救你呢？"

　　"因为我知道你就是那样的人！"

　　听到这里，船长"扑通"一声跪在黑人孩子面前，泪流满面地说："孩子，不是我救了你，而是你救了我啊！我为我在那一刻的犹豫而耻辱……"

　　的确，如果你能得到一个人彻彻底底的信任，应该是幸福的，能够对一个人毫不保留地信任也是他的幸福。孩子是幸福的，船长也是幸福的，但这种幸福是十分脆弱的。就像那位船长，如果一念之差，因为片刻的犹豫而不去救那孩子，这两种幸福就同时丧失了。

信任仿佛是那易碎的玻璃花，是人际关系中最脆弱也最重要的一环。因怀疑而生的许多词汇便能证明这一点，如众口铄金、积毁销骨、挑拨离间、搬弄是非、嚼舌根等。很多时候，哪怕只讲一句玩笑话，都会对信任产生影响。可是，正因为它格外脆弱，格外娇贵，所以才显得如此弥足珍贵。

如果信任不是那么容易做到，那么我们至少从"用人不疑"做起吧！懂得给予他人信任的人，才能换来对方的真心，这是一个递进关系，反过来便行不通。可世上那些糊涂人恰恰反其道而行之，认为只有对方真心，你才能给予信任。对此，心理学家雷纳夫妇指出："要想顺利开展工作，人们就必须构建相互信任的协作关系。"

公元前308年，秦武王任命甘茂为大将，去攻打韩国宜阳城。临行前，甘茂这样对秦武王说：

"宜阳是韩国的大城池，与秦国相隔甚远。前往途中，险象丛生，要想顺利攻下宜阳实在不简单。臣听过这样一个故事：孔子门下有一位名叫曾参的弟子，这个人因为美好的德行而闻名远近。一次，一个与他同名的人杀了人。人们其实并不了解实情，只听闻说'曾参杀人了'，便开始口耳相传，很快便人尽皆知。最后，这话传到了曾参的母亲耳里。

曾参的母亲原本毫不怀疑自己的儿子，因此当第一个人告诉她时，她只觉得好笑；然而当人们接二连三地来告诉她这件事时，她便慌了，甚至以为儿子的罪行会连累自己，竟开始收拾行装了。"

说到这里，故事讲完了，然后甘茂继续向秦王说："我的德行固然无法与曾参相比，大王固然信任我，但应该也不及当时曾母对儿子的信任。然而，曾母仅因为三个人的话便怀疑起自己的儿子。如今，朝中与我有隔阂的人不一定只有三人，我担忧大王因听信他人的话而动摇了对我的信任……"

听完这番话后,秦武王立刻明白了甘茂的心思,便启示说不听他人的谣言。随后,甘茂出兵攻伐宜阳,苦战五个月后,仍然没有取胜。这时候,甘茂担心的事情发生了。秦武王听信了谗言,立即派遣使者召甘茂回朝。但秦武王并不是一个昏君,当甘茂提起他的承诺时,他顿时醒悟,将谗言抛在一边,支持甘茂继续攻打宜阳。最终,甘茂没有辜负圣恩,攻下了宜阳。

　　不论是古代君王,还是现代企业都需要用人。所谓用人不疑,疑人不用,其实非但用人如此,交友识人都需要如此气魄。只有当你像秦武王那样排除任何谗言,给予臣子绝对信任的时候,你才能换来绝对的胜利。

第17章 心智者当知人：知人不言尽

人常说："路遥知马力，日久见人心。"人心这种东西的确是难懂难猜的，因为它不喜欢被人摸索看透，于是被我们一层层隐藏着、呵护着。既然如此，你又何必傻傻地一定要将他人的心事一语戳破呢？

带着悟性生活，将心比心，不必言尽

将心比心，多替别人想一想，多给别人一份同情和爱心，你自然也能得到应得的好处。将心比心就是要我们带着悟性生活，有时生活中难免和别人发生一些误会、矛盾，这时不论误会因何而生，都不要计较得太明白。计较太明白，即使事情水落石出，对方也不会因此感激你，反而因为你太过客观而疏远你；计较太明白，结果还是不能一探究竟，那么你不但白白劳烦一场，还落得个"不是"的罪名。

所以，那些心智者，心胸宽广，能藏得下真相，能埋得住污垢。多赞扬别人，少揭伤疤；少标榜自己，多找己的不足。

据说，纪晓岚就是一位智者心宽的人。他不但能将事情看透彻，还能将人情看透彻，因此做事总是留一手，即成全了他人也成全了自己。

知人不必言尽，带着悟性生活就是要难得糊涂。看到他人糊涂时，不要觉得跟着看笑话，要仔细琢磨研究，因为大糊涂中常常含着大精明。果真能参透其中道理，你必将能受益匪浅。

美国一位客户去银行办理贷款，出人意料的是，他居然拿了将近价值50万美元的债券和股票，来贷一美元的款。银行上上下下听闻这个消息无不感到惊讶，这实在太荒谬了。因为，大多数人选择贷款的目的是为了拿到可以立即起到货币流通作用的现金，并尽可能用抵押物来获得最多的借贷金额。于是，银行经理为了确保无事，追问再三，才问出了那人的道理。原来，这个人考虑到把大量的债券和股票放在家中不安全，于是决定把它们存入金库。然而，金库的租金是昂贵的，他认为这不划算。仔细思量后，他认为银行是最稳妥的地方，要知道，即使银行的借贷年利息高达100%，他在年底也只需付给银行一美元。这么一来，他只花不到一美元的钱就保了50万美元的周全。如此心思细密，如果不经他一一道来，想必很多人都想不到这一层。

像这种外愚内智的人才是具有真正大智慧的人，他们能够带着悟性生活，知己知彼但不说尽，既成就了自己，也成全了他人，干净利落。

有位智者说，大街上有人骂他，他连头都不回，他根本不想知道骂他的人是谁。因为人生如此短暂和宝贵，要做的事情太多，何必为这种令人不愉快的事情浪费时间。

人们通常喜欢凌驾于别人之上或站在别人背后说三道四，品头论足，但很少有谁能对自己一五一十地条分缕析；你可以向别人炫耀自己的长处，但你绝不会轻易地把自己的缺陷暴露于阳光之下，让众人任加检阅。可偏偏就有这么一个人敢这样做。

明朝洪武年间，郭德成担任骁骑指挥，而且他的妹妹还是明太祖的宠妃，一时间风光无限。一次，他进内宫面见太祖，太祖支退左右，偷偷拿出两锭黄金放在他的袖子里，说："你只管回去，不要对任何人说。"郭德成颇为感动，毕恭毕敬地收起了金子。可当他走出宫门的时候立即把金子装在靴筒里，然后假装喝醉，故意脱下靴子，将金子显露出来。守门之人发现此事后，立刻报告给太祖。太祖笑着说："那是我赏给他的，不必计较。"

郭德成的朋友知道这件事后，纷纷责备他不该这样做。郭德成却摆了摆手说道："九重宫门防守多严密，大家不会不知道，试想我能暗藏金子不被发觉吗，一旦被人发觉岂不要说是我偷的？更何况我妹妹在宫中侍候皇上，进出皇宫比较自由，如果皇上借此方法来试探我呢？所以我才不得已出此下策啊！"朋友们听了，都说郭德成的见识远大。

人们常说"财不外露"，但有时候财不外露未必不是件好事。说话也是一样，知人不言尽，反其道而行之，或许才是达到真智慧。所以，很多时候，采取什么样的行动常常要视情况而定，不能一味地死搬俗语、教条之类的条条框框，否则只能证明行动者的愚蠢。

带着悟性生活，就是教人不必太较真，太认死理。太过认真，就会对什么都看不惯，就好比我们带着放大镜、显微镜生活，恐怕那样的话连新煮出来的饭我们都觉得肮脏不堪了。生命中，如果没有一颗宽博之心，恐怕生活就会变得越来越狭窄了。

纵然摸清里子，也要给人留点面子

生活中，有些人常常得理不饶人，只要自己抓住把柄，一定要为了炫耀自己似的将其公之于众，一点也不顾及别人的面子，结果把人置于难堪之中。其实，这除了能够证明自己是正确的以外，是得不到任何好处的，而且还破坏了人际关系，陷自己于不义。

爱默生说："因为自己的优越，我们常常无情地剥掉了别人的面子，伤害了别人的自尊心，抹杀了别人的感情，却又自以为是，扪心自问，这种心理是多么浅薄，心胸是多么的狭窄啊！"

"人要脸，树要皮"，人生在世，但凡俗人都难舍一个面子问题。因此，有理的时候，不妨让人三分，给他人一个台阶下，即使你是个能摸清里子的明白人，也不妨装一装糊涂，给人留点面子。

彼得年轻有为，做事干练，年纪轻轻就成为一家大型超市的柜台经理。这天，超市一位女收银员跟一位顾客发生了争执。

"我说了多少次了，我已经将100美元交给你了！"顾客不耐烦地嚷道。

"可是，女士，我并没有收到您的钱啊！"收银员辩解。

最后，顾客十分生气地与收银员吵了起来。这时，彼得闻讯赶来，收银员就理直气壮地要求女士去看看现场录像，这样一来，事情就水落石出了，彼得同意了。

随后，顾客跟着收银员和彼得走进了监控室。事实证明，顾客放在收银台上的钱被前面的一位顾客拿走了。彼得见矛盾解开了，便对顾客说道："女士，的确是我们误解您了，这真是太遗憾了，但按照我们的规定，您的钱只有在交到我们的手上时，我们才承担责任。现在，还需您付款。"

顾客听了气不打一处来，东西也不要了，走时丢下一句话："我绝对不会再来这个超市了！"

超市总经理在得知此事后，当即做出了辞退彼得的决定。彼得十分不服，向经理辩解，但经理的一席话惊醒了年轻的彼得："你知道吗？据专家统计，每位顾客的身后大约都有250名亲朋好友，而这250人分别又拥有同样多的人际关系。超市的经营者如果得罪了一名顾客，就相当于得罪了几十名乃至几百名潜在的顾客，这可不是个小数字。现在好了，我们并不知道那位女士的名字、住址，就算想向她道歉都没有机会了，也就是说，这个损失是无可挽回的了。要是当时你能保全客户的面子，在收银员同她争执时，就该说：'也许您是忘了把钱放在哪儿了？我们陪您看一下录像如何？'这样当事情澄清后，对方不用你说也会有意照付款项的。到时你再适时向她表示歉意，说一切都是因为我们的管理不善造成的，等等。这样一来，问题不就圆满解决了吗？"

懂得维护他人面子的人，一定会获得他人的好感。尽管对方没有明确地对你表示感谢，但已经在心中深深地记住了你。当你遇到尴尬事情的时候，如果他在场的话同样会为你解围。

自己要面子是一方面，其实更多时候还要考虑给别人面子。所谓给别人面子，就是要委屈自己一些，或在某些问题上做出一些让步，照顾到别人的情绪。一点面子也不给别人的人，往往难以与人相处，别人常常是敬而远之，而且也容易遭到小人的陷害。在一定的场合和场景下，懂得适当给别人面子是一种为人处世的艺术。

水至清则无鱼,人至察则无徒。纵然摸清了对方的里子,也要给人留点面子,对于那些原则之外的问题,糊涂一些还是有好处的。

一个刚大学毕业的女孩,四处碰壁才找到了一份珠宝店的销售工作。然而,工作第一天,她就碰到了一件棘手的事。

那时时逢经济危机,很少有人光顾珠宝店,就在中午时分,一个衣衫褴褛的年轻人,满面悲愁地走了进来。他双眼紧盯着柜台里的珠宝首饰,女孩正想上前迎客时,电话铃响了,一转身女孩接电话时不小心碰翻了一个装了六枚宝石戒指的碟子。女孩慌了手脚,立刻挂断电话拾地上的戒指。找到了五颗,还有一颗怎么都找不到了,正当女孩心生疑惑时,看到那个衣衫褴褛的青年正惶恐地向门口走去。她明白了,第六枚一定在那人的手中。

"对不起,先生!"

青年转过身来,问她有什么事。女孩看着他微红的脸,一声不吭,青年又补问了一句:"什么事?"

女孩表情要哭了似的:"先生,这是我第一份工作,现在找工作太难了,不是吗?而且我不想在第一天就被辞退而为简历留下不良记录。"

青年十分紧张地看了女孩一眼,他盯着女孩看了几秒钟,然后微笑着回答说:"是的,的确如此。"然后青年退了回来,把手伸向她:"我可以祝福你吗?"

女孩感激地接受了他的"祝福",只见那人说了一声"祝你好运",便一转身离开了,而女孩张开手,露出了那第六枚戒指。

女孩虽然知道年轻人拿了戒指,但她选择了尊重她,并没有高呼"抓小偷",正是女孩的行为举止为青年保全了面子,所以才赢得了青年真挚的祝福。

不要以为心直口快为"美德"。面子是相对于里子来说的,没有了里子,面子也就没什么重要意义了，要面子一定要根据里子的情况和需要而定。反之，如果只要里子不要面子，那里子就会失去保护，甚至被弄得百孔千疮。所以既不能为了面子伤了里子，也不能为了里子而不要面子。

如果用一句话说，就是"大事认真些，小事糊涂些。总的原则是，抓住里子，保全他人的面子"。

事不做绝，话不说满

说话办事，为人处世，最难的恐怕就是如何把握分寸。《菜根谭》中说："路径窄处，留一步与人行；滋味浓时，减三分让人食。"这的确是一种很好的低调做人的学问。其实，凡事都有一个标准，所谓增一分则长，减一分则短，达不到标准自然不会产生良好的效果，而逾越了限度则会过犹不及。

比如，有时候压力能让人产生疾病，但不可否认，适度的压力能帮人抵御疾病；磨难能毁人心智，但适度的磨难还有助于心理的成熟……事事如此，说话也不例外。一句话同样的意思，说过了就伤人，说得适当了就成了暖人心的良言。

日常生活中，往往就会有这种情况，话说得太满，不但别人听了接受不了，有时还会让自己失去尊严；事做得太绝，自己再也没有回旋的余地。这些都不是低调处世之人想要的结果。

我们说的"话不说满，事不做绝"，从大的方面说，是一种适度原则与中庸智慧；从小的方面说，就是指要留有余地，即把话讲得更具弹性，更加滴水不漏、恰如其分;把事做得更加灵活,就是要做到天衣无缝、进退得宜。

话不要说太多,点到为止即可。其实,说话不在于你说了多少,而在于你说的话是不是说在了点子上,能否一针见血、鞭辟入里。文坛巨匠茅盾曾经说过:"与其啰嗦而长,毋宁精练而短。"唐朝刘禹锡也早就诗云:"千淘万漉虽辛苦,吹尽狂沙始到金。"这都说明说话精练的重要性。

成功学大师卡耐基有一次听一位牧人布道募捐,在一开始的时候,卡耐基被深深打动了,于是想着等结束的时候一定要多捐一些钱。一个小时过去了,人们都显得有些倦乏了,可是牧师还在滔滔不绝地演讲,卡耐基就显得不耐烦了,决定只捐一些零钱。可是两个小时过去了,牧师仍然口若悬河,这简直让人反感,于是他决定一分钱也不捐了。最后,三个小时过去了,牧师还在翻来覆去地说同一个道理,最后演讲终于结束了,卡耐基非但没有拿出一分钱来捐赠,甚至还趁人不备从捐款箱里拿走了一些钱。

这虽是个笑话,但的确能反映出一些道理。简言之,就是说话需要技巧,必须句句说到点子上,句句说到人的心坎里。话说得太多太满了,反而达不到效果,不如点到为止,把话说好,则人生无往不利。

话不说满,事不做绝,其实是一个道理,就是教人说话做事要留有余地。要知道,最明智的低调处世之道,并不是"狭路相逢勇者胜",而是留一步与人与己。

一个年轻人学富五车,于是投奔了大发明家爱迪生,想在他的实验室里谋得一个职位。其实,也巧了,爱迪生手头正需要一个得力的助手,于是就见了他。几句谈话中,年轻人向爱迪生表明了来意,同时,还袒露了自己的雄心壮志。有句话他是这样说的:"我想将来我一定会发明出一种万能溶液,它可以溶化一切物品。"爱迪生听完后,认真问道:"能溶化一切物品的话,那么你想用什么器皿来装这种溶液呢?"年轻人顿时无言以对了,面试的结果可想而知。

有人说年轻人太过愚蠢,有人说年轻人太过自大。其实,这些都不是他面试失败的原因,年轻人愚蠢一点不要紧,他还有很多时间去完善自己的智慧;年轻人自大一些也不要紧,稍碰几次壁就能磨掉他的锐气。但是这位年轻人显然是个硬心肠,说话竟不留一点余地,让自己一点后路都没有。对自己尚且如此,对他人就更不用说了。

孔子曾经说过:"不得其人而言,谓之失言。"如果对你不了解的人畅所欲言,随意说出自己想说的话,那么试想对方会有怎样的反应呢?

如果对方不是你了解的人,而你却畅所欲言,虽然说出了自己想说的话,但对方会怎么看你呢?他会愿意听你所讲吗?假如你与谈话者关系尚浅,却与之深谈,会显得没有修养;假如所说的话涉及对方的利益,而你又不是他的诤友,他会不会觉得你太没有城府,即使你说一些逆耳忠言,恐怕对方也只觉得你太冒失;再如你说一些针对他人或者社会的评论,在你还没弄清楚对方的立场的情况下就高谈阔论,会不会招致对方的不满呢?

逢人只需说三分话,是指有些话题不需要说,不必说,不应该说。那么,它与"事无不可对人言"有没有冲突呢?

所谓的"事无不可对人言",就是指自己所做的每一件事,并不是必须向别人"竹筒倒豆子",只说三分就可以了。那些有经验的人,是不是每件事都对人言,则另当别论,但他们只说三分话的本事,是值得我们借鉴的。

屠格涅夫在小说《罗亭》中,曾有一段皮卡索夫与罗亭的对话。

罗亭说:妙极了!那么照您这样说,就没有什么信念之类的东西了?

皮卡索夫说:没有,根本不存在。

罗亭说：您这么确信吗？

皮卡索夫说：对。

罗亭说：那么，您怎么能说没有信念这种东西呢？您自己首先就有一个。

皮卡索夫用"根本"一词来修饰自己的话，结果却适得其反。正因为他把话说得太满了，才使自己很难堪。

更有人话多，常常一吐为快，从不考虑说出去的话会产生什么样的效果，所以容易惹人厌烦。其实，多说非但无益，还会给自己平添不必要的麻烦。看那些心宽的智者，说话常常分得轻重，只说三分话。或许人们认为这样的人太狡猾，不能深交，但其实这种观点也未免有些太过片面，比如对方不是一个可以深谈的人，那么即使三分话，犹嫌太多。

管好自己的舌头

古人说："赠人以言，重于珠玉；伤人以言，甚于剑戟。"说话就有三个限制：人、时、地。也就是说，我们应当时刻管好自己的舌头，如果说话对象不是其人就不必说；即使是那个人，但没有碰到说话的时机，也便不必说；即使人是对的，时机也恰巧，但不是说话的地方，那也就不必说了。

没有碰到对的说话对象，那么即使只说了三分话，那也犹嫌其多；如果跟对的说话对象在错误的时机，说了三分真话，就是在暗示别人，看看别人听了这话有何反应；如果对象是对的，时机也是巧的，但只是说话的地方不对，那么说了三分话就会引起他人的注意了，有可能引起祸端。只有人对，时对,地对,又能引起他人的注意,而且有必要可以与他长谈下去,这样的人才能称作是通达人情世故的人。

证严法师曾说:"心地再好,嘴巴不好,也不能算是好人。"弘一法师也时常劝导信徒要忌恶语,他说:"恶口,常闻恶声、言多诤讼。"意思是说,言语上的恶劣是佛教的教义中所不容许的,佛教第六大恶行即是口出恶言。

佛陀在祇园精舍的时候,有一次六群比丘吵起架来,而且出言不逊,嘲笑辱骂那些正直的比丘。佛陀得知此事后,便召集六群比丘,向他们讲了一个故事以示道:

很久以前,健驮逻王在得叉尸罗城治国的时候,曾遇到这样一件事。养牛人家的一头母牛生下一头小牛,一个婆罗门听到后就向养牛人家讨回那头小牛,并为它取名为欢喜满。婆罗门把小牛放在儿女的住处,每日精心照料,甚至用精致的乳粥饭食等喂养它。

几个月后,小牛在婆罗门的爱护下长大了。小牛想:"这婆罗门费了许多心血来养我,现在我正应该借着这浑身的力气来报答他的恩情啊!"

这天,欢喜满对婆罗门说道:"婆罗门!请你去养牛的人家,这样告诉他们:'我所养的牛能拉一百辆货车。'你跟他打赌,就赌千金!"

婆罗门于是到了那养牛人的家里,问长者说:"这城中谁养的牛力气最大啊?"

长者先举别家的牛来回答,但最后坦白说:"全城中恐怕没有哪一头牛能赶得上我所养的。"

婆罗门听了正合心意,于是说:"哦?我也有一头牛,能拖一百辆货车。"

"哪里有这样神力的牛?"长者不相信。

"我家里就有啊。"婆罗门得意地回答道。

长者不服气,于是两个人以千金打起赌来,就赌婆罗门家的牛能否拉百辆货车。

婆罗门回去后,便在百辆车中装满沙石,顺次排列起来,用绳子从车轴上前后结住。然后,他满心喜悦地为欢喜满洗浴,喂它香饭,还精心将它装饰一番,最后牵引他到第一辆车的车辕上,然后自己坐上车,举起皮鞭叱道:"走呀!欺瞒者!拉呀!欺瞒者!"

牛一听到这话,感觉十分诧异,自己怎么就成了欺瞒者了,为什么今天我受这种侮辱呢?于是,牛实在伤心极了,四只脚就如柱子般立着不动。长者一看这副情形,立刻叫婆罗门交出千金。

婆罗门损失了千金,愤愤不平,解下牛后就回到家里忧郁躺着,一动都不动。欢喜满回来后看见婆罗门如此伤心的样子,便走上前去问道:"婆罗门啊!你为什么躺在这里呢?"

婆罗门十分不悦地回答道:"千金输去了,你觉得我躺在这里还能睡着吗?"

"婆罗门!我问你,我从小被你养育,可曾打碎过锅碗瓢盆或者到处撒尿过没有?"

"并没有。"婆罗门否定道。

"那么,你为什么要叫我欺瞒者呢?"欢喜满问道,"你这样称呼我,是你自己的错而不是我的错。现在你可以再去和那长者赌两千金,但这次你可不要再叫我欺瞒者了。"婆罗门听了牛的话,再去和长者相约打赌两千金。

依照上回的方法,他把百辆货车前后系起来,并将装饰好的欢喜满驾在第一辆车子的前面。婆罗门坐在车上,用手轻轻地拍着牛背说道:"贤者啊!前进吧!贤者啊!往前拉吧!"果然,欢喜满把系着的百辆货车拉着前行,很快到达了目的地。

专门养牛的长者只好拿出两千金来,而围观的人看到牛如此神力也都拿出很多钱来赏赐欢喜满,而婆罗门因为欢喜满的帮助,更得到了许多财物。

讲到这里,佛陀突然语重心长地对比丘们说:"比丘们啊!恶语是谁也不喜欢的,就是畜生也不喜欢。所以,你们都要管好自己的舌头。"

从此,佛陀制定戒律,指示弟子们应该说柔软语、真实语、慈悲语、爱语,不可说恶语,因为恶语不仅伤害别人,更伤害自己。

俗话说:"良言一句三冬暖,恶语伤人六月寒。"人的舌头是世界上最好的东西,也是世界上最坏的东西。舌头能够说出世界上最好的话来,它能暖人心扉,给人以希望和信心。但同样,舌头也能敞开地狱的大门,满带怨毒与诅咒,挑拨是非,使人伤心气愤、痛苦不堪。

人的话语就像一把双刃剑,可以伐木也可以伤人。到底是用美言而受人尊敬,还是用恶言恶语伤人心呢?很多时候,我们其实并不想去伤害我们身边的人,只是因为我们管不住自己的嘴,而使那些恶言恶语脱口而出。

静心修行,做一个心宽的智者,看那些处世低调的人说话便不会口无遮拦,更不会得理不饶人,他会适时地揣测别人的性格、爱好、特长等,然后看人下菜碟,对不同的人说不同的话,从而处处留一步与人。

一句话看起来或许无关紧要,却可能因此在听者心田划开一道无法愈合的伤口。所以,请管好自己的舌头,不说恶语,做一个话语暖人心的智者。

第四辑 心智如海

第18章 心智者当责人：责人不苛尽

真理从来就不容易被人掌握，因此不要太相信你的眼睛，不要太急于指责他人的过错。在没有弄清事情原委的时候，你就容不下人，先把话说绝了，把事做尽了，那么这不只害得对方失败，更会陷自己于不义，这不是智者的做法。

不要把善恶看得太简单

德国诗人歌德曾说："真理就像上帝一样。我们看不见它的本来面目，我们必须通过它的许多表现而猜测到它的存在。"正因为真理常常混杂在一堆假象里，所以我们的眼睛、心智甚至我们道德上的缺失都可能误导我们，从而走上错误的路径，做出错误的判断。

比如对一个人的善恶之评，如果我们仅仅站在自己的立场上，任凭自己的眼睛、心灵做出判断，那么这个判断就是你的一己之私，未必是正确的。而做出这个判断的你不是有偏见，就是有狭隘的门户之见，总之不能说是宽容大度的。

真正心宽似海的人为了避免这种偏见,在对某一个事物做出判断之前,都会静下心来,心平气和地对事物进行充分的调查、了解和分析,力求多方面分析了解,使判断结果更加客观准确。

这样做真的是有用的吗?我们知道,很多事情并不像它看上去那样,在纷繁的世界中,它早已经失了真。就好比一个桃子,看上去香甜诱人,恨不得拿它去做蟠桃会,可直到你真正咬了一口尝了它,才知道其中味道是如此平淡无味。

世间善恶亦是如此,哪怕你才高八斗、学富五车,也没有资格来定善恶。比如我们在看电视或看电影时,总要将好人、坏人探个究竟,结果最后总像开辩论会一样不欢而散。因为任何人都不能简单地用一个好或一个坏字来形容。

两个天使长途跋涉,来到一个富有的家庭落脚休息。这家人虽然个个衣着华丽,体态雍容,可是并不友好,他们空着许多舒适的客房却给天使找了一个冰冷的地下室过夜。第二天醒来,其中一个天使发现地下室的墙上有个洞,就顺便将它修补好了。同伴问他为何要这样做,天使回答道:"其实有些事情并不像它看上去的那样。"

第二天,天使路过一个贫户农家,主人十分热情地招待了他们,还把他们仅有的一点食物拿出来款待客人,最后还把自己的床位让出来给两位天使。于是平安过了一夜,第二天早上,两个天使发现农夫和他的妻子在哭泣,因为他们唯一的生活来源,那头奶牛死了。

其中一个天使立刻就知道是自己的同伴所为,于是质问他:"第一个家庭什么都有了,你却帮他们修补墙洞;第二个家庭什么都没有,只剩下这头奶牛,你还剥夺了它的性命。这是为什么?"

"其实,有些事情并不像你看到的那样。"天使回答,"我之所以帮第一个家庭补墙洞,是因为我从墙洞里看到墙里面堆满了古金币。主人贪婪成性,我不愿意再让他看到这些金币,于是补上了墙洞。昨天夜里,死神召唤农夫的妻子,于是我让奶牛代替了她。事情的真相就是这样。"

真理并不是那么轻而易举就能被我们掌握的。很多事情正如上述故事一样,并不像看上去的那样,善恶也是如此。天使尚且如此,人的视野又更加局限,怎么能知晓冥冥之中的天意呢?

一个人既犯了错,的确应当指责他、纠正他,但我们要知道这么做的目的是要他能够改邪归正,重新做人。如果不是本着这个目的而去讽刺、挖苦、打击他,那么这个人就有可能从此自甘堕落,而你不是拯救他而是害了他。

一个年轻人找一位高僧谈佛论教。正在这时,一个强盗突然闯到高僧面前,跪着祈求道:"大师,我这一生罪孽深重,多年来一直寝食难安,难以摆脱心魔的困扰,固来求你,请你为我澄清心灵。"高僧对他说:"你恐怕找错人了,我的罪孽可能比你的更深重。"

强盗听了十分吃惊,说:"我做过很多坏事。"

高僧说:"我曾经做过的坏事肯定比你做的还要多。"

强盗又说:"我杀过很多人,只要闭上眼睛我就能看见他们的鲜血。"禅师也说:"我也杀过很多人,我不用闭上眼睛就能看见他们的鲜血。"强盗说:"我做的一些事简直没有人性。"

高僧回答:"我都不敢去想那些我以前做过的没人性的事。"

强盗信了,于是用鄙夷的眼神看了高僧一眼,说:"既然你如此作恶多端,还配做什么高僧呢?我看不要再骗人了吧!"

说完,他便起身,一脸轻松地下山去了。

年轻人在一旁疑惑不解,等强盗离去以后,问那高僧:"大师为何要这样作践自己?我知道你是一个品德高尚的人,别说人了,就是连只蚂蚁也从未杀过。为什么你要告诉那人你是个十恶不赦的坏人呢?你没看到那强盗是怎么看你的吗?"

高僧说道:"我看到了,他的确已经不信任我了,但你没看到他眼中如释重负的感觉吗?还有什么比让他弃恶从善更好的呢?"

年轻人激动地说:"我终于明白您的苦衷了!斥责一个人的过错已经是没用的了,如果能以宽广的胸怀激励他让他回头是岸才是真理。"

这时,远处传来那个强盗欢乐的叫喊声:"我以后再也不做坏人了!"

强盗来忏悔,高僧不是对他进行说教、指责,而是告诉他每个人都有过罪行,即使身体没有,心里也有,人和人的差别仅仅在于五十步与一百步。强盗是有悔过之心的,因为他不但能认识到自己的罪孽深重,还为此痛苦不堪,以至于他耿耿于怀不能解脱。高僧的确是个高人,也是个智者,他假造自己的恶,从而成全了一件大善事。

宽容是胸襟博大者为人处世的态度,他们能够照顾到对方的情绪和想法,站在对方的角度去思考问题。即便对方是个十恶不赦的坏人,只要他有悔改之意,就应当以一颗宽广的胸怀接纳他、成全他。智者的确应当责人,以便让人能意识到自己的错误和缺点,从而改正;但责人不要太严苛,能饶他一把就饶了,给他指一条改过自新的正途岂不是更好?

不用自己的标准要求他人

生活中,那些年长者、领导者以及受教育水平高的,自认为聪明的人,其实很容易范一个思维僵化的错误:用自己的标准要求人。为什么说用自己的标准去要求他人,是一种错误呢?因为这个举动和思维,常常发生在生活、工作甚至一些非原则的事情上。

人与人之间因为家庭背景、受教育水平,以及性格认知等方面的差距,存在着人生观、价值观的差异,这就决定着他们在看待事物的方式与方法上会存在不小的差异。我们不能说对方的想法和做法就是不对的,只因为它不符合你的标准就对其进行批评指责是不明智的。

人生在世,要想获得友谊,就要时时宽容待人,包容别人的错误和缺点,也要包容别人的思想和观念,这也是尊重别人的需要。这个世界上每个人都有自己的生存方式和生活理由,请别拿自己的标准去看待别人或要求别人。如果你做到了,你便是明智的。

秋日的午后,一个渔夫躺在沙滩上打盹儿。这时,一位大城市来的观光客打扰了渔夫的清静。来者看起来有知识有文化,身份也尊贵,他问渔夫:"老兄,这样好的天气,一定打了很多鱼吧!"渔夫摇了摇头。

"怎么,难道您身体不舒服吗?"

"怎么会,我的身体棒极了。"渔夫站起来,舒展着四肢给来者看。

于是,那人立刻露出困惑的神情:"那您为什么不去打鱼呢?"

"我已经打过了啊。瞧,我的筐里有四只龙虾,还有幸捕到了二十几条青花鱼,我甚至连明后天的鱼都不用打了。"

那人立刻变得激动起来:"这就够了吗?你怎么不想一想,如果您每天出海两次、三次、四次,等等,您就能捕到更多的鱼啊!"

"打那么多鱼要干什么?"渔夫问。

"卖掉啊,用剩余的钱买一条渔船,出海去捕更多的鱼,再赚更多的钱。"那人甚至为渔夫制定了一个不错的人生规划。

"赚那么多的钱干什么?"渔夫似乎对这个美好的设想满不在乎。

"等你的钱足够多了,组织一支船队,然后雇人为你捕鱼,让他们为你赚更多的钱。"那人说得津津有味,甚至为自己的头脑感到自豪。

"赚了更多的钱再干什么?"渔夫依然不懈,一边收拾东西一边问道。

"到那时,你甚至能开一家远洋公司,捕鱼,运货,甚至加工,把您的产品推向世界,赚世界人民的钱。到了那时,您可以坐着飞机去大西洋寻找鱼群,用无线电指挥您的渔轮作业,接着开一家活鱼饭店,是连锁的,您可以不再需要任何中间商就能把自己捕捞的鱼新鲜地送到顾客嘴里。"

渔夫走到那人跟前,拍了拍他的背,问道:"然后做什么?"

那人似乎被问住了,他突然意识到自己成了被问者,但他还是要把话说完:"然后你就可以什么都不做,美美地在沙滩上享受午后的阳光了!"

渔夫哈哈大笑:"我现在不是正在美美地享受午后的阳光吗?"

每个人与每个人的生活方式都不同,每个人与每个人的追求也不同。正如渔夫说的,与其辛苦劳累二十年后坐享其成,不如像现在一样,每天钓几条鱼养活家,其余时间则享受一下午后的阳光,还可以眺望大海,欣赏日落,闲暇时会会亲朋好友……同样是享受生活,为什么不从现在做起呢?

当然，我们也不能说游客的观点就是错的。游客有游客的快乐，渔夫有渔夫的快乐。如果你需要在拼搏中感受快乐，那么渔夫的生活显然不适合你；如果你需要享受简单而自在的生活，那么游客的选择显然不合适你。不论你选择哪一种生活，都没有理由去责怪另一种人选择另一种生活。对对错错，从来就没有绝对的标准，关于你是怎样的一个人，应该拥有怎样一种追求，就更没有什么绝对的了。

不要再去用自己的标准苛求别人，无论生活、工作、感情，都不要太苛求，否则，时间久了，你会发现你能容下的人越来越少，能让你满足的事也越来越难，而你的生活也将是一片混乱。

为什么这样的问题，常常发生在地位较高的人身上。因为他们自诩有过人的智慧，或者拥有丰富的经验，而以往的成功经历也让他们形成了一种僵化、缺乏灵活性的思维定式——认为如果不那么做就无法成功，无法获得幸福。

殊不知，每个人的幸福标准是不尽相同的，如果人人都走一条路，那么生活就成了一种枯燥没有新意的模式，失去了意义。因此，不如试着打开心胸，开拓思路，尊重他人的选择，同时坚持自己的选择。

著名作家葛雷哥莱·拜特森有一个女儿，从小心性孤傲，总喜欢对人指手画脚。一次，她走到爸爸面前问道："爸爸，为什么东西总是很容易被弄乱了呢？"

拜特森便问道："怎么一回事呢？"

女儿说道："你来看看我的书桌，上面的东西都没有摆在一定的位置，这不是吗？昨天我花了不少时间才把它们重新摆整齐，可是没过很久，就又被弄乱了。"

拜特森听完又问女儿说："你说的整齐是什么样子，摆给我看看。"

于是，女儿便开始动手整理，把书桌上的东西都归位，然后说道："请看，现在它不是整齐了吗?可是它是不会持续多长时间的。"

拜特森又问她:"嗯。如果我把你的笔筒移动一二英寸,你觉得怎么样呢?"

女儿回答说:"不行,这样书桌就乱了。"

随之,拜特森又问道:"那如果我打开书本呢?"

"你还是会把桌面弄乱。"女儿回答道。

"可是你的书桌还有什么意义?我相信你如果把它收拾得太整齐了,书桌恐怕该不高兴了!"拜特森说。

女儿似乎不明白,于是拜特森微笑着对女儿说道:"乖女儿,不是东西很容易弄乱,而是你心里对于乱的定义太多了,而对于整齐的定义却只有一个。"

你对于自己的标准或许是单一的,但对于别人,只要不符合我们的标准,我们就会像故事中的小女孩一样,认为都是不正确的。生活中,如果你认为这也不对,那也不对,只有你做得对,那么纠结的只会是你自己。不如放开胸怀,不要对人苛刻,包容多一些,你就会快乐一点。

宽容是变敌为友的最佳策略

大千世界,走在车水马龙的路上,难免会与人发生碰撞。就连最为和善的人也会时不时地牵扯进一个争端、一个矛盾中。这时,你是选择据理力争还是一笑而过呢?

有位哲学家说过,堵住痛苦回忆的激流的唯一办法就是原谅。两个人越是对手,就越会有许多相似的地方,他在势力与智力上与你不相上下。这个时候,你与他作对最多争个两败俱伤。金庸创造的江湖世界里常说的一句话:"朋友,如果我们不是对手,相信一定能成为好朋友。"的确,很多时候,许多对手间只不过因为各自的追求不同而成为对手。其实,用一份宽容化敌为友,让一条寂寞的路有人相伴,何乐而不为呢?

尼克松被提名为总统候选人时,洛克菲勒成为了他最主要的竞争对手。当时,基辛格是洛克菲勒的忠实拥护者,全心全意地帮助洛克菲勒大力宣传和广拉选票。基辛格当时曾对媒体发表过这样的言论:"如果尼克松当选为总统,这将是一件更加荒谬可笑的事情,因为他根本没有当总统的资格。"结果,事实相反,尼克松不但当上了新一届的总统,还邀请他入总统内阁。

原来,尼克松并没有因为基辛格当时对自己的无礼评价而埋怨记恨他,反而认为基辛格是个不可多得的人才而向他发出邀请。面对尼克松的邀请和大度,基辛格内心忐忑不安,但还是如期赴约了。

两人的晤面十分愉快,尼克松立刻提出与基辛格保持密切联系的要求,但被基辛格婉言拒绝。尼克松对此并不灰心,他以诚换诚,第二天主动找基辛格谈话,希望他能出任总统安全事务助理这个直接决策国家外交的职务。几天后,经过再三考虑的基辛格接受了尼克松的邀请。就这样,尼克松在内阁还未组建之前提前任命了基辛格。

此后,基辛格果然在外交方面大展拳脚,为美国以及尼克松赢得了众多荣誉。

如果尼克松在当上总统后,只想着打击报复自己的敌人,那么只会让对立情绪更深,怨恨越积越多。尼克松是明智的,他以自己的宽容不但原谅了对手的打击,并且感化对手,从而为我所用。

世界千变万化,丰富多彩,每个人都需要宽容,也都需要朋友,宽容了一个人,就多了一座可供沟通的桥梁,多一个朋友,就会在人生的旅途中多条路。政界中如此，生活中也同样需要化敌为友。

当然，生活中并不会有真正的敌人，有的可能只是一部分人的敌意。面对这些敌意，究竟是步步为营打击对抗，还是处心积虑变敌为友呢？也许大多数人都会选择前者，但其实真正的智慧应当是选择后者。如果你对此予以反抗回击，只能增加对方对你的敌意，从而采用更恶劣的方式来报复你。但如果你能暂时忍下这一口恶气，用宽大的胸怀谅解对方，再用冷静的交谈去化解矛盾和怨恨，那么你将得到一个真心待你的朋友。

卡尔是个卖砖的商人，本来生意做得还可以，但因为一个竞争对手的恶意抨击而陷入了经营困境。这个竞争对手时常走访建筑师与承包商，还总对他们说卡尔公司毫无信誉可言，而且他们的砖块质量也不合格。这使得卡尔的公司一度面临倒闭。

天真的卡尔自以为公司根本不会因为几句谣言而影响生意，但事实证明，卡尔的生意的确受损很大。这件事让卡尔生气极了，甚至几次都想拿砖头敲掉对手的脑袋。

一天，卡尔去教堂听牧师讲道，主题是：施恩给那些故意与你为难的人。卡尔听得很用心，甚至把牧师说的每句话都记下来。等讲道结束后，卡尔找到牧师，并向他诉说了发生在自己身上的那件很窝火的事。牧师听了后教他以德报怨、化敌为友，还举了许多例子来向卡尔证明。

第二天，卡尔就接到一单生意，原来一位顾客正为新盖大楼的砖发愁。这项工程虽然很大，可卡尔的公司并没有顾客需要的砖块的型号，而且仔细看了顾客的订单后，卡尔发现这批砖正好与竞争对手的产品很相似，而此时竞争对手恐怕还完全不知道这笔生意。

这让卡尔犯了难。想想竞争对手对自己所做的事，卡尔当然想要将这笔订单隐瞒下去,可是他又想到牧师的讲道。经过激烈的心理斗争后,牧师的忠告终于占了上风,卡尔拿起电话给竞争者打电话。

竞争者在得到这一消息后异常难看,竟不知道该说什么好,但卡尔明显感觉到,对手十分感激他的帮助。于是卡尔成功地将竞争对手推荐给了那位客户,而让卡尔意想不到的事是,对手不但停止到处散布有关他的谣言,甚至还把自己的一些订单给卡尔来做。现在,他们之间的矛盾不但得以化解,而且互帮互助,共同走向了成功。

一心只知道报复,只会让矛盾更深;用爱和宽容去化解彼此之间的矛盾,矛盾会自己消失。以德报怨、化敌为友是避免别人再次伤害自己的上策。这样,你就很容易把对手变成朋友,多为自己开条路。

不论生活还是工作中,要想化敌为友,首先要有一颗宽宏大度的胸怀。在矛盾面前,要能放下面子,率先承认自己不对之处,这不但能显示出你的胸襟,更能显示出你的能力。在不同的观点面前,即使对方表达的意思与你不同,你也应该乐于承认。这并不是举手投降,而是尊重对方所说话的信息。比起你的奉承,对方更喜欢别人的认同和接纳,因此这样一来,就可以避免把问题激化。要知道,如果仇恨让你的道路更艰难,那么宽容就是为你披荆斩棘的法宝。多个朋友多条路,化敌为友,同样也是为自己多开条路。

常怀宽恕之心,责人以宽为本

每个人都会犯错误,但很少有人会心悦诚服地接受另一个人暴风雨般的指责和批评。即使犯错误的人原本想承认错误,也有可能被这种指责和批评方式激怒,从而故意不承认错误或采用明知故犯的方式来表达自己的抵触情绪。

既然批评指责不能达到既定的效果,不如换一种方法尝试。俗话说,责人以宽人为本,不如常怀一颗宽恕之心,以大度的胸怀去包容对方,接纳对方。

戴安娜夫人是社交界的名人,经常会邀请一些宾客来家中聚会,因此特聘了一名总招待来负责自己的宴会安排。总招待艾米一向办事得力,但有一次却不知什么原因,派来一个不懂礼数的侍者来招待客人。

这位侍者对有关一流服务的概念基本上没有意识。每次上菜,他都是最后才端给主客,还把没有炖熟的肉端上餐桌,这让戴安娜夫人气愤至极。于是,整个宴会过程,戴安娜夫人几乎都在强颜欢笑,她不断对自己说,等宴会一结束,立刻给艾米一些颜色看看。

结果,宴会后戴安娜夫人一直没有机会见到艾米,一直到听了第二天的为人处世课后艾米才来向她道歉。可这时,戴安娜夫人的心境已经完全不一样了,她想,即使我教训了艾米一顿也无济于事。他会变得不高兴,跟我作对,反而会使我失去他的帮助。客观上说,菜不是他买的,也不是他烧的,他的一些手下太笨,他也没有法子。可能真是我对他的要求太严厉了,火气太大了。

最后,戴安娜不但没有苛责他,反而以一种友善的方式作开场白,以夸奖来开导他。戴安娜对紧张不安的艾米说:"听我说,艾米,你知道,当我宴客的时候,你的在场对我有多重要!你是纽约最好的招待。我也明白,那天发生的事你也没有办法控制。"说完艾米的神情便放松了。

艾米微笑着说:"的确,夫人,问题出在厨房,那不是我的错。不过我敢保证,如果您能再给我一次机会,上次的情形将不会再发生了。"

结果下一次,戴安娜再度组织宴会时,艾米和她一起计划菜单,还主动提出把服务费减收一半。而那次宴会举办得相当成功,得到了许多人的好评,散会的时候,客人纷纷问戴安娜夫人:"您对招待施了什么法术吗?我竟从来没看到这么周到的服务。"

戴安娜夫人无疑是一位聪明的女士,她不仅让艾米愉快地承认了错误,而且在下一次设宴时得到了艾米的热情服务。然而,生活中恰恰有一些人不懂得批评的艺术。他们一旦发现对方的错误,便会怒火中烧,恨不得将对方从头到脚羞辱一遍。当然,我们不怀疑发怒的本意是让对方改正错误,可是这样的结果只能使怒者发泄一通,而犯错者心中更加不快。更有些人在愤怒的时候通常会说出一些夸张的难听话来,结果使犯错者有了反驳的机会,结果事情不但得不到解决,反而使矛盾激化,让情况变得更糟。

其实,要想让一个犯错的人改正错误并不难,只要采用了适当的方式。不过,无论选用什么样的方式,都必须要怀有宽恕的态度。

江涛有一次与办公大楼的管理员发生口角,从此矛盾暗生,彼此互相憎恨。有时管理员为了报复江涛,会趁他一个人独自在大楼的时候拉了电闸,使江涛不得不在黑暗中摸索着离开大楼。

几次之后,江涛终于知道这是管理员在从中作祟,于是心中更是气愤。

终于,当再一次遇到这种情形时,江涛猛地从凳子上跳起来,径直走到管理员的房间。当江涛看见管理员正悠闲地吹着口哨时,更是气不打一处来,对着他开始破口大骂。可是管理员好像根本没听见似的,直到江涛骂得口干舌燥时,管理员才转过身来,微笑着对江涛说:"原来小江同志也有这么激动的表现啊,一定口渴了吧?"

江涛见这种情景,竟被堵住了嘴,什么话也说不上来,于是灰溜溜地回到自己的凳子上。在黑暗中,江涛想了很久,刚才的做法不但让自己失了文明人的体统,而且还把自己的心情弄得更糟。更严重的是,如果这件事传到上司的耳朵里,很可能会让领导怀疑自己的人品和能力,真是得不偿失。思前想后,他认为最好的解决办法就是主动向管理员道歉,尽管自己没有任何过错。

当他再次找到管理员后,心平气和地说:"我来向你道歉。不管怎么说,我不该开口骂你。"

不料,这么一来,管理员竟不好意思起来:"你不用向我道歉。其实,刚刚并没有人见到你失态,我也不会对任何人说的,我这么做的目的就是想泄泄愤而已。"一来二去,两个人的关系竟一下子被拉近了许多。最后,他们竟成了好朋友。

抓住别人的错不放,一味苛责以待,不但不会得到对方的认同,还会把矛盾激化。就像上面故事中的两个当事人一样,本来一件小小的事情,就因为对方谁都不放手,闹得矛盾越来越大。可一旦有一方先妥协,那么另一方也便能很快认识到自己的错误,这样事情既得到了解决,两个人的关系也得到改善,何乐而不为呢?

人非圣贤,孰能无过。当别人犯下错误时,一定要用一颗宽恕的心去原谅他,用一种友善的方式让他从内心深处认识到自己的错误,然后毫无抵触地改正自己的错误。这种做法不仅能够提高自己的修养,增加自己的个人魅力,而且能够使自己得到犯错者的敬重。

给他人留路,也是在给自己留余地

俗话说,得饶人处且饶人。这不但是一种宽容,一种博大的胸怀,更是一种为人处世的明智,一种为自己留余地的远见。自古至今,宽容被圣贤乃至平民百姓尊奉为做人的准则和信念,而成为中华民族传统美德的一部分。其实,宽容者本身也能得到一种幸福,饶恕别人,自己不但能够与他人和睦相处,而且还会让这种和谐扩散,总有一天,它会重新回到你身边,让你从中获益。

相反,太计较则是使仇恨得以"遗传"的种子。仇恨的情绪如同充足气的皮球,你用多大的力气踢它,它就用多大的力量回赠你。这种仇恨的种子一旦被"遗传"、"继承",就会演变为更加可怕的破坏力。我们在心中怀恨、心存报复的同时,我们的身心也同样被这恶毒所折磨。

因此,不如给他人留条路,不要抓住一点就纠缠不放,给他人留路也是在给自己留余地。可以反过来想想,当我们在遇到窘困时不也是希望得到别人的谅解,希望对方不再咄咄逼人吗?同理,在他人遇到这种情形时,我们也要得饶人处且饶人。因为生活不是平坦大道,处世应如古人云:"径行窄处,留一步与人行;滋味浓时,减三分让人尝。"这说的就是为人处世要"以和为贵"。

王莽篡政后,朝纲腐败,群雄四起。其中,绿林军是一股非常强大的武装力量,而刘秀和他的族兄刘玄则是这支队伍的首领。公元23年,刘玄黄袍加身自立为帝,这就是后来的更始帝。同年十月,刘秀奉更始帝刘玄的命令,以破虏将军兼大司马的名义奔赴河北,稳定当地局势。

当时,河北局势动荡不安,而刘秀则打算以此为契机,发展自己的力量,以便摆脱更始政权的限制。为了拉拢人心,刘秀在河北做了许多符合民意的事情。他每到一处,便考察官吏,然后按照他们的能力升降职位。除此之外,他还平反冤案,将无罪的囚徒释放,并顺应民意,废除了王莽苛政,恢复了汉朝的官吏名称。

河北有一股起义势力,领头的名叫王郎,他谎称自己是汉成帝的儿子刘子舆,利用当地豪强,一面排挤刘秀,一面发展自己的势力。最终,刘秀经过几次逃难,才在河北站稳了脚跟。

公元24年4月,刘秀率领大军攻打王郎,很快取得了胜利。之后,刘秀驻军邯郸,一刻也不忘拉拢人心。在查阅王郎朝中公文时,人们发现许多辱骂、攻击,甚至献计除掉刘秀的文书。当手下将这些文书拿给他看时,他立即派人将这些文书拿到空旷处,然后准备当着众将士的面将其烧毁。

这时,一名武将忍不住说道:"将军,如果将这些公文烧掉,那些对你不怀好意的人不就可以逃脱我们的惩处了吗?即使以后我们能查出一两个人来,也没有证据治他们的罪啊。"

刘秀知道手下有很多人都是这么想的,于是语重心长地说道:"我根本没有考虑如何惩罚这些人,我这样做的目的正是为了放过这些人,因为他们之所以会反对我,也是迫于形势。以前发生的事情就此告一段落,不要再提了。否则,真心愿意投奔我们的人不就少了许多吗?"

果然,河北各郡县的官吏从这件事上看到了刘秀的为人,也看到了自己的未来,于是不再坚持反对刘秀,从而纷纷归顺他。

试想,如果刘秀真要一一计较这些言论,并将那些以前的敌人一一治罪,那么恐怕整个河北郡的官员都要联起手来与他争个鱼死网破了。结果他不计前嫌,放了这些人一条生路,使得这些官员不再有性命之忧,既避免了又一场劳民伤财的战争,又稳定了当地的局势,同时增强了自己的实力。

只有当一个人懂得为他人留余地的时候,他才会获得良好的人际关系,才会得到众人的维护。因此,对于他人,假如遇事往好处想,多感念别人的恩德,即使别人冒犯了你,也不苛责,这样,别人自然会被你的诚意所感动,进而回报你以真诚;假如遇事总往坏处想,总想赶尽杀绝,那么别人无意中冒犯了你,就会因此耿耿于怀,从而伺机报复,到那时,究竟是你死还是我活,还是两说。

对此,楚庄王就做得很好。

春秋时期,楚庄王在位时,楚国发生了叛乱。楚庄王御驾亲征,亲自平定了叛乱。凯旋而归后,楚庄王在宫中大摆筵席,邀请各位臣子入宫共享盛餐。一时间,宫中烛光摇曳,歌舞升平,一派欢乐景象。一直到太阳落山了,楚庄王依然意犹未尽,命宫人张灯,继续欢宴。

庄王见群臣开怀,一时兴起边让自己的爱妾出来向众臣敬酒,宴会就更加热闹了。正当庄王的爱妾许姬绕着桌子向众臣敬酒时,突然一阵风吹来,宫中的蜡烛全都熄灭了,整个宴会陷入一片黑暗之中。

这时,许姬突然感到自己的胳膊被人拉住,但她十分聪明,不声不响地将其挣脱,还将那人的帽缨扯断。很快,宫人重新点燃了蜡烛,大厅恢复了光明。许姬这时来到楚庄王身边将刚才一幕告诉庄王。谁知,楚庄王并没有发怒,他还让群臣不必顾忌君臣之礼,把帽缨等全部摘下来。于是,群臣纷纷照做了。

宴罢,许姬质问庄王为什么要这样做。庄王回答道:"今晚与众臣同乐,臣子开怀畅饮,酒后失礼是难免的。戏弄你的人是犯下了欺君之罪,当众找出此人也并不难,可是找出来之后怎么办,要将他杀了吗?如果此人系有功之臣,治其死罪不是会寒了将士们的心吗?失去了人心,还保得住国家吗?"

后来,楚郑两国交战,楚庄王率军作战。由于郑国早有埋伏,庄王被郑军围困。此时,一位副将拼死冲入郑军,将庄王救出。回朝后,庄王欲重赏此人,却被此人辞谢。原来,这位副将便是庆功宴上乘着酒兴摸庄王爱妃许姬玉臂的人。

古人有诗云,野人心地本无机,为爱茅檐倚翠微。尽日尊前谁是客,秋山含水有清辉。军国大事尚且如此,日常生活中就更应当注意了。假如在日常交往中,一旦对方未能达到你的要求,或对你犯了什么过错,你就怀恨在心的话,只会加深彼此的误会。彼此的交往是一种缘分,既是如此,又何必计较太多呢?多一些宽容和体谅,得饶人处且饶人,那么一切不愉快就能迎刃而解了。给他人留条后路,说不定也是在给自己留条生路,正所谓:"莫把真心空计较,唯有大德享百福。"

第19章 心智者当敬人：敬人不卑微

孔子说："三人行，必有我师。"这不单是让我们随时保持进步，更是让我们宣扬尊师敬人的精神。大智者若愚，因此能做到不耻下问，并甘愿居于人后。敬人是一种智慧，更是一种礼仪修养，但这并不是要你卑躬屈膝、奴颜婢膝，只有守住一份尊严，你才能真正做到敬人。

虚怀若谷，每个人都可以获得自己的精彩

人说，脸庞因为笑容而美丽，生命因为希望而精彩。脸上的笑容如果说是对他人的布施，那么希望则是对自己的仁慈。人生在世，众生平等，然而每个人所处的环境并不相同。有的人生来富有，受百般人宠爱；有的人生来贫寒，身边亦没有亲人关怀。但不管怎样，人们都应该一如既往地对生活抱以热情的微笑，每个人都应该走出自己的一条路，活出自己的精彩。因为即使起点不同、出身不同、家境不同、遭遇不同，也可以抵达同样的顶峰。

也许这个过程会有所差异，有的人走得可能十分轻松，有的人可能一路

坎坷，但无论如何，只要抱定一份虚怀若谷的决心，守住一份执著高贵的希望，就算是风雨兼程，也能活出属于自己的一片晴空。

一个年轻人自小颇有慧根，于是只身前往法华寺剃发修行。老住持见小和尚有些造诣，便指名让他跟随自己修行。寺里的生活虽然清苦，但小和尚仍然对修行充满了向往。不过，住持似乎并不急于向他传经授学。

小和尚刚刚安顿下不久，住持就找到他，对他说："我知道你爱好读书写字，所以需要独立的空间，你便搬到隔壁的大房间去住吧！"

小和尚非常高兴，很快收拾东西告别了师兄弟住进了大房间。可第二天，小和尚一觉醒来后，住持又对他说："你业障太重，恐怕无福享受这么大的房间，还是搬到小房间去吧！"

小和尚虽然心中颇有些不满，但还是照住持的话做了。他本来以为搬回小房间之后就能随住持参禅了，谁知没过两日住持又提出让他搬回大房间去住。

这次，小和尚尽量克制自己的气恼，心平气和地对住持说："师父，我可以住在小房间里。"听到这话，住持立刻严厉斥责他，并要求他遵照自己的指示去做。

在接下来的日子里，依照师父的要求，小和尚不断地从大房间搬到小房间，又从小房间搬到大房间。他也曾表示抗议，但出于对住持师父的重视，他最终还是选择了服从。

不知过了多少日子，小和尚忽然顿悟了，他想这也许正是住持锻炼自己心性的一种方式。于是，他再也不抗议，心平气和地接受住持的指示。结果，当他不再犹豫，不再不满，也不再恼怒后，住持就让他住定不动了。

当你埋怨得不到高人的指点或得不到他人的赏识时，其实不知道这正是一种修行。只有虚怀若谷地去迎接一切，你才能容纳一切，从而让自己变得精彩。正如以上故事，如果没有一个虚怀若谷的胸怀，你可能只看到住持的严厉和不可理喻，或者只看到修行的艰难和不易，却无法得知宽容地接受这一切正是修行的过程。我们可以把生活中大大小小的境遇都当成一场修行，然后通过每件小事去磨砺心智，陶冶品性。秉持着一颗虔诚的心，才能让自己变得更平和更谦逊，生活也便能多几分惬意。

孔子说："三人行，必有我师。"生活中，我们必须学会质疑，并学会尊师。有什么问题，那就多想几次，或者多请教别人几次，把生活中的每个人每件事都当成能使自己进步的老师，你便能真的进步了。

传说，佛陀在世时还没有寺院，但出家人也需要找一个固定的地方来一起修行，于是就有了"六和僧团"这样一个团体，为的是让团体组织化，大众都按照各项职务井然有序地办事。

佛陀就是当时的一员，但他的职务卑微，只负责接待来自远方的僧侣。佛陀是个非常认真的人，他待人谦和，虚怀若谷，不但将每一件僧房都打扫得一尘不染，而且每天晚上还会提着灯笼站在僧舍的门口等待僧侣们的到来，亲自帮助他们打点好一切才离开。就这样，日复一日，年复一年，佛陀提着灯笼从翩翩少年慢慢变老，他的身影在灯火下一晃过了三十年，无怨无悔。

不过，佛陀也最终得到了他应得的报酬，多年来的孜孜不倦、真诚热情，使得他的手指闪闪发光，他再也不用提着灯笼为僧侣照路了。

30年，这是一段漫长的岁月。佛陀怀着一颗尊敬、谦怀之心，帮助了僧侣，侍奉了佛祖，更活出了自己的一份精彩。

生活中，要想最大限度地发挥你的才能，更大程度上得到社会的认可，就必须让自己谦虚一点，恭敬一点。一个人不怕得不到别人的尊重，最怕自己得不到自己的尊重，只有正视自己的能力，你才能始终保持自己不变。这样,无论别人怎样侮辱你、诋毁你、践踏你,你的能力依然存在。

真正的智者,一定心宽似海,容得下百川。在谦虚敬人的同时,不自轻自贱,不轻易对自己产生怀疑;否则,即使你是一颗蒙尘珠玉,也将被视为毫无价值的沙粒。

在曲折的生命旅途上,如果我们能够泅渡苦闷的心里冰河,谦虚一点,自爱一点,就相当于给了自己一丝温暖的阳光,就能够化解与消释一切困难与不幸,从而让我们的生命之旅变得更加顺畅和开阔。

屈己尊人,人皆举之

谁也不能像一座孤岛,在大海独踞。每个人都似一块小小的泥土,连接成整个陆地。如果一块泥土被海水冲去,欧洲就会缺其一隅。这如同一座山峡,也如同你的朋友和你自己。

这是17世纪英国诗人约翰·堂恩写在《钟为谁鸣》中的一首诗。这首诗告诉我们,人活在这世上就注定不能离群索居,都要与人相处。在与人相处的过程中,要想得到别人的尊重,就必须学会屈己尊人。

尊重,是一种修养,一种品格,更是一种包容,一种智慧。任何人都不可能做到尽善尽美以求得别人的尊重,因此,最好的办法就是给对方以一种不卑不亢的平等,不论他人是何身份,有何地位,钱财多寡,权力轻重,都要给他一种人格与价值的肯定。当你做到这些的时候,你一定是被尊重的。

钱钟书就是个待人极好极尊重的人。有位曾陪护过钱钟书先生的50多岁的老护工,在谈到他时,常常显现出恭敬之情,她说:"有学问的人,待人真是好!真的!他心肠好,脾气也好,从不在我面前说半句重话。瞧瞧!像我这样的一个人,有啥地位呀,可他跟我说话时极客气,十分尊重人,生怕刺伤你。即使疼得要命,他也忍着,生怕影响到我休息。不像有些人,有一点疼就不得了,能把好几个人支使得团团转。"

有一次,钱钟书家里人送来一些葡萄到病房。陪护阿姨洗了一部分喂他,他一边吃一边看着碗。等吃了一小部分后,说什么都不肯再吃。阿姨说:"你吃啊,还有这么多。"原来他不肯再吃,是想留下一些让阿姨吃,让她也尝尝新鲜。阿姨说没洗的还有好多,他才"哦"了一声,继续吃。后来,每次不管吃什么,他都这样。

一天,钱先生躺在病床上。阿姨以为他睡着了,便和查房护士小声聊了起来。护士问阿姨为什么从外地来北京的医院当护工,阿姨说家里穷,正在盖房子,需要钱。而当时,在北京医院做陪护,一个月最多只挣五六百块钱。

就在当天下午,钱钟书的夫人杨绛来医院。钱先生忽然向她开口要钱。他说:"我要三千块钱!你给我带三千块钱来!"杨绛奇怪道:"你躺在医院里,要钱干吗?"钱先生顿了顿,忽然用家乡话与杨绛说起话来。陪护阿姨虽然当时在场,却没有听懂一句。

第二天,杨绛再来医院时,拿了三千块钱给阿姨。阿姨惊奇地问:"干吗给我钱?"杨绛指了指钱先生笑道:"他听说你家在盖房子,怕你缺钱,叫我拿来给你的。"

阿姨听了顿时不知道该如何是好了,既为钱先生的有心感动,又因为他的处世为人觉得可敬。后来直到钱先生去世,阿姨也没有机会还了那三千块钱,不但如此,钱钟书的夫人又拿出四万块钱给看护阿姨。

钱钟书先生学识渊博，淡泊名利，关心身边贫苦人的生活，还给予他们极大的尊重。而与此同时，钱钟书先生也才得到了极大的尊重。这才是一位有修养、有境界的大作家。

尊重是一种大智慧，因为懂得所以慈悲。尊重不只是体现在比你高深的人身上，尊重也不仅仅局限于对方与你的相似之处上。敬人不只是敬你的知音，更要敬那些与你有相异之处的人，不论才能、地位还是观点。你认为读书为修身养性，而他却认为读书为功名利禄，每个人都不尽相同，差异又何止万千。这时，你都要给予尊敬，这时的尊敬就上升为了一种包容。坚守着自己的人生信条，同时又能从客观的角度欣赏着其他人不同的人生信条，这种尊敬才是真正的广博的智慧的尊敬。

有位商人走在街头，看到一个衣衫褴褛的铅笔推销员正坐在地上仔细摆弄他那几支铅笔。于是，成功商人起了怜悯之情，不假思索地从兜中掏出10元钱塞到推销员手中，然后头也不回地就走了。可是，没走几步，他突然后悔了，觉得自己这样做太失礼了，于是又连忙返回，向那人道歉说自己忘了取笔，希望对方不要介意。那人感激地将笔递到商人手中，最后，商人郑重其事地对推销员说："您和我一样，都是商人。"

没想到，这两个人再次重逢了，只不过地点不是在街头而是在一次商业活动中。一位西装革履、风度翩翩的推销商直接迎上这位商人，极其恭敬地自我介绍道："我是您新任的合作伙伴，同时也是您的故友。您可能已经忘记我了，而我也的确不知道您的名字，但我永远不会忘记您，几年前，是您给了我重新做人的尊重和自信。其实，我一直觉得自己是个推销铅笔的乞丐，直到您对我说我同您一样是个商人。"

这就是尊敬的魔力，商人一句简单的话竟然使一个自卑的人树立起了自尊,使一个窘迫的人找回了自信,使他看到自己的价值和优势。而对于成功商人来说,假如他当初没有返回去补充完那句话,就没有了这次相逢,也便没有了这次意义非凡的合作。

当你用诚挚的心灵使对方在情感上感到温暖、愉悦,在精神上得到充实和满足,你就会体验到一种美好、和谐的人际关系,你就会因此获得对方的尊重,从而得到更多的朋友。而这一定是你取得成功的一个有力的因素。

尊敬十分简单,可以是脸上的一抹真诚的微笑;可以是他人在发表不同意见时的倾听;可以是为别人付出努力的鼓掌。尊敬别人才能够赢得别人的尊敬,这就像一把火炬,在心灵与心灵之间传递着信任与爱;尊敬还是一把金钥匙,能打开成功大门的金锁,只要尊敬在,未来就有希望。

尊严非席,不可卷起

俗语常说,敬之一尺,回之一丈。投之以桃,报之以李。人生在世,智者固然要懂得敬人,因为敬人如敬己,尊重别人也等于尊重自己。那么问题是,究竟该怎样敬人,怎样做才算敬人而不卑己,答案只有一个,就是坚守自己的原则、保持自己的尊严,维护一个人的骨气。

生命诚可贵,因此大多人都好生恶死。然而,这世界上,有的东西比生命更为宝贵,那是人们宁愿失去生命也不愿失去的东西——尊严。

日本江户时期,社会动荡不安,那时滋生出许多仪仗权势、暴力而横行过市的浪人、武士。一个谨小慎微只会泡茶的茶师就生活在这个年代,专门为自己显赫的主人泡茶。

一次，主人要去远方办事，希望茶师能够陪伴左右，但茶师十分害怕，回答主人说："我既没有武艺，也没有身份，能做的只不过泡上一壶好茶，万一路上遇到意外可怎么办？"主人便说："你不如身挎一把宝剑，扮成武士的样子。"于是茶师照做了，随后跟着主人上了路。

到了目的地后，主人独自去办事，便将茶师一个人留在外面等待。这时，迎面走来一个浪人，向茶师挑衅说："看你佩戴刀剑，一定是个武士，我们比剑吧！"茶师急忙说："我并不懂武功，只是个泡茶的伙计。"浪人说："你既然不是武士，那么随便穿戴武士的衣服就是有辱尊严，更应该死在我的剑下！"茶师一想，躲也便躲不过去了，只好认命，便向浪人恳求道："你容我几个小时，等我把主人吩咐我的事情办完，我就来找你。我们就约在今天下午池塘边见吧！"浪人见他像个守信用的人就答应了。

茶师直奔当地最大的武馆，找到大武师对他说："求您教我一种作为武士最体面的死法吧！"大武师非常吃惊，说："来找我习武的人都是为了求生，你却是第一个求死的。这是为何呢？"

于是，茶师就把与浪人相遇的情形复述了一遍，然后说："我从来只会泡茶，可是今天不得不跟人家决斗了。想来我是必死无疑的，但我想死得有尊严一点，求您教我一个办法吧。"大武师说："那好，既然你会泡茶，就为我泡一次茶，然后我再告诉你办法。"

茶师听了既感激又伤感，喃喃自语道："这可能是我在这个世界上最后一次泡茶了。"于是，他做得格外用心，很从容地看着山泉水在小炉上烧开，然后把茶叶放进去，洗茶，滤茶，再一点一点地把茶倒出来，最后捧出一杯沁人心脾的香茗给大武师。

大武师一直看着他泡茶的整个过程。最后,他品了一口茶,说:"这是我有生以来喝到的最好的茶了。我可以告诉你,你已经不必死了。"茶师说:"您要教给我什么吗?"大武师说:"你不用任何人教,你只要记住用泡茶时的心情去面对那个浪人就行了。"

茶师听后便赶去赴约了。浪人早已经在那里等着他了,见到茶师,他立刻拔出剑来,说:"你既然来了,那我们开始比武吧!"

茶师想着大武师的话,就把眼前的情景想象成自己泡茶的样子。只见他笑着看着对方,然后从容地取下帽子,然后端端正正地放在路边;然后再解开宽松的外衣,一点一点将其叠好放整齐,之后又拿出绑带,把里面的衣服袖口扎紧,然后再把裤腿扎紧……这个年轻的茶师不慌不忙地装束着自己,气定神闲,仿佛一切都胸有成竹。

对面的浪人看到眼前这幅情景,先是有些惊慌,接着越看越紧张,不知道茶师究竟要做什么。对方显得那么镇定从容,这让他感到前所未有的心虚。

再看茶师,等他全部装束得当后,忽然猛地拔出了宝剑,然后将剑挥向半空,停在了那里,因为他实在不知道接下来该做些什么了。

就在这时,浪人"扑通"一声跪倒在地,乞求说:"求您饶命,您是我这辈子见过的武功最高的人。"

也许就连茶师自己也无法预料结局竟然是这样的。茶师本来知道自己与浪人比武必死无疑,他当然怕死,但他更怕死得没有尊严。于是,才去求了大武师来教他怎样死得才有尊严。因此,当他来到浪人面前时,已经做好了死的准备,死,对他来说已经变得不重要了。也正因为如此,他才能以泡茶的心情去面对武士手中的剑,于是他竟获得了生机!多么出乎意料,然而一切又在情理之中。

这个故事就告诉我们，即便与死相逢，尊严也不可放弃。"狭路相逢勇者胜"，淡然从容地面对死亡的态度，才是胜利的关键。尊严可以让人不畏死亡，死亡便无法使人恐惧，死亡的火种里便能燃放出生的希望。

有位哲人说："人要想对自己的尊严有所觉悟，就必须谦虚。的确，人性是尊严的，但这样说还是不甚明确的，也是不完整的。说人是尊严的，这只限于没有私心的、利他的、富有怜悯的、有感情的、肯为其他生物和宇宙献身的这种情况。"人生在世，是要谦虚的，是要敬人的，但同时更是应该保持自己的尊严的。生命易朽，精神却可如皓月般长存！"我心匪石，不可转也。我心非席，不可卷也。威仪棣棣，不可选也。"捍卫尊严，为尊严而战，这就是值得尊敬的人类舍生忘死的理由。正如《老人与海》中的桑迪亚哥所说："人不是为失败而生的，一个人可以被毁灭，但不能被打败。"人可以输掉一切，但绝不可以输掉尊严。

人不可有傲气，但不可无傲骨

人不可有傲气，有了傲气的人往往自命不凡，认为自己高人一等，于是不把任何人放在眼里。时间久了，就不知道何为敬人，何为自谦了，这正是一个人今后必败的先兆。

傲气者，但凡有些成功，赞扬、奉承之词便会迎面扑来，于是飘飘然起来，听不进任何的批评和忠告，辨不清是非与黑白，于是最终还是失败。对于这种傲气十足的人来说，成功无异于成了"毒药"。

人不可有傲气，但绝不是要你连骨子里的傲气都磨灭掉。骨子里的傲气不是骄傲十足，不是蔑视群雄，而是一种发自内心的志气和自信。这基于一种顽强不屈的性格。人生道路多坎坷，跌跌撞撞一生，失败、挫折随时会降临，随之而来的还有世人的鄙弃、嘲讽、冷眼相对。如果因此就一蹶不振，认为自己"禀赋不足"、"天资太差"，那恐怕就要永久地陷入失败的泥潭了。

所以说，人不可有傲气，但一定要有傲骨。有傲骨的人谦虚谨慎，而又十分自强自信，他们失败后并不气馁，相反，还会在新的基础上不断探索，追求永远的成功。

小泽征尔是世界著名的交响乐指挥家。在一次世界优秀指挥家大赛中，他作为参赛选手按照指定的乐谱指挥演奏，不料竟敏锐地发现了不和谐之处。刚开始，他以为是乐队演奏出了差错，就停下来重新演奏，但还是不对。一定是乐谱有问题，于是他向评委会勇敢地出了问题。小泽征尔明白，评委会显然是想以权威压人，难道他真的要屈服于权威，认同这错误的不和谐之音吗？

面对一大批音乐大师和权威人士，他思考再三，最后斩钉截铁地说："不，一定是乐谱错了！"话音刚落，评委会的评委们几乎是全体起立，报以热烈的掌声，祝贺他大赛夺魁。原来，这是评委会精心设计的圈套，以此来检验指挥家是否在音乐面前坚持真理。果然，前两位参赛的指挥家虽然也发现了错误，但终因随声附和权威们的意见而被淘汰。小泽征尔却因为一身的自信和傲骨而摘取了世界指挥家大赛的桂冠。

人不能没有骨气和气节，骨气作为一种人格力量和处于对美好理想的执著追求，可以使一个人自立、自主、自强，在任何情况下都保持高尚的操守。小征泽尔做到了，于是他取得了成功。

千百年来,一句"廉者不受嗟来之食",成就了多少个英雄的铮铮铁骨,鼓舞了多少仁人志士奋发自强,这其中包含了做人的气节和为人的骨气。有傲骨的人不会为了一些微不足道的利益而放弃自己的原则,更不会为了功成名就而牺牲自己的尊严,拥有傲骨的人是最值得敬重的人。

即使到了现代这个无往不利的年代,傲骨依然屹立不倒。人性的弱点是吃馋坐懒,一旦丧失了傲骨,便无法自立,只能像寄生虫一样偷生苟活,枉费了一遭性命。

傲骨是一种性格、一种志气、一种气度。没有傲骨的人就像软骨动物一样,随意地改变自己,他们没有可以挺立的脊梁,没有值得称道的气度,所以,他们是可悲的。

徐悲鸿20岁成名,一次被法国的一个犹太富翁看中,邀请他到"哈同花园"画像,在优厚的待遇面前,徐悲鸿不为所动,断然拒绝,保持了"江南布衣"的本色;他在法国专修美术的期间,还遭遇了洋学生的歧视,被骂成"亡国奴"。徐悲鸿面对挑衅,义正词严地给予了回击,用优异的好成绩以及绝伦的画作折服了对手;回国后的徐悲鸿不为高官厚禄所屈服,坚持自己的本色,走自己的路,用高超的技艺为祖国服务,为民族争光。

历史学家吴晗曾写过一篇《谈骨气》的文章,他提到做人不可有傲气,但不可无骨气。他说做人要坚持原则,在大是大非的问题上明道理、知荣辱,不拿原则来做交易。比如苏武,面对高官厚禄,他依然选择赤胆忠心,义无反顾地坚守了自己的原则,给人格涂上了浓重的一笔。

骨气作为完美人格的外在体现,其凸显的不只是不堪忍受屈辱,不甘落于人后的傲气,更是一种宽宏和博大。庄子甘愿逍遥物外,不愿到楚王膝前为相;屈原不忍亡国之痛,毅然投汨罗江,以身殉国。不论是庄周,还是屈原,他们的人格和骨气值得称赞。

只有具备了这种精神和气概,才能具备立身处世的品格,才能成为真正的仁人志士。这样的人就能迎战困难、接受挑战,纵使有千般阻挠也依然不屈不挠、英勇奋斗,因此只有这样具有大气概的人才能取得成功。

傲骨,是登高望远,天宽地广的襟怀,是能包容一切又能雅俗共赏、不负清高的大家风范;傲气,是井底之蛙的仰望,在他的狭隘世界里,天就那么大,因此也只有那么大的度量,于是难容他人的宽厚高深,附庸风雅,最终也难逃一个"小家子气"。

傲骨,不是以贬低他人来抬高自己,他尊人敬人,以自己的高风亮节来征服人,以自己的谨言慎行来"稳坐钓鱼台";傲骨不是傲气,傲气者目空一切,即使对于一切品头论足、指手画脚,也难以鹤立鸡群,技压群芳。所以,让我们的心宽似海,做一个无傲气有傲骨、顶天立地的人。

第20章　心智者当让人：让人不退尽

"千里修书只为墙,让他三尺又何妨",当年六尺巷的故事被世人传作美谈,这正是在告诉我们,要大度做人,克己处世。然而,让人如果不是因为大度那就当做另一番解释了,让人不是退缩,不是一味妥协,而是一种智者的宽容,是退而求进的锦囊之策。

没有分享的生活是痛苦的

有人说,分享是一种需要。在这个世上,谁都不可能拥有全部的美好,但是如果你把自己所拥有的美好拿出来,我把我所拥有的美好拿出来,那么你我就同时拥有了两种美好。同理,如果每个人能把自己所拥有的那一份拿出来分享,那么我们每个人几乎就能拥有全部的美好了。

但事实上,这还并不是分享所能表达的全部意义。分享不但是一种关于满足的需要,更是一种关于狭隘的博大与宽怀。

一天,一个女孩在机场候机。为了打发无聊的等待时间,她买了一袋华夫饼后找了个地方坐下,专注地看起书来。不知不觉间,她已经沉浸在书里的世界,突然,女孩意识到坐在他身旁的男子正一边拿着报纸,一边将手伸向他们中间的华夫饼袋子。真过分!怎么会有这么厚脸皮的人!女孩本想将袋子拿起来,但想了一想,还是算了,也许那人报纸看得太投入,一时忘了。可就在这时,那人又毫无廉耻地拿起了第二块。

女孩看着那个堂而皇之的"小偷",真是又好气又好笑,心想:"我得宽容,就当我施舍给了一个贫穷的可怜人!"但还是气不过,于是那人拿一块饼,女孩也便跟着拿一块,而那人也像是较劲一样,女孩拿一块,他也跟着拿一块。终于,袋子里只剩下一块饼了。

那人脸上浮现出一丝笑意,然后小心翼翼地抓起最后一块饼将它一分两半,递给女孩一半,自己留下一半。女孩惊奇地看着那人,心想他居然是成心的,于是毫不客气地从那人手中夺过了饼。"也还算有点良心,可是这是我的饼啊,吃了那么多居然连声谢谢也不说!"女孩心里愤愤不平,赌气般一口吞下饼然后离开座位开始登机。

女孩顺利上了飞机,这时刚刚心里不快的感觉也烟消云散了,于是将手伸进包里,打算继续看书。可她突然惊了一下,手停住了,因为她发现自己的包里竟还有一袋华夫饼。原来,自己才是刚刚忘恩负义的"偷吃贼"。而坐在身旁的那人,却为了维护一个女孩的自尊,毫无怨言地分享了自己的华夫饼!女孩这时又是羞愧又是感激……

这世上,与家人的共同承担不难,与朋友的不离不弃不难,与路边乞丐的同情施舍也不难,难就难在与素不相识的陌生人的分享。和任何一个陌生人萍水相逢,你都不需要任何付出,也不需要共同承担任何责任与义务,因为你们之间没有任何关联。因此,一个能够毫无怨言地分享自己的食物、快乐,甚至只简单地分享一个微笑的人,都必定是一个心胸博大、热爱生活的人。

以上事例中,男人做到了,他为了避免让女孩感到尴尬,选择了忍让,他与女孩分享的也不仅仅是一点食物,而是一份博大的胸怀。

如果说与广场的鸽子分享你的面包,与水池里的金鱼分享你的饼干是一种美德的话,与朋友分享你的果实与喜悦,与陌生人分享你的荣辱与胸怀,就是一种境界。

分享,是人类最基本的生存之道,因为任何人都无法脱离团体独立生存。你必须与人分享你的所有,只有懂得与人分享的人,你才是博大的,才是宽容的,才能达到人生智慧。

一个人在自家院子里栽了一株葡萄树,经过他的精心照料,几年后,葡萄藤居然结出了诱人的果实。这人高兴极了,便摘下一些送给了一个商人。商人一边吃一边说:"真甜,不错!这多少钱一斤?"这人说不要钱,但拗不过商人的坚持还是收了钱。

这人又摘了些葡萄送给一个干部,那干部接过葡萄深思了片刻却不肯动手品尝,只问:"你有什么事要我帮忙吗?"这人再三表示没什么事,只不过想让他尝一尝而已。

接着,这人又摘下一些送给邻居少妇。那少妇很意外,而她的丈夫则在二楼谨慎地观察着他们的一举一动。这人只好摇摇头走了。

最后,他吆喝一位过路的老人来尝葡萄。老人尝了一颗后,高兴地说了声:"呵,真甜!"然后就头也不回地走了。那人听了高兴极了,因为他终于找到了一个懂得分享他的快乐的人。

不懂得分享的人是痛苦的,因为他们品尝不到葡萄的甘甜,更品尝不到多一份的喜悦。试想,如果有一天你成功了,会不会将自己的成功和荣耀与他人分享呢?就像这棵长成的葡萄树,如果你想独享它的美味与甘甜,而把它用篱笆囚禁起来,反倒会引来偷食者,甚至会有人气不过而将它砍掉。相反,如果你能取下一些分食给附近的人,总能找到一位知音同你一起分享这份甘甜与喜悦的。

懂得分享的人是博大的。如果你成功了,要懂得感恩,即便是奥斯卡颁奖典礼上,那些金光闪闪的获奖者还会说出一大堆要感谢的人来呢,更不用说那些与你朝夕相处的家人、老师、朋友、领导、工作伙伴。这绝不是阿谀奉承地说一些冠冕堂皇的好听话那么简单,它有更深一层的见解。对于那些与你有帮助的,他们则会感同身受,仿佛自己成功了一样,于是会更加努力地帮助你,于是你的力量倍增;对于那些比你地位高的上司和领导,你的感谢和大度分享,足以消除他们的尴尬和妒意。还有你的对手,与他一起分享你的果实,正显示了你如海的胸怀,这无疑是最大的胜利。

当你受辱了,也不要争相分辩,不如退一步,用分享来宽容让你受辱的那一方。这绝不是懦弱,而是在用智慧的方法消除你与他人的痛楚。这时的分享代表着一种气度、一种胸怀。只有你的心胸开阔,容得下世间万物,才有可能打败万般挫折;如果你心胸狭窄,连一粒沙土都容不下,便只剩下独吞苦果的痛了。

宽容忍让，退而求进，上上策

人们常说："狭路相逢勇者胜。"其实，狭路相逢，胜者未必一定是勇者，即便胜在一时，也未必能将胜利持续到底。现实生活中，就有很多人不懂忍让，为争一时之意气而毁了自己的前程。

"让一让，六尺巷。"几百年前，宰相张英的做法就为后人留下了"六尺巷"的美谈。有时退让未必就不能上前，当你深切感悟到这一层时，就因为你的宽容而得到了真正的智慧。

适时后退并不是怯懦，相反你会因为宽容忍让不退而进。对待一些人和事，未必只有动勇才能解决问题，多一些宽容，多给别人让出一点空间，弯下腰并不是代表输，或许还能让你赢得更光彩。

《傅子》中有云："形之正，不求影之直而影自直；声之平，不求响之和而响自和；德之崇，不求名之远而名自远。"为人处世，遇事都要有退让一步的态度才算高明，让一步就等于为日后的进一步打下基础。否则的话，断了别人的路，也就断了自己的路。

因此，正如古训箴言所说，当我们面对流言飞语时，不需要出面与人分辩。流言止于智者，在真相面前，它终将不攻自破，因此与其为流言辩驳，不如通过自己的行动早些让结果水落石出。

林肯任美国总统期间，曾受到许多流言的攻击。当身边人在冥思苦想如何解决这个问题时，他如此解答："如果结果证明我是对的，那么人家怎么说我,也就无关紧要了;如果结果证明我是错的,那么即使我花十倍的力气来说自己是对的也不会有用。我尽我所知、尽我所能地去做,直到把事情做完为止。"

的确如此,要想证明自己是对的,是清白的,不是用嘴去辩驳而要用行动来证明。流言也未必仅限于对一个人的诋毁,不论面对哪种形式的流言,我们都要沉得住气,千万不能自乱阵脚。

以退为进的忍让法则还体现在能忍得住荒谬的指责。当我们面对荒谬无理的指责时,与其据理力争,反驳分辩,不如因势利导,从荒谬的角度出发来引出更加荒谬的结果。如此一来,指责再强烈也是站不住脚的。

西汉成帝得赵飞燕后欣喜万分,于是赵飞燕专宠,许皇后和班婕妤就都失了宠。赵飞燕并不安守本分,为了能做皇后,赵飞燕诬告许皇后、班婕妤二人在宫中大行巫蛊之术来诅咒成帝。成帝震怒,立刻下旨废除了许皇后,然后审问班婕妤。班婕妤从容答道:"人都说'死生有命,富贵在天',上天都不曾为一个品行端正的人赐福,又怎么会赐福于一个作恶多端的人呢?如果鬼神真能显灵的话,即使我真的有了恶毒的祈祷,相信他们也不会满足我的愿望的;既然他们不会满足我的愿望,我又何必向其祈祷!"成帝听了她的话后再三思量,认为她是对的,于是赦免了她,并赏赐给她百斤黄金。

面对他人的诬蔑指责,班婕妤并没有直接反驳,这就让指责者无机可乘,再没有进一步诬蔑指责的机会。有时候,你不必扯开嗓门拼命为自己辩解,选择以退为进、以守为攻的保守方式,反而能守得云开见月明。

萧伯纳的剧本《武装与人》在首次公演时就获得了一致好评,正当他准备向观众致意,感谢大家的祝福时,有人高声大喊:"萧伯纳,你的剧本简直糟糕透了,赶快收回去,停演吧!"

当时喧闹的场景立刻变得鸦雀无声，大家都等着看萧伯纳的反应。这时，萧伯纳非但没有生气，反而笑容可掬地给那个挑衅者深深鞠了一躬，彬彬有礼地对他说："亲爱的朋友，我完全同意你的意见。但遗憾的是，我们两人反对这么多观众有什么用呢？就算我和你意见一致，可我俩能禁止这场演出吗？"一席话说得挑衅者无地自容，灰溜溜地离开了剧院。

生活中难免会遇到一些无理取闹的人，既然是无理取闹，跟他费尽口舌讲道理自然是行不通的。这时，不妨稍稍退一步，用自己宽容和善意的行为来感化对方，让对方自惭形秽，从而知趣地离开。

如果一个人的胸襟够宽广，那么一切委屈、冤枉、诬蔑、指责就都能容得下了。千万不要怒火中烧，进而极力争辩或破口大骂，因为这样做不但于事无补，甚至会将事情越描越黑。不如试着用你的宽容去容忍它，这样看似是退步，实际上则是明哲保身，等到事情水落石出的那一天，自然会因为你的宽容而得到万千人的称赞。

忍辱不争，一切从长计议

如果说忍耐是"君子报仇，十年不晚"，那么忍辱则是一种更高的境界。《金刚经》上说一切法行成于忍，但说归说，现实生活中，恐怕大多数人一遇到挫折和打击，就会顿生嗔念，从而怒火中烧。

生性浪荡的王子亚瑟继承王位后变得更加骄奢，不但不理朝政，整日还以美酒女色为伴。亚瑟王还喜欢游山玩水，有一次，在外游玩的过程中，亚瑟王认识了一位名叫苏伯的人。此人不但极具智慧而且样貌竟与亚瑟王异常相似,于是亚瑟王一时兴起便让苏伯做了官廷侍卫,以方便自己作乐。

有一次,亚瑟王想到一件十分有趣的事,他让苏伯穿上自己的黄袍坐在王位上,然后自己装成侍卫的样子守在内宫。二人的身份交换居然骗过了所有人的眼睛。亚瑟王为此兴奋不已,于是常常这样与苏伯交换身份来取乐众臣。

后来,苏伯越演越像,简直连身边的近侍都骗了过去,并因此受到亚瑟王的称赞。就这样,他与亚瑟王的关系越来越亲近,几乎到了无话不谈的地步。而可怜是苏伯并不知道,贪淫好色的亚瑟王早已经对苏伯美貌如花的妻子垂涎三尺。

一次,亚瑟王吩咐苏伯出远门办差,而他自己则装扮成苏伯的样子溜进他家中,与他妻子如胶似漆地黏在一起。苏伯刚出城不久,发现自己遗漏了最重要的东西,便又折回家中,刚进院子,就听到屋里的动静。于是苏伯心中疑惑,便蹑手蹑脚地靠近窗户,原来是亚瑟王化作妆成的样子接近妻子。

苏伯终于明白了,原来亚瑟王令他出差是别有用意的。他真想冲过去将亚瑟王一刀砍死,但他认为时机并不成熟,冲动只会坏事。于是,苏伯佯装不知,边拍门边喊妻子开门,亚瑟王听到动静急忙从后窗狼狈逃走。

此后,苏伯在妻子和亚瑟王面前都不露声色,仍然像往常一样对待他们。亚瑟王一开始对苏伯怀有戒心,但几日来发现相安无事就渐渐放松了警惕。不久,他们又恢复了以往的亲密关系,继续玩交换角色的游戏。

终于有一天,苏伯再次穿上了国王的黄袍坐在王座上受群臣膜拜,而亚瑟王则穿着卫士的衣服在一旁戏谑地大笑。苏伯瞅准时机,指着亚瑟王大声吼道:"来人,把这个不知天高地厚的奴才砍了。"一员武将应声而去,一刀砍下了亚瑟王的脑袋。从此,苏伯成为了一个真国王。

想必很多人会称赞苏伯的忍辱负重，认为他是个深谋远虑的智者。其实，苏伯并没有那么高深，到底还是摆脱不了一个爱恨情仇。

这里，我们所说的忍辱不是忍耐，有人有的是耐性，于是能在危急时刻静下心来，控制住自己的内心，忍气吞声，甚至化怒气为力量，最后等上个十年二十年一雪前耻。这不是个心宽似海的智者所为。忍辱不争，一切从长计议，不是让你化怒气为力气，等待报仇雪恨的机会，而是要让你不因为外界的变化而引起内心的波澜。

一个心宽如大海的人，必然能容得下天下，为此，你需要不断修炼自己，强大自己的内心，直到你的内心足够强大，胸怀足够宽广的时候，一切的恩怨情仇便都不能让你动容。天下之大，竟没有一件事能让你动气，到了那时，所谓"辱"又从何而来？

18岁的理查德·富尔克为求生来到一家房地产公司从事销售工作。那时，公司要求每一位员工，每天必须联系一处待售的房地产并将其登记在册。

年轻的理查德工作并不顺利，有一个月居然只联系到两处房地产。当经理知道这个情况时对他说："我真搞不懂，就是一个傻子，在他背后挂上一块牌子，至少也能带回两处房地产的售价！"

这样的指责实在太伤人了，虽然理查德愤愤难平却并没有当时发泄出来。他克制住了心中的怒火，离开了办公室。然后第二天，他四处奔波，终于在下班之前带回来两处房地产进行登记。这次经理依然不屑一顾，对他说："有本事你明天再联系两处。"随着年龄的增长和阅历的增多，理查德·富尔克逐渐成熟起来。这时，他才明白过来，原来经理用的是"激将法"，要知道，对于血气方刚的小伙子来说，激将法是最有效的。同时，他心头不禁一颤，如果当时自己没有克制住怒火的话，不但枉费了经理的一番好意，还自毁了前程。多年后,理查德成为了美国企业管理专家。

理查德的例子告诉我们,当你面对不愿或不满的情景时,即使你有理也应该先忍一忍,从长计议,等到你认为已经有了足够的能力来应对这些事时,你便能发现那些你曾经所忍受不了的现在已经不算什么了。

有时候,忍比拒绝更有效,即使你在情感上掩藏着极大的不满,都要克制住自己。顶撞、分辩只会让你与他人的关系更紧张恶劣,等日后冷静下来,就算想缓和、改善这种僵局,你曾经所付出的代价可能比你当时忍辱负重所付出的代价不知要大多少倍。

《墨子》说:"以卵投石也,尽天下之卵,其石犹是也。"正所谓"留得青山在,不怕没柴烧",在成就事业的过程中,同样不要犯下以卵击石的错误。如果被实力强大的竞争者击败,千万不要屡屡挑衅、自取其辱,而应该将失败牢记在心里,激励自己去积蓄力量,一步步强大起来,到那时,曾经的辱已不在,呈现在你眼前的将是一片更为广阔的新天地。

糊涂做人,厚道处世

郑板桥书"难得糊涂",警戒自己睁眼闭眼糊涂做人就好。这种糊涂并不是那种与世无争的软弱,而是退一步海阔天空的豁达;它也不是巧妙保身的明智,而是让三分风平浪静的睿智。如果你不懂得这一点,便只能做到糊涂,却达不到厚道。

其实生活中,我们大多数人都懂得假装糊涂以明哲保身,却很难做到假装糊涂以厚道净化。而生活中的矛盾又是那样烦琐，稍有不慎，就会出现一些偏颇，从而造成更大的矛盾。于是，人们大多斤斤计较，抓住一点不肯放。就连豁达开明的苏东坡有时也会显出一些孩子气，与同为四大才子的秦少游起争执。

苏东坡和秦少游都是当时才高八斗的大文豪，常常在一起谈学论道，争论不休，互不退让。

一次，两个人在吃饭的时候，正好有一个人路过，那人大概许多天都没有洗澡，因此长满了虱子。苏东坡于是说："那个人真是脏啊，身上的污垢都生出虱子来了。"

"哪里是从污垢中生出来的，我看是从棉絮中生出来的。"秦少游这时反对说。

于是两个人各持己见，争执不下，只好请佛印禅师主持公道，评论虱子究竟是从哪里生成的，赌注是一桌酒席。

谁知苏东坡求胜心切，竟私下跑到佛印禅师那里，请他务必要帮自己的忙，于是佛印答应了。不大一会儿，秦少游也去请禅师帮忙，佛印同样答应了。

两人都以为自己胜券在握，于是胸有成竹地等待评判结果，可禅师的评断大大出人意料。他说："虱子的头部是从污垢中生出来的，而虱子的脚部却是从棉絮中长出来的。"

两个人听后哭笑不得，但一场纠葛就如此不了了之了，不得不说佛印禅师做了一次高明的和事老。人生在世，我们要处理的事情实在太多了，在人际关系方面，我们必须处理好与亲人、师长、朋友、同事等人的关系；在经济方面，我们必须量入为出、精打细算、合理规划以求收支平衡；在感情方面，我们要经营夫妻关系、照顾好子女、赡养好老人；精神生活方面，我们要提高自己的修养,树立远大的理想。如此,才不会虚度光阴,一生碌碌无为。

那么,究竟怎样才能达成所愿而不留遗憾呢?这就要求我们在必要之时要像佛印一样,糊涂一点,宽厚一点了。

一人心性暴躁,待人苛刻,也常为此烦恼,于是一天闯进了云峰禅师打坐的房间。他猛地推开门,然后又将其关上,踢掉鞋子后径直朝着云峰禅师走来。禅师双目紧闭继续打坐,那人于是十分生气,问禅师为何不理会他。

禅师睁开眼睛,见此人怒火中烧,便想感化他:"你返回去,重新开一次门,当然,你得先去请求门和鞋子饶恕你刚刚的行为。"

"你说什么?"那人大声吼道,"你糊涂了吧,为什么要我请求门和鞋子宽恕?再说了,那双鞋是我的,即便是道歉也不用向自己的鞋子道歉吧。怪不得人家说修禅的人都是不可理喻的,这次我可是真的领教了。"

云峰禅师喝道:"那扇门没有碍着你,你为什么要那么粗鲁地对它;你的鞋子更是和你无仇,也没有对你发怒,你为什么要对它发火,既然对它发火,请求它的宽恕又有什么不可以。你出去,如果不请求它们的宽恕,那就再也不要进来了。"

那人被这一声怒喝惊醒了。心想,对啊,为什么向它们发火,为什么不能好好对待它们呢?于是他重新走回门口,满怀悔恨地抚摸着那扇门,然后又走到鞋子的面前,还没有鞠躬道歉,泪水就已经打湿了他的脸庞。

其实人人都有一颗宽厚之心,只不过它被我们所谓的明智所封存了。云峰禅师的一声大喝,喝出了糊涂,更喝出了那颗厚道足以净化人世的心灵。做人何必那样斤斤计较,心机算尽,万事洞察,聪明反倒增添了累赘,明智反倒成了一种负担。

"但求世上人无病,何妨架上药生尘。"以前古时药铺里常常可以看到这样一副对联。虽然我以卖药为生,但我也希望天下人都无病无灾,这是我最大的愿望,只要这一个愿望能实现,又何惧架上之药放得年久生尘呢?有人也许看了要发笑,一个卖药的,不好好卖你的药,犯什么糊涂在这里悲天悯人,断送自己的前程。其实,正是这种悲天悯人、宽厚无私的情怀真是让人感动,这种糊涂做人的境界更是至高无上。

佛家有云:"世人无数,可分三品:时常损人利己者,心灵落满灰尘,眼中多有丑恶,此乃人中下品;偶尔损人利己,心灵稍有微尘,恰似白璧微瑕,不掩其辉,此乃人中中品;终生不损人利己者,心如明镜,纯净洁白,为世人所敬,此乃人中上品。人心本是水晶之体,容不得半点尘埃。"正是如此,糊涂人看似痴癫,却不会损人利己,更不会让自己的心灵惹上一身尘埃,因此不会是中下品人;糊涂人看似懵懂,却是心如明镜,该清醒时清醒,该糊涂时糊涂,一世纯净洁白,为世人所敬。

人世间最宝贵的不是金银钱财,不是声名权力,而是一颗糊涂做人清醒做事的净化之心。这颗心灵宽厚无私、品行高尚,实在是千金难买的稀世珍宝,而它正是人中之上品。